U0171854

孟兵　刘琼◎编著

Excel VBA

应用与技巧大全

机械工业出版社

China Machine Press

图书在版编目（CIP）数据

Excel VBA 应用与技巧大全 / 孟兵，刘琼编著 . — 北京：机械工业出版社，2020.11
ISBN 978-7-111-66812-1

Ⅰ. ①E… Ⅱ. ①孟… ②刘… Ⅲ. ①表处理软件 Ⅳ. ① TP391.13

中国版本图书馆 CIP 数据核字（2020）第 203408 号

Excel 是应用最广泛的办公软件之一，它大大提高了办公人员的工作效率。但是各行各业的办公需求千差万别，仅靠 Excel 的固定功能很难快速完成一些数据量大、重复性高的工作，此时就需要借助 VBA 实现操作的批量化、自动化和个性化，从而简化办公过程，并杜绝人工操作带来的错误。

本书是一本为办公人员量身定制的 Excel VBA 教程。全书共 15 章。第 1～3 章首先介绍最简单的 VBA 代码生成方式——宏，然后讲解 VBA 的语法基础知识、运算符、控制语句、过程与函数等，从而搭建出一个全面而精练的 VBA 知识体系框架。第 4～12 章以实际应用为主线，结合大量典型实例讲解如何通过 VBA 编程解决实际问题，包括管理单元格、工作表、工作簿，处理、统计和分析数据，创建图表和数据透视表（图），访问文件，设计用户窗体，打印文件等。第 13～15 章以行业应用为主线，通过行政与文秘、人力资源、会计与财务这三个领域的实战演练，对前面所学的知识进行综合运用。

本书理论知识精练，案例解读全面，学习资源齐备，适合有一定 Excel 操作基础并想进一步提高工作效率的办公人员，如从事文秘、行政、人事、财务、营销等职业的人士阅读，对于大中专院校的师生或 VBA 编程爱好者也极具参考价值。

Excel VBA 应用与技巧大全

出版发行：机械工业出版社（北京市西城区百万庄大街 22 号 邮政编码：100037）

责任编辑：迟振春	责任校对：庄 瑜
印　　刷：中国电影出版社印刷厂	版　　次：2021 年 4 月第 1 版第 1 次印刷
开　　本：185mm×260mm 1/16	印　　张：23.5
书　　号：ISBN 978-7-111-66812-1	定　　价：99.00 元

客服电话：（010）88361066 88379833 68326294　　　投稿热线：（010）88379604
华章网站：www.hzbook.com　　　读者信箱：hzit@hzbook.com

版权所有·侵权必究
封底无防伪标均为盗版
本书法律顾问：北京大成律师事务所　韩光 / 邹晓东

前　言

作为当今最流行的办公软件之一，Excel 在数据的编辑、处理、分析和可视化方面均有非常出色的表现。熟练使用 Excel 已经成为职场人士必备的一项技能。但是，不同行业的办公需求千差万别，Excel 的功能再强大也无法完全涵盖，而且一些重复性、模式化的工作，即便有 Excel 的辅助，完成起来也相当烦琐和枯燥。为了解决这些问题，微软公司开发了 VBA 这门编程语言。VBA 的全称为 Visual Basic for Applications，它能让 Office 等应用程序执行通用的自动化任务。使用 VBA 编写程序控制 Excel，可以实现办公操作的批量化、自动化和个性化，从而大大提高工作效率。

本书是一本为办公人员量身定制的 Excel VBA 教程。全书共 15 章。第 1～3 章首先介绍最简单的 VBA 代码生成方式——宏，然后讲解 VBA 的语法基础知识、运算符、控制语句、过程与函数等，从而搭建出一个全面而精练的 VBA 知识体系框架。第 4～12 章以实际应用为主线，结合大量典型实例讲解如何通过 VBA 编程解决实际问题，包括管理单元格、工作表、工作簿，处理、统计和分析数据，创建图表和数据透视表（图），访问文件，设计用户窗体，打印文件等。第 13～15 章以行业应用为主线，通过行政与文秘、人力资源、会计与财务这三个领域的实战演练，对前面所学的知识进行综合运用。

书中的代码附有通俗易懂的注释，对语句的用法、函数的参数等学习重点和难点都有详尽的讲解并进行了适当的延伸。随书附赠的学习资源收录了所有实例的素材和源文件，便于读者边学边练，提升学习效果。

本书适合有一定 Excel 操作基础并想进一步提高工作效率的办公人员，如从事文秘、行政、人事、财务、营销等职业的人士阅读，对于大中专院校的师生或 VBA 编程爱好者也极具参考价值。

本书由成都航空职业技术学院孟兵、刘琼编著。由于编者水平有限，本书难免有不足之处，恳请广大读者批评指正。读者除了可扫描二维码关注公众号获取资讯以外，也可加入 QQ 群 874221934 与我们交流。

编者

2020 年 11 月

如何获取学习资源

一、扫描关注微信公众号

在手机微信的"发现"页面中点击"扫一扫"功能，进入"扫二维码/条码/小程序码"界面，将手机摄像头对准封面左下角的二维码，扫描识别后进入"详细资料"页面，点击"关注公众号"按钮，关注我们的微信公众号。

二、获取学习资源下载地址和提取码

点击公众号主页面左下角的小键盘图标，进入输入状态，在输入框中输入"VBA"，点击"发送"按钮，即可获取本书学习资源的下载地址和提取码，如右图所示。

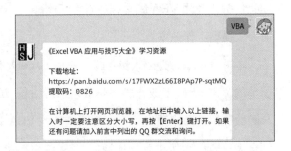

三、打开学习资源下载页面

在计算机的网页浏览器地址栏中输入前面获取的下载地址（输入时注意区分大小写），如右图所示，按【Enter】键即可打开学习资源下载页面。

四、输入提取码并下载文件

在学习资源下载页面的"请输入提取码"文本框中输入前面获取的提取码（输入时注意区分大小写），再单击"提取文件"按钮。在新页面中单击打开资源文件夹，在要下载的文件名后单击"下载"按钮，即可将其下载到计算机中。如果页面中提示选择"高速下载"或"普通下载"，请选择"普通下载"。下载的文件如果为压缩包，可使用 7-Zip、WinRAR 等软件解压。

> **提 示**
>
> 读者在下载和使用学习资源的过程中如果遇到自己解决不了的问题，请加入 QQ 群 874221934，下载群文件中的详细说明，或者向群管理员寻求帮助。

目　录

第3章　子过程与函数

第4章　使用 VBA 管理单元格

第 5 章 使用 VBA 管理工作簿和工作表

使用 VBA 制作图表

使用 VBA 创建数据透视表（图）

第10章　使用 VBA 访问文件

第11章　使用 VBA 制作 GUI

第12章　使用 VBA 打印文件

第13章 VBA 在行政与文秘中的应用

第14章 VBA 在人力资源中的应用

第15章 VBA 在会计与财务中的应用

第1章 认识 Excel VBA

在学习本章之前，读者应确认计算机上已完整安装了 Microsoft Office 软件套装中的 Excel 组件。本章首先介绍为什么要学习 VBA，然后手把手地教读者认识 VBA 编辑器以及录制自己的第一个 VBA 程序——宏。希望通过本章的学习，读者能够对 Excel VBA 有一个基本的认识，并具备独立录制宏的能力。

1.1 为什么要学习 VBA

在使用 Excel 的时候，你是否经常被大量重复的操作困扰呢？例如，为一批相同结构的表格更改字体、字号、颜色、边框等格式设置，将一批工作簿中的工作表合并到一个工作簿中，或者将一个工作簿中的多个工作表分别保存成单个工作簿。这类重复操作虽然不难，但是非常机械和枯燥，用人工来完成不仅效率很低，而且还很容易出错，一旦出错，检查起来又需要花费大量时间。如果你想要摆脱这类重复操作，就来跟着本书一起学习 VBA 吧。

VBA 的全称为 Visual Basic for Applications，它能让 Office 等应用程序执行通用的自动化任务。使用 VBA 编写程序控制 Excel，可以实现个性化、自动化、批量化的操作，从而大大提高工作效率。原来需要花一天时间的工作，现在编写几行代码就可以快速完成。同时，VBA 还可以进行复杂的数据处理和分析，并通过创建个性化窗体界面对 Excel 进行二次开发。

怎样才能学好 Excel VBA 呢？本书总结了下面两种学习方法，读者可以根据自己的实际情况选择。

方法 1：系统性的学习

若读者有充足的时间，又想对 Excel VBA 进行系统性的学习，那么建议读者按照以下顺序进行学习。

★ 了解 Excel VBA 编辑器的工作界面和基本操作。

★ 学习宏的相关知识。只有学会了最简单的代码生成方式，才能为编写更复杂的代码打好基础。

★ 学习 VBA 的语法基础和语法结构。

★ 按照书中的实例进行实际动手操作，并在此基础上学会根据实际需求修改代码。

方法 2：针对性的学习

若读者没有充足的时间进行系统性的学习，或者只是想将 VBA 快速应用于解决工作中的实际问题，那么建议读者按照以下步骤进行针对性的学习。

★ 跳过前面的基础部分，直接按照书中的实例进行练习。

★ 将实例文件中的代码应用于实际工作，并根据代码解析的内容对代码进行修改。

★ 若有无法理解的代码内容，则返回基础部分查看基础知识和相关术语。

1.2　认识 VBA 编辑器

VBA 是基于 Visual Basic 编程语言发展而来的，所以也需要通过编写代码来实现需要的功能。本节将讲解如何打开 VBA 编辑器、设置编辑器选项以及使用帮助文件学习 VBA 知识。

1.2.1　打开 VBA 编辑器

VBA 编辑器可以理解为 VBA 的编程环境。与 VBA 有关的大部分操作都必须在 VBA 编辑器中进行，所以，首先得学会打开 VBA 编辑器。

步骤01　打开"Excel 选项"对话框。打开一个空白 Excel 工作簿，如果功能区中没有显示"开发工具"选项卡，则单击"文件"按钮，在弹出的视图菜单中单击"选项"命令，如下图所示。

步骤02　在功能区显示"开发工具"选项卡。打开"Excel 选项"对话框，❶切换至"自定义功能区"选项卡，❷在右侧的"主选项卡"列表框中勾选"开发工具"复选框，❸单击"确定"按钮，如下图所示。

步骤03　单击"Visual Basic"按钮。返回工作簿中，❶切换至"开发工具"选项卡，❷单击"代码"组中的"Visual Basic"按钮，如下图所示。

步骤04　打开 VBA 编辑器。此时打开了 Microsoft Visual Basic for Applications 窗口，用户可在该窗口中插入模块、编写程序代码，如下图所示。

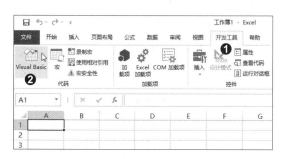

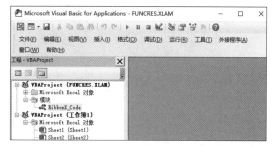

1.2.2 设置 VBA 编辑器选项

打开 VBA 编辑器后，可以根据需要对 VBA 编辑器进行设置。

步骤01 打开"选项"对话框。打开 VBA 编辑器，❶单击"工具"菜单，❷在展开的菜单中单击"选项"命令，如右图所示。

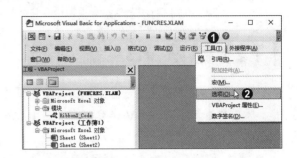

步骤02 设置编辑器。打开"选项"对话框，在"编辑器"选项卡中可以对代码和窗口的选项进行设置，只需勾选相应的复选框即可，如下图所示。

步骤03 设置编辑器格式。❶切换至"编辑器格式"选项卡，❷可以对代码颜色、字体及大小等选项进行设置，如下图所示。

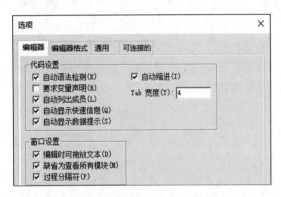

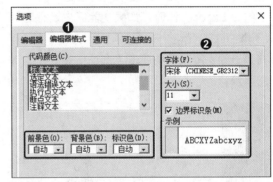

步骤04 设置通用选项。❶切换至"通用"选项卡，❷可以根据需要调整窗体网格设置、错误捕获、编译、显示工具提示等选项，如下图所示。

步骤05 设置界面选项。❶切换至"可连接的"选项卡，❷可以设置界面中哪些元素是可停靠的，❸设置完所需选项后单击"确定"按钮即可生效，如下图所示。

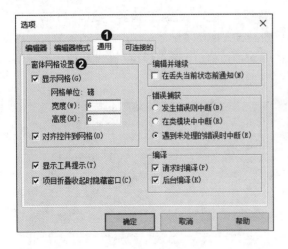

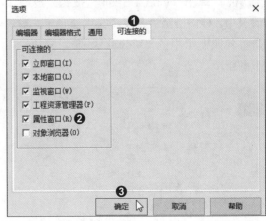

1.2.3　灵活使用 VBA 的帮助功能

没有任何一本书可以涵盖 VBA 的所有知识点，查阅软件自带的帮助文件是一种很好的补充学习手段。下面介绍打开 VBA 编辑器自带的帮助文件的方法。

方法 1：使用菜单命令或工具栏按钮打开帮助窗口

打开 VBA 编辑器，执行"帮助 > Microsoft Visual Basic for Applications 帮助"菜单命令，如下左图所示，或者单击工具栏中的  按钮，如下右图所示。

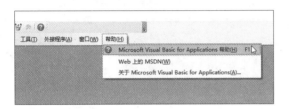

方法 2：使用快捷键打开帮助窗口

打开 VBA 编辑器，按【F1】键就可以查看 VBA 的帮助文件。需要注意的是，如果没有打开 VBA 编辑器，而是在 Excel 程序窗口中按【F1】键，打开的是 Excel 程序的帮助文件，而不是 Excel VBA 的帮助文件。

1.3　最简单的 VBA 程序——宏

宏主要是通过录制的方式创建的。用户开启录制宏功能后，不用编写代码，只要将 Excel 的操作过程录制下来，Excel 就会自动生成一个宏（也就是完成这些操作的 VBA 程序代码）。以后要再次执行相同的操作，运行宏即可。本节将介绍如何设置宏的安全性，以及如何录制、运行和编辑宏。

1.3.1　设置宏的安全性

使用宏之前，必须在 Excel 中对宏进行安全性设置。具体操作步骤如下。

步骤 01　打开"信任中心"对话框。在打开的工作簿中单击"文件"按钮，在弹出的视图菜单中单击"选项"命令，打开"Excel 选项"对话框，❶切换至"信任中心"选项卡，❷单击"信任中心设置"按钮，如右图所示。

步骤 02 启用所有宏。打开"信任中心"对话框，❶切换至"宏设置"选项卡，❷单击"启用所有宏"单选按钮，❸单击"确定"按钮，如右图所示。

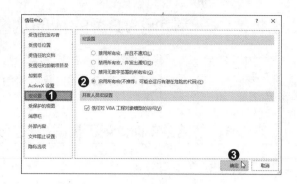

提示

在"开发工具"选项卡下单击"代码"组中的"宏安全性"按钮，如右图所示，也能打开"信任中心"对话框。

1.3.2 录制宏

完成宏的安全性设置，就可以开始录制宏了。下面通过一个实例来讲解具体操作。

 实例：在销售额统计表中标记小于 10000 元的销售金额数据

在实际工作中，常常需要将 Excel 表格中一些满足特定条件的内容突出显示。本实例将录制一个宏，将小于 10000 元的销售金额数据设置为深红色文本，并用浅红色填充单元格。

◎ 原始文件：实例文件\第1章\原始文件\销售额统计表.xlsx
◎ 最终文件：实例文件\第1章\最终文件\销售额统计表.xlsm

步骤 01 启动"录制宏"功能。打开原始文件，❶切换至工作表"1月"，❷切换至"开发工具"选项卡，❸单击"代码"组中的"录制宏"按钮，如下图所示。

步骤 02 设置宏名和快捷键。打开"录制宏"对话框，❶在"宏名"文本框中输入"标记销售金额小于 10000 元的数据"，❷指定执行宏的快捷键为【Ctrl+Shift+P】，❸单击"确定"按钮，如下图所示。

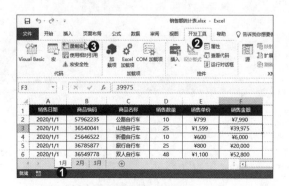

步骤03 启动"突出显示单元格规则"功能。返回工作表中，❶选中 F 列，❷单击"开始"选项卡下"样式"组中的"条件格式"按钮，❸在展开的列表中单击"突出显示单元格规则 > 小于"选项，如下图所示。

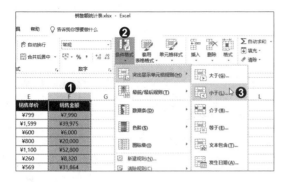

步骤04 设置格式。打开"小于"对话框，❶设置要小于的值为"10000"，❷设置突出显示的格式为"浅红填充色深红色文本"，❸单击"确定"按钮，即可看到 F 列中小于 10000 的数据被突出显示了，如下图所示。

步骤05 停止录制宏。返回工作表中，在"开发工具"选项卡下单击"代码"组中的"停止录制"按钮，如下图所示。

步骤06 保存工作簿。按快捷键【Ctrl+S】保存工作簿，在弹出的提示框中单击"否"按钮，如下图所示。

步骤07 另存工作簿。打开"另存为"对话框，❶设置工作簿的另存路径，❷设置"保存类型"为"Excel 启用宏的工作簿（*.xlsm）"，❸单击"保存"按钮，如下图所示。

步骤08 查看宏代码。完成以上操作后，在另存的工作簿中打开 VBA 编辑器，即可看到宏代码，如下图所示。

步骤 08 的代码解析

```
1    Sub 标记销售金额小于10000元的数据()      '设置宏名
     '
     '标记销售金额小于10000元的数据 宏
     '
     '快捷键: Ctrl+Shift+P      '设置执行该宏的快捷键
     '
2    Columns("F:F").Select      '选中要标记的列
3    Selection.FormatConditions.Add Type:=xlCellValue, Operator:=xlLess, _
         Formula1:="=10000"      '为选中的列设置要标记的值的上限
4    Selection.FormatConditions(Selection.FormatConditions.Count). _
         SetFirstPriority
5    With Selection.FormatConditions(1).Font
6        .Color = -16383844      '为选中列中符合条件的值设置字体颜色
7        .TintAndShade = 0
8    End With
9    With Selection.FormatConditions(1).Interior
10       .PatternColorIndex = xlAutomatic
11       .Color = 13551615      '为选中列中符合条件的单元格设置填充颜色
12       .TintAndShade = 0
13   End With
14   Selection.FormatConditions(1).StopIfTrue = False
15   End Sub
```

📢 **提 示**

　　在编写代码时，为了让代码更容易理解，一般会给代码添加一些注释。在 VBA 中，注释以单引号（'）开头，显示为绿色的文本，程序在执行时会自动忽略注释语句。上述第 1 行代码下方的 5 行文字就是录制宏时自动生成的注释，其内容为对宏的功能和快捷键的说明。如果步骤 02 没有为宏设置快捷键，注释中就不会有说明快捷键的内容。

📢 **提 示**

　　第 3 行和第 4 行代码中的 "_" 为代码的换行符。换行符可以将一行较长的代码拆分成几行较短的代码，以方便阅读。在要换行的地方输入一个空格和一个下划线 "_"，然后按【Enter】键即可。在使用换行符时应注意尽量不要在一个完整的单词中间换行。

1.3.3　执行宏

完成宏的录制后，就可以通过执行宏来自动完成相关操作了。宏的执行有多种方式，下面介绍最常用的两种方式。

1. 在录制宏的工作簿中执行宏

完成宏的录制后，该工作簿的所有工作表都可以使用录制好的宏。该种方法主要用于对同一个工作簿进行操作。具体操作如下。

步骤01 打开"宏"对话框。打开前面另存的工作簿"销售额统计表.xlsm"，❶切换至工作表"2月"，❷单击"开发工具"选项卡下"代码"组中的"宏"按钮，如下图所示。

步骤02 执行宏。打开"宏"对话框，❶在"宏名"列表框中选中要执行的宏"标记销售金额小于 10000 元的数据"，❷单击"执行"按钮，如下图所示。

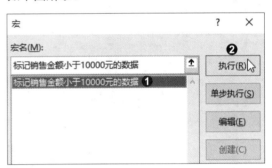

步骤03 查看执行宏的效果。返回工作表，可看到工作表"2月"的 F 列中小于 10000 的数据被突出显示了，如下图所示。

步骤04 对其他工作表执行宏。❶切换至工作表"3月"，再次执行相同的宏，❷该工作表的 F 列中小于 10000 的数据也被突出显示了，如下图所示。

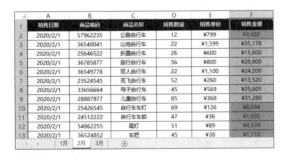

> 💡 **提示**
>
> 在上面的步骤中，如果工作簿"销售额统计表 .xlsm"一直保持打开状态，然后打开其他没有相同宏名或者没有宏的工作簿，也可以对其执行"标记销售金额小于 10000 元的数据"这个宏。如果不想在其他工作簿中执行这个宏，可以在步骤 02 中单击"宏"对话框下方"位置"右侧的下拉按钮，在展开的列表中选择"当前工作簿"选项。

2. 导入录制好的宏再执行

如果有些宏是别人做好的或是自己之前做好的，想应用到其他工作簿中，该怎么办呢？下面就来讲解具体的操作方法。

◎ 原始文件：实例文件\第1章\原始文件\ 4月销售额统计表.xlsm
◎ 最终文件：实例文件\第1章\最终文件\4月销售额统计表.xlsm、标记销售金额小于10000元的数据.bas

步骤01 导出文件。打开前面录制了宏的工作簿"销售额统计表.xlsm"，打开 VBA 编辑器，❶在左侧的工程资源管理器中右击"模块 1"，❷在弹出的快捷菜单中单击"导出文件"命令，如下图所示。

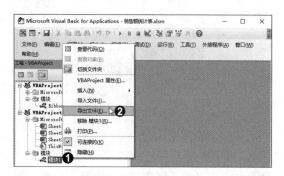

步骤03 启动"导入文件"命令。打开要执行宏的工作簿"4 月销售额统计表.xlsm"，打开 VBA 编辑器，❶单击"文件"菜单，❷在展开的菜单中单击"导入文件"命令，如下图所示。

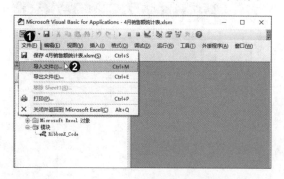

步骤05 执行导入的宏。返回工作表中，打开"宏"对话框，可看到该工作簿也拥有了工作簿"销售额统计表.xlsm"中的宏，❶选择这个宏，❷单击"执行"按钮，如右图所示。

步骤02 保存 Basic 文件。打开"导出文件"对话框，❶设置文件的保存位置，❷在"文件名"文本框中输入"标记销售金额小于10000元的数据"，保持默认的保存类型，❸单击"保存"按钮，如下图所示。

步骤04 导入 Basic 文件。打开"导入文件"对话框，❶选择步骤 02 中导出的 Basic 文件，❷单击"打开"按钮，如下图所示。即可将所选 Basic 文件导入当前工作簿。

步骤06　查看执行宏的效果。可看到工作表 F 列中小于 10000 的数据被突出显示了，如右图所示。

1.3.4　编辑宏

前面完成宏的录制后，如果想要更换标记的列或者更改标记的数据大小，可以直接使用 VBA 编辑器修改宏代码。下面就来将标记销售金额小于 10000 元的数据的宏代码修改为标记销售数量小于 20 的数据。

◎ 原始文件：实例文件\第1章\原始文件\销售额统计表.xlsm
◎ 最终文件：实例文件\第1章\最终文件\销售额统计表1.xlsm

步骤01　打开"宏"对话框。打开原始文件"销售额统计表.xlsm"，❶切换至"开发工具"选项卡，❷单击"代码"组中的"宏"按钮，如下图所示。

步骤02　编辑宏。打开"宏"对话框，❶在"宏名"列表框中选择要编辑的宏"标记销售金额小于 10000 元的数据"，❷单击"编辑"按钮，如下图所示。

步骤03　查看并修改代码。打开 VBA 编辑器，在代码窗口中可以看到之前录制的宏代码。然后在代码窗口中修改代码中的宏名、列和数据，修改后的代码用于标记 D 列中小于 20 的数据，如右图所示。

	步骤 03 **的代码解析**
1	Sub 标记销售数量小于20的数据()　　　'修改宏名 　' 　'标记销售数量小于20的数据　宏 　' 　'快捷键: Ctrl+Shift+P 　'
2	Columns("D:D").Select　　'将"F:F"改为"D:D"，表示选中D列
3	Selection.FormatConditions.Add Type:=xlCellValue, Operator:= xlLess, _ 　　Formula1:="=20"　　　'将要标记的值的上限由10000改为20
4	Selection.FormatConditions(Selection.FormatConditions.Count). _ 　　SetFirstPriority
5	With Selection.FormatConditions(1).Font
6	.Color = -16383844
7	.TintAndShade = 0
8	End With
9	With Selection.FormatConditions(1).Interior
10	.PatternColorIndex = xlAutomatic
11	.Color = 13551615
12	.TintAndShade = 0
13	End With
14	Selection.FormatConditions(1).StopIfTrue = False
15	End Sub

步骤04 执行编辑后的宏。返回工作表，再次打开"宏"对话框，❶可看到宏名变为"标记销售数量小于 20 的数据"，选择这个宏，❷单击"执行"按钮，如下图所示。

步骤05 查看执行宏的效果。待宏执行完毕后，可看到 D 列中小于 20 的数据被突出显示了，如下图所示。

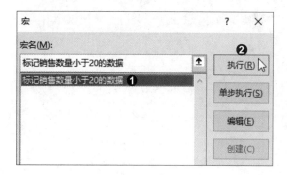

第 2 章 VBA 程序设计基础

要想独立编写一个完整的 VBA 程序，仅仅掌握宏的录制和编辑是不够的，还需要掌握更多的 VBA 知识。本章主要介绍 VBA 程序设计的基础知识。通过本章的学习，读者可以独立编写简单的 VBA 程序，为后面编写结构更为复杂、功能更为强大的 VBA 程序打好基础。

2.1 VBA 语法基础

学习 VBA 编程，首先需要掌握 VBA 的基础语法知识。本节主要从字符集、标识符、常量、变量、数据类型、数组等方面来讲解 VBA 语法。

2.1.1 字符集和标识符

1. 字符集

字符集指 VBA 编辑器能识别的所有字符的集合，如阿拉伯数字、英文字母、一些专用符号和特殊符号等，中文版 Excel 的 VBA 编辑器还能识别汉字。一般来说，能用键盘输入的字符，VBA 编辑器都能识别。对于字符集之外的字符，VBA 编辑器会报错。

2. 标识符

标识符由字符集中的字符组成，一般特指在 VBA 程序中用于标识变量、常量、子过程、函数等语言要素的符号。它可以细分为用户自定义的标识符和系统默认的关键字。

用户自定义的标识符可以用来表示子过程名、函数名、对象名、常量名、变量名等。用户自定义的标识符需符合以下命名规则：

★ 必须以字母开头，后接字母、数字或下划线，对字母不区分大小写，中文版 Excel 还支持在标识符中使用汉字；

★ 不能与系统默认的关键字重名；

★ 长度不能超过 255 个字符；

★ 定义时尽量"见名知义"。

系统默认的关键字也称为保留字，是 VBA 程序中有特殊意义的标识符。常用的默认关键字如下表所示。

As	Binary	ByRef	ByVal	Date	Dim
Else	Error	False	For	Friend	Get
Input	Is	Len	Let	Lock	Me
Mid	New	Next	Nothing	Null	On
Option	Optional	ParamArray	Print	Private	Property
Public	Resume	Seek	Set	Static	Step
String	Then	Time	To	True	WithEvents

2.1.2　常量

常量指在 VBA 程序的运行过程中其值始终保持不变的量。VBA 中的常量可以分为字面常量和符号常量。

1. 字面常量

字面常量指从字面形式即可识别其值的符号，如 42、3.14159、"admin100" 等，当这些符号作为常量时，其值就是这些符号本身。

2. 符号常量

符号常量指在 VBA 程序中用来替代字面常量的标识符。符号常量可以由 Excel 程序预先定义，也可以由用户自己定义。当一个字面常量需要在程序中多次出现时，最好为其设置一个符号常量，这样既便于自己记忆和使用，又可增强程序的可读性和灵活性。定义符号常量的语句如下。

Const [标识符] As [数据类型] = [值]

例如：Const pi As Single = 3.14159

该语句将圆周率 3.14159 这个浮点数用标识符 pi 来代表，在编写后续的代码时，如果需要使用圆周率进行计算，就可以用 pi 来替代 3.14159。

实例：在销售统计表中输入销售单价

在实际工作中，如果需要在某个单元格区域中输入相同的数据，可以使用 VBA 编写一段程序来实现。下面以在销售统计表的单元格区域 D2:D32 中输入销售单价 1999 为例，介绍符号常量的定义与使用方法。

◎　原始文件：实例文件\第2章\原始文件\在销售统计表中输入销售单价.xlsx
◎　最终文件：实例文件\第2章\最终文件\在销售统计表中输入销售单价.xlsm

步骤01　查看原始数据。打开原始文件，可看到销售统计表中的销售日期、商品名称、销售数量等数据，如下图所示。

	A	B	C	D	E	F
1	销售日期	商品名称	销售数量	销售单价	销售金额	
2	2020/1/1	公路自行车	10			
3	2020/1/2	公路自行车	25			
4	2020/1/3	公路自行车	10			
5	2020/1/4	公路自行车	25			
6	2020/1/5	公路自行车	48			
7	2020/1/6	公路自行车	32			
8	2020/1/7	公路自行车	56			
9	2020/1/8	公路自行车	45			
10	2020/1/9	公路自行车	98			
11	2020/1/10	公路自行车	45			
12	2020/1/11	公路自行车	69			

步骤03　编写代码。在插入的模块中输入如右图所示的代码，这段代码用于在单元格区域 D2:D32 中输入相同的数值 1999。

步骤02　插入模块。打开 VBA 编辑器，❶选中要添加模块的工作表，❷单击"插入"菜单，❸在展开的菜单中单击"模块"命令，如下图所示。

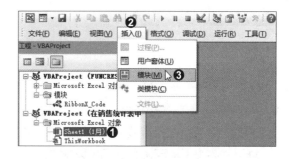

	步骤 03 的代码解析	
1	Sub 销售单价()　　　'开始子过程的定义并设置子过程名	
2	Const Price As Single = 1999　　'定义一个符号常量Price，其值为1999	
3	Range("D2:D32").Value = Price　　'将常量Price所代表的值写入单元格区域D2:D32中	
4	End Sub　　'结束子过程的定义	

步骤04　运行代码。完成代码的编写后，❶单击"运行"菜单，❷在展开的菜单中单击"运行子过程/用户窗体"命令，如下图所示。

步骤05　查看运行效果。返回工作表，可看到在单元格区域 D2:D32 中批量输入了销售单价数据，如下图所示。

	A	B	C	D	E
1	销售日期	商品名称	销售数量	销售单价	销售金额
2	2020/1/1	公路自行车	10	1999	
3	2020/1/2	公路自行车	25	1999	
4	2020/1/3	公路自行车	10	1999	
5	2020/1/4	公路自行车	25	1999	
6	2020/1/5	公路自行车	48	1999	
7	2020/1/6	公路自行车	32	1999	
8	2020/1/7	公路自行车	56	1999	
9	2020/1/8	公路自行车	45	1999	
10	2020/1/9	公路自行车	98	1999	
11	2020/1/10	公路自行车	45	1999	
12	2020/1/11	公路自行车	69	1999	
13	2020/1/12	公路自行车	24	1999	

2.1.3 变量

变量是在 VBA 程序运行过程中可以改变其值的量，它是 VBA 程序的基本构成元素之一。变量的使用包含两个方面：一是变量的声明，又称变量的定义；二是变量的赋值，即为变量指定一个具体的值。下面先介绍变量的声明及变量的作用域和生存期，变量的赋值则在 2.3.1 节讲解。

1. 变量的声明

变量的声明指使用用户自定义的标识符来标识变量，所使用的标识符称为变量名，其命名规则见 2.1.1 节。在声明变量时，通常还需要指定变量的数据类型（相关知识在 2.1.4 节讲解）。在 VBA 中，变量的声明有以下 4 种方式。

（1）用 Public 语句声明变量

用 Public 语句声明变量的语法格式为：

Public [标识符] As [数据类型]

例如：Public number As Integer

这行代码将标识符 number 与数据类型 Integer 绑定在一起，声明了一个变量。通过这种方式声明的变量是公有变量，也就是说，如果在一个模块中通过 Public 语句声明了一个公有变量，那么整个程序都能使用这个变量。

（2）用 Private 语句声明变量

用 Private 语句声明变量的语法格式为：

Private [标识符] As [数据类型]

例如：Private ms As Single

这行代码将标识符 ms 与数据类型 Single 绑定在一起，声明了一个变量。通过这种方式声明的变量是私有变量，也就是说，如果在一个模块中通过 Private 语句声明了一个私有变量，那么只有这个模块才能使用这个变量。

（3）用 Dim 语句声明变量

用 Dim 语句声明变量的语法格式为：

Dim [标识符] As [数据类型]

例如：Dim mystr As String

这行代码将标识符 mystr 与数据类型 String 绑定在一起，声明了一个变量。在以后的代码中，标识符 mystr 就用来表示一个 String 型的变量，直至程序运行结束。

如果需要在一行代码中声明多个变量，可以将多个标识符及要绑定的数据类型写在 Dim 后面，相互之间用逗号隔开。

例如：Dim name As String, age As Integer

如果无法确定变量的数据类型，可以通过如下格式来声明变量。

Dim [标识符]

VBA 编辑器会自动将该变量声明为变体型的数据类型，然后在为变量赋值时根据值的数据类型自动设置变量的数据类型。

（4）用 Static 语句声明变量

用 Static 语句声明变量的语法格式为：

Static [标识符] As [数据类型]

例如：Static answer As Boolean

这行代码将标识符 answer 与数据类型 Boolean 绑定在一起，声明了一个变量。

用 Dim 语句声明的变量属于动态变量，用 Static 语句声明的变量属于静态变量，它们的生存期不同，在后面会详细说明。

一般来说，VBA 程序可以为那些没有声明就使用的变量自动生成声明，但是有时候自动生成的声明容易引起程序错误。对于初学者来说，为了培养"先声明再使用"的好习惯，可以在所有过程的前面输入 Option Explicit 语句，强制要求所有变量都需要先声明才能使用，否则运行时会报错。

2. 变量的作用域

在一个 VBA 程序中可能会有很多变量，有些变量要为整个程序服务，而有些变量只在某个模块或某个过程中才会用到。为了区分不同变量在程序中的使用范围，VBA 给变量分配了不同的作用域，包括程序、模块和过程 3 种级别。

（1）程序级别

程序级别的变量称为公有变量（又称公共变量或全局变量），它可以被整个程序的所有模块使用。如果在某个模块的第一个过程之前使用 Public 语句声明了一个变量，那么该变量的作用范围就是所有模块，也就是说整个程序都可以使用这个变量。

下面通过一个实例来帮助读者理解程序级别的变量。打开 VBA 编辑器，插入两个模块。在"模块 1"的代码窗口中输入如下左图所示的代码，在"模块 2"的代码窗口中输入如下右图所示的代码。

两个模块中的代码都在所有过程的前面输入了 Option Explicit 语句，强制要求所有变量都需要先声明才能使用。"模块 1"中的过程"test1"和"模块 2"中的过程"test2"都没有对变量 a 进行声明，就直接对变量 a 分别赋值，按理说，在运行时会报错。但是两个模块中的代码都能正确运行。这是因为在"模块 1"的第 2 行代码中使用 Public 语句将变量 a 声明为一个程序级别的变量，也就是说，使用 Public 语句声明的变量可以在整个程序的所有模块中使用。

（2）模块级别

模块级别的变量属于局部变量的一种，它可以被所属模块的所有过程使用，但是不能被同一程序的其他模块使用。这类变量使用 Dim 语句或 Private 语句在模块的第一个过程之前进行声明。

在两个模块的代码窗口中分别输入如下左图和如下右图所示的代码。

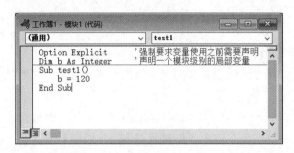

两个模块中的两个过程都没有对变量 b 进行声明就直接赋值，运行代码后提示"模块 2"中的变量 b 未定义，这是因为变量 b 是在"模块 1"的第 2 行代码中使用 Dim 语句声明的，它只能在当前模块中使用，而不能在程序的其他模块中使用。

（3）过程级别

过程级别的变量也属于局部变量的一种，但是其作用范围比模块级别的变量还要小。这种变量在某一个过程中声明，并且只能在该过程中使用，而不能在同一模块的其他过程或其他模块中使用。这种变量一般用 Dim 语句声明，也可以用 Static 语句声明，但是两种方式的生命周期不一样，在后面会详细介绍。

在两个模块的代码窗口中分别输入如下左图和如下右图所示的代码。

运行"模块 1"中的代码后会提示过程"test2"中的变量 a 未定义，运行"模块 2"中的代码后会提示过程"test3"中的变量 a 也未定义。这是因为变量 a 是在"模块 1"的过程"test1"中使用 Dim 语句声明的，它只为当前过程服务，因而不能在当前模块的其他过程或其他模块中使用。

3. 变量的生存期

　　VBA 程序中的变量不仅有作用域，还有生存期。生存期指运行 VBA 程序时一个变量被存储在计算机内存中的时间。

　　一般情况下，一个变量的生存期与作用域相同，这种变量称为动态变量。如果一个动态变量所属的作用域已经执行完毕，则该变量会从计算机内存中释放。例如，用 Dim 语句声明了一个过程级别的动态变量，则过程一旦运行结束，该变量所占用的内存就会被系统回收，而变量中存储的数据会被破坏。

　　静态变量的生存期与作用域则不同。例如，用 Static 语句声明了一个过程级别的静态变量，在过程运行结束后，该变量占用的内存不会被回收，变量中存储的数据也不会被破坏，下次再调用该变量时，数据依然存在。静态变量的生存期覆盖整个程序，也就是说，只要程序还没有结束，这个变量就一直被存储在内存中，而且内容不会发生改变。如果需要将某个变量应用于整个程序，就可以将其声明为静态变量。

　　下面通过一个实例来帮助读者理解动态变量与静态变量。打开 VBA 编辑器，插入一个模块，在代码窗口中输入如下代码。

```
1  Sub test1()
2      Dim a As Integer
3      Static b As Integer
4      a = a + 10
5      b = b + 10
6      Debug.Print a
7      Debug.Print b
8  End Sub
```

　　多次运行以上代码，在"立即窗口"窗口中查看输出结果（如果界面中未显示"立即窗口"窗口，可按快捷键【Ctrl+G】打开），会发现变量 a 的值每次都为 10，而变量 b 的值则每次都会在上一次运算结果的基础上增加 10。这是因为变量 a 是动态变量，每次模块代码运行完其占用的内存会被释放，所以每次运算都是从 0 开始；而变量 b 是静态变量，每次模块代码运行完其占用的内存不会被释放，所以每次运算都会在上一次运算结果的基础上增加 10。

　　一个变量的作用域和生存期决定了该变量可以用在程序的什么地方。如果在声明和使用变量时不注意变量的作用域和生存期，往往会导致程序不能运行或者在运行过程中出错。初学者应该对这个问题给予足够的重视，仔细分析程序中每个变量的作用域和生存期，这是程序能够顺利运行的关键。

　　实例：在销售统计表中计算销售金额

　　下面以在销售统计表中计算每天的销售金额为例，介绍变量的使用方法。

◎ 原始文件：实例文件\第2章\原始文件\在销售统计表中计算销售金额.xlsx
◎ 最终文件：实例文件\第2章\最终文件\在销售统计表中计算销售金额.xlsm

步骤01 **查看原始数据。** 打开原始文件，可看到工作表中的销售日期、商品名称、销售数量等数据，在单元格 F2 中可看到商品的销售单价，如下图所示。

步骤02 **编写代码。** 打开 VBA 编辑器，在当前工作簿中插入一个模块，在代码窗口中输入如下图所示的代码，用于计算销售金额。

	A	B	C	D	E	F
1	销售日期	商品名称	销售数量	销售金额		销售单价
2	2020/1/1	公路自行车	10			1999
3	2020/1/2	公路自行车	25			
4	2020/1/3	公路自行车	10			
5	2020/1/4	公路自行车	25			
6	2020/1/5	公路自行车	48			
7	2020/1/6	公路自行车	32			
8	2020/1/7	公路自行车	56			
9	2020/1/8	公路自行车	45			
10	2020/1/9	公路自行车	98			
11	2020/1/10	公路自行车	45			
12	2020/1/11	公路自行车	69			
13	2020/1/12	公路自行车	24			
14	2020/1/13	公路自行车	12			

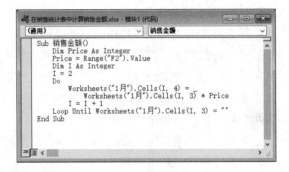

步骤 02 的代码解析

```
1   Sub 销售金额()
2       Dim Price As Integer        '声明一个整型变量Price
3       Price = Range("F2").Value        '将单元格F2中的销售单价赋给变量Price
4       Dim I As Integer        '声明一个整型变量I
5       I = 2        '初始化变量I的值，表示从第2行开始计算销售金额
6       Do        '开始循环
7           Worksheets("1月").Cells(I, 4) = _
                Worksheets("1月").Cells(I, 3) * Price        '计算销售金额并写
                入相应单元格
8           I = I + 1        '让变量I的值增加1，表示切换到下一行
9       Loop Until Worksheets("1月").Cells(I, 3) = ""        '如果切换到了无数
        据的行，则结束循环
10  End Sub
```

步骤03 **查看计算结果。** 返回工作表，可看到在 D 列中写入了各个销售日期对应的销售金额，如右图所示。

	A	B	C	D	E	F	G
1	销售日期	商品名称	销售数量	销售金额		销售单价	
2	2020/1/1	公路自行车	10	¥19,990		1999	
3	2020/1/2	公路自行车	25	¥49,975			
4	2020/1/3	公路自行车	10	¥19,990			
5	2020/1/4	公路自行车	25	¥49,975			
6	2020/1/5	公路自行车	48	¥95,952			
7	2020/1/6	公路自行车	32	¥63,968			
8	2020/1/7	公路自行车	56	¥111,944			
9	2020/1/8	公路自行车	45	¥89,955			
10	2020/1/9	公路自行车	98	¥195,902			
11	2020/1/10	公路自行车	45	¥89,955			
12	2020/1/11	公路自行车	69	¥137,931			
13	2020/1/12	公路自行车	24	¥47,976			
14	2020/1/13	公路自行车	12	¥23,988			

2.1.4　数据类型

前面在介绍常量和变量的定义时，都提到了数据类型的概念，如 Integer 就是一种数据类型。VBA 程序中的数据类型分为基本数据类型和用户自定义数据类型两大类。

1. 基本数据类型

基本数据类型是 VBA 事先定义好的数据类型，也是创建用户自定义数据类型的基础。在办公中常用的基本数据类型如下表所示。

数据类型	关键字	说明	声明字符
布尔型	Boolean	最简单的数据类型，取值只能是 False 或 True，默认为 False	无
整型	Integer	存储取值范围为 -32768 ～ 32767 的整数	%
长整型	Long	存储取值范围为 -2147483648 ～ 2147483647 的整数	&
单精度浮点型	Single	存储小数	!
双精度浮点型	Double	存储小数，其精度比单精度浮点型的精度更高	#
字符串型	String	存储字符串，即用英文双引号括起的一个或多个字符，如 "3.14159"、"C-3PO"、" 如何学好 VBA 呢？"，分为变长字符串与定长字符串： • 变长字符串的长度随存储的字符串的长度改变，定义方式为 Dim str1 As String； • 定长字符串的长度是固定的，在声明变量时通过 "*" 号指定长度，如 Dim str2 As String * 10。如果实际存储的字符串比指定长度短，余下的位置由空格字符填满；如果实际存储的字符串比指定长度长，超出的部分会被自动截去	$
日期型	Date	存储日期和时间类型的数据，可存储公元 100 年 1 月 1 日至 9999 年 12 月 31 日的日期和 0:00:00 至 23:59:59 的时间	无
货币型	Currency	存储货币值	@
对象型	Object	存储对象的引用	无
变体型	Variant	一种特殊的数据类型，所有没有声明数据类型的变量（即声明时省略 As 部分）都默认为变体型	无

在上表中可以看到，部分基本数据类型还带有声明字符。在声明变量时，可以用声明字符来代替数据类型关键字。例如，字符串型的声明字符是 $，则变量声明语句 Dim str1 As String 可以改写为 Dim str1$。

实例：声明基本数据类型的变量

下面以在 VBA 中输出字符串和整数为例，介绍基本数据类型的使用方法。

◎ 原始文件：无
◎ 最终文件：实例文件\第2章\最终文件\声明基本数据类型的变量.xlsm

步骤01 编写代码。在 Excel 中新建一个工作簿，打开 VBA 编辑器，插入一个模块，在代码窗口中输入如右图所示的代码。

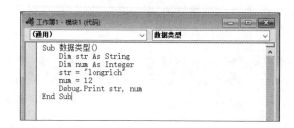

步骤 01 的代码解析

```
1   Sub 数据类型()
2       Dim str As String      '声明一个字符串型变量str
3       Dim num As Integer      '声明一个整型变量num
4       str = "longrich"      '将字符串"longrich"赋给变量str
5       num = 12     '将整数12赋给变量num
6       Debug.Print str, num      '输出变量str和num的值
7   End Sub
```

步骤02 打开"立即窗口"窗口。❶单击"视图"菜单，❷在展开的菜单中单击"立即窗口"命令，如下图所示。

步骤03 查看运行结果。按【F5】键运行代码，在"立即窗口"窗口中可看到运行结果，如下图所示。

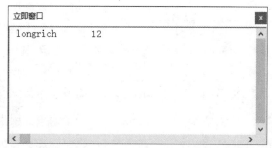

2. 用户自定义数据类型

VBA 提供的基本数据类型数量已不算少，却仍然难以涵盖编程中需要用到的所有数据类型。因此，VBA 引入了用户自定义数据类型的概念，即用户可以通过组合基本数据类型来定义自己需要的数据类型。

用户自定义数据类型可包含一个或多个基本数据类型的数据元素、数组或事先定义好的用户自定义数据类型。使用 Type 语句创建用户自定义数据类型，语法格式如下。

Type <类型名>
　　<元素名1> As <数据类型1>
　　<元素名2> As <数据类型2>
　　……
　　<元素名n> As <数据类型n>
End Type

例如，要创建一个银行账户数据类型，用于存储账户的户主姓名、余额、密码和账号。相应代码如下。

```
1   Type Account        '声明一个名为Account的数据类型
2       Name As String      '定义字符串型元素用于存储户主姓名
3       Balance As Currency     '定义货币型元素用于存储余额
4       Password As String      '定义字符串型元素用于存储密码
5       ID As String        '定义字符串型元素用于存储账号
6   End Type        '声明结束
```

创建好一个用户自定义数据类型，就可以将其用于声明变量。声明方式和基本数据类型一样，需要将数据类型与标识符绑定。下面这行代码即声明了一个 Account 类型的变量 zhangsan。

```
1   Dim zhangsan As Account
```

声明为用户自定义数据类型的变量可以被作用域内的 VBA 程序使用，但不能直接使用，只能针对其中的某个元素执行操作，如赋值或取值等。要访问这个变量中的元素，需要使用操作符 "."，语法格式如下。

<用户自定义数据类型的变量>.<元素名称>

实例：声明用户自定义数据类型的变量

下面通过一个简单的实例帮助读者理解用户自定义数据类型的创建和使用方法。

◎ 原始文件：无
◎ 最终文件：实例文件\第2章\最终文件\声明用户自定义数据类型的变量.xlsm

步骤 01 编写代码。在 Excel 中新建一个工作簿，打开 VBA 编辑器，插入一个模块，在代码窗口中输入如右图所示的代码。

<table>
<tr><td colspan="2" align="center">**步骤 01 的代码解析**</td></tr>
<tr><td>1</td><td>Type Account   '声明一个名为Account的银行账户数据类型</td></tr>
<tr><td>2</td><td>   Name As String   '定义字符串型元素用于存储户主姓名</td></tr>
<tr><td>3</td><td>   Balance As Currency   '定义货币型元素用于存储余额</td></tr>
<tr><td>4</td><td>   Password As String   '定义字符串型元素用于存储密码</td></tr>
<tr><td>5</td><td>   ID As String   '定义字符串型元素用于存储账号</td></tr>
<tr><td>6</td><td>End Type   '声明结束</td></tr>
<tr><td>7</td><td>Sub 用户自定义数据类型()</td></tr>
<tr><td>8</td><td>   Dim zhangsan As Account   '声明变量zhangsan为Account数据类型</td></tr>
<tr><td>9</td><td>   zhangsan.Name = "zhangsan"   '设置变量zhangsan中存储的户主姓名</td></tr>
<tr><td>10</td><td>   zhangsan.Balance = 40000   '设置变量zhangsan中存储的余额</td></tr>
<tr><td>11</td><td>   zhangsan.Password = "124524"   '设置变量zhangsan中存储的密码</td></tr>
<tr><td>12</td><td>   zhangsan.ID = "6217008572258451254"   '设置变量zhangsan中存储的账号</td></tr>
<tr><td>13</td><td>   Debug.Print zhangsan.Name   '输出变量zhangsan中存储的户主姓名</td></tr>
<tr><td>14</td><td>   Debug.Print zhangsan.Balance   '输出变量zhangsan中存储的余额</td></tr>
<tr><td>15</td><td>   Debug.Print zhangsan.Password   '输出变量zhangsan中存储的密码</td></tr>
<tr><td>16</td><td>   Debug.Print zhangsan.ID   '输出变量zhangsan中存储的账号</td></tr>
<tr><td>17</td><td>End Sub</td></tr>
</table>

步骤 02 查看运行结果。按【F5】键运行代码，打开"立即窗口"窗口，可看到代码的运行结果，如右图所示。

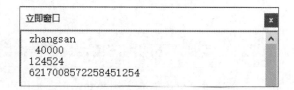

2.1.5 数组

数组是一种特殊的数据类型，可以存储多个值，这些值具有相同的数据类型。VBA 中的数组分为固定大小的数组和动态数组两种类型。

1. 固定大小的数组

固定大小的数组所能存储的元素个数在声明时就已确定，在程序运行过程中不会发生变化。声明固定大小数组的语法格式如下。

Dim <数组名>([索引下界 To] 索引上界) As <数据类型>

通过索引值可以访问数组中的元素，语法格式如下。

<数组名>(索引)

需要注意数组与用户自定义数据类型的区别：第一，数组中各元素的数据类型相同，而用户自定义数据类型中各元素的数据类型可以不同；第二，数组中的元素通过索引值来访问，而用户自定义数据类型中的元素通过名称来访问；第三，数组无须定义即可声明，而用户自定义数据类型需先定义，才能用于声明变量。

实例：使用数组计算销售额之和

假设已知 6 月每天的销售额，需要统计 6 月前 5 天的销售额之和。下面利用固定大小的数组编写 VBA 程序完成计算。

◎ 原始文件：实例文件\第2章\最终文件\使用数组计算销售额之和.xlsx
◎ 最终文件：实例文件\第2章\最终文件\使用数组计算销售额之和.xlsm

步骤01　查看数据。打开原始文件，可以看到工作表中的 6 月销售额统计数据，如下图所示。

步骤02　编写代码。打开 VBA 编辑器，插入一个模块，在代码窗口中输入如下图所示的代码。

步骤 02 的代码解析

1	Sub 数组()	
2	Dim Sales(1 To 5) As Single	'声明固定大小的数组，存储前5天的销售额
3	Sales(1) = Range("D3").Value	'将单元格D3的数据赋给数组的第1个元素
4	Sales(2) = Range("D4").Value	'将单元格D4的数据赋给数组的第2个元素
5	Sales(3) = Range("D5").Value	'将单元格D5的数据赋给数组的第3个元素

```
6    Sales(4) = Range("D6").Value        '将单元格D6的数据赋给数组的第4个元素
7    Sales(5) = Range("D7").Value        '将单元格D7的数据赋给数组的第5个元素
8    Dim FirstWeek As Single     '声明变量FirstWeek为单精度浮点型
9    FirstWeek = 0      '为变量FirstWeek赋初始值
10   FirstWeek = Sales(1) + Sales(2) + Sales(3) + Sales(4) + _
          Sales(5)     '计算前5天的销售额之和，并赋给变量FirstWeek
11   Debug.Print FirstWeek        '输出变量FirstWeek的值
12   End Sub
```

👷 提 示

　　声明数组时要注意索引下界不能大于索引上界。例如，将第2行代码由 Dim Sales(1 To 5) As Single 更改为 Dim Sales(5 To 1) As Single，在运行时会提示区间无值。如果省略索引下界，则默认索引下界值为0。

步骤03　查看运行结果。按【F5】键运行代码，可在"立即窗口"窗口中看到5个数组元素之和，也就是6月前5天的销售额之和，如右图所示。

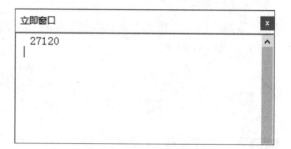

立即窗口

　27120

2. 动态数组

　　如果不确定要在数组中存储几个数据，可以使用动态数组，其元素个数在程序运行过程中可以变化。要声明一个动态数组，不指定其索引的上下界即可，语法格式如下。

Dim <数组名>() As <数据类型>

　　在使用动态数组时，可以通过 ReDim 语句重新定义数组的元素个数，达到动态变化的目的，语法格式如下。

ReDim <数组名>(索引上界)

👷 提 示

　　每次使用 ReDim 语句改变动态数组的元素个数时，数组中存储的数据会被清空。因此，应当在动态数组中的数据都已经使用完毕后再重新调整动态数组的元素个数。此外，ReDim 语句只能改变数组中元素的个数，不能改变数组元素的数据类型。

实例：使用动态数组计算商品的销售提成额

假设已知各种商品的销售单价、销量和提成率，需要计算商品的销售提成额（销售单价 ×
销售量 × 提成率）。下面利用动态数组编写 VBA 程序完成计算。

◎ 原始文件：实例文件\第2章\最终文件\使用动态数组计算商品的销售提成额.xlsx
◎ 最终文件：实例文件\第2章\最终文件\使用动态数组计算商品的销售提成额.xlsm

步骤01　查看数据。打开原始文件，可看到工
作表中的销售单价、销量、提成率等数据，如
下图所示。

步骤02　编写代码。打开 VBA 编辑器，在当
前工作簿中插入一个模块，然后输入如下图所
示的代码。

	商品	销售单价（元/件）	销量（件）	提成率	提成额（元）
1	销售提成				
3	早餐奶	55	50	3.6%	
4	优先乳	69	60	4.0%	
5	酸奶	56	50	3.5%	
6	纯牛奶	80	60	5.0%	
7	花生奶	78	80	5.0%	
8	原味牛奶	63	40	3.5%	
9	水果味奶	50	42	4.0%	

```
Sub 动态数组()
    Dim Dshuzu() As Single
    Dim Rnum As Integer
    Rnum = Range("A1").CurrentRegion.Rows.Count
    ReDim Dshuzu(Rnum - 2)
    For i = 3 To Rnum
    Dshuzu(i - 2) = Cells(i, 2) * Cells(i, 3) * Cells(i, 4)
    Next i
    For j = 1 To Rnum - 2
    Cells(j + 2, 5) = Dshuzu(j)
    Next j
End Sub
```

步骤02 的代码解析

1　Sub 动态数组()

2　　Dim Dshuzu() As Single　　'声明动态数组Dshuzu()为单精度浮点型，用于存储销售提成额

3　　Dim Rnum As Integer　　'声明变量Rnum为整型，用于存储表格的行数

4　　Rnum = Range("A1").CurrentRegion.Rows.Count　　'获取表格的行数并赋给变量Rnum

5　　ReDim Dshuzu(Rnum - 2)　　'重新定义数组的元素个数

6　　For i = 3 To Rnum

7　　　　Dshuzu(i - 2) = Cells(i, 2) * Cells(i, 3) * Cells(i, 4)　　'计算每种商品的销售提成额并存储在数组中

8　　Next i

9　　For j = 1 To Rnum - 2

10　　　Cells(j + 2, 5) = Dshuzu(j)　　'将数组元素依次写入相应的单元格

11　　Next j

12　End Sub

步骤 03   查看运行结果。按【F5】键运行代码，在工作表的 E 列中可看到计算出的各种商品的提成额，如右图所示。

	A	B	C	D	E
1			销售提成		
2	商品	销售单价（元/件）	销量（件）	提成率	提成额（元）
3	早餐奶	55	50	3.6%	99.00
4	优先乳	69	60	4.0%	165.60
5	酸奶	56	50	3.5%	98.00
6	纯牛奶	80	60	5.0%	240.00
7	花生奶	78	80	5.0%	312.00
8	原味牛奶	63	40	3.5%	88.20
9	水果味奶	50	42	4.0%	84.00

提 示

第 4 行代码中的 CurrentRegion 是 Range 对象的一个属性，用于返回当前活动区域，相当于在 Excel 程序中切换至"开始"选项卡，在"编辑"组中单击"查找和选择 > 定位条件"选项，在打开的"定位条件"对话框中单击"当前区域"单选按钮所实现的功能。

CurrentRegion.Rows.Count 表示对指定单元格所在区域的行数进行统计，如果改为 CurrentRegion.Columns.Count，则表示对指定单元格所在区域的列数进行统计。

2.2　VBA 运算符

运算符是 VBA 实现运算功能的符号，也是构成表达式的连接符号。常用的运算符可以按功能分为算术运算符、比较运算符、连接运算符、逻辑运算符等。

2.2.1　算术运算符

算术运算符用于完成数值运算，是最常用、最简单的运算符。VBA 中的算术运算符如下表所示。

运算符	名称	含义	示例	运算结果
+	加法运算符	计算两个操作数相加的和	6 + 4	10
-	减法运算符	计算两个操作数相减的差	6 - 4	2
	负号	表示一个数的相反数	-6	-6
*	乘法运算符	计算两个操作数相乘的积	6 * 4	24
/	除法运算符	计算两个操作数相除的商	6 / 4	1.5
\	取商运算符	计算整数除法的商，非整数的操作数在运算前会被自动转换为整数	6 \ 4	1
Mod	取余运算符	计算整数除法的余数，非整数的操作数在运算前会被自动转换为整数	6 Mod 4	2
^	乘方运算符	计算一个数的某次方	6 ^ 4	1296

2.2.2　比较运算符

比较运算符用于比较两个操作数，如果比较的表达式成立，那么结果为 True（真），否则为 False（假）。VBA 中的比较运算符如下表所示。

运算符	名称	含义	示例	运算结果
=	等于运算符	判断两个操作数是否相等	6 = 4	False
<>	不等于运算符	判断两个操作数是否不相等	6 <> 4	True
>	大于运算符	判断运算符左边的操作数是否大于右边的操作数	6 > 4	True
<	小于运算符	判断运算符左边的操作数是否小于右边的操作数	6 < 4	False
>=	大于等于运算符	判断运算符左边的操作数是否大于或等于右边的操作数	6 >= 4	True
<=	小于等于运算符	判断运算符左边的操作数是否小于或等于右边的操作数	6 <= 4	False

VBA 中还有两个特殊的比较运算符：Is 和 Like。它们的用法简单介绍如下。

★ Is 运算符用于比较两个对象的引用变量，其语法格式为：result = object1 Is object2。如果对象 object1 和对象 object2 引用相同的对象，则结果为 True，否则为 False。

★ Like 运算符用于判断一个字符串是否与指定的模式相匹配，其语法格式为：result = string Like pattern。如果字符串 string 与由字符串 pattern 指定的模式相匹配，则结果为 True，否则为 False。如果 string 和 pattern 中有一个为 Null（空值），则结果为 Null（空值）。

2.2.3　连接运算符

连接运算符用于将两个操作数作为字符串连接在一起，形成一个新的字符串。VBA 中的连接运算符如下表所示。

运算符	含义	示例	运算结果
+	如果运算符两边的操作数都是数值，或者一个为数值，另一个为可以转换为数值的字符串，则其功能为加法运算符	6 + 4 "6" + 4	10 10
	如果运算符两边的操作数都是字符串，则连接两个字符串，形成一个新的字符串	"long" + "rich" "6" + "4"	"longrich" "64"
	如果运算符两边的操作数一个为数值，另一个为不可转换为数值的字符串，则运行时会报错	"MP" + 3	报错
&	连接两个操作数，形成一个新的字符串。非字符串型的操作数会被强制转换为字符串	"long" & "rich" 6 & 4	"longrich" "64"

2.2.4　逻辑运算符

逻辑运算符用于判断逻辑运算式的真假，参与运算的操作数为逻辑型数据，运算结果是 True 或 False。VBA 中的逻辑运算符如下表所示。

运算符	名称	含义	示例	运算结果
And	逻辑与运算符	当两个操作数均为 True 时，结果才为 True；两个操作数中只要有一个为 False，则结果为 False	True And True	True
			False And True	False
			True And False	False
			False And False	False
Or	逻辑或运算符	两个操作数中只要有一个为 True，结果即为 True；当两个操作数均为 False 时，结果才为 False	True Or True	True
			True Or False	True
			False Or True	True
			False Or False	False
Not	逻辑非运算符	其功能是对操作数取反：当操作数为 False 时，结果为 True；当操作数为 True 时，结果为 False	Not False	True
			Not True	False
Xor	逻辑异或运算符	仅当两个操作数不相同，即一个为 True、一个为 False 时，结果才为 True，否则为 False	True Xor False	True
			False Xor True	True
			False Xor False	False
			True Xor True	False
Eqv	逻辑等价运算符	仅当两个操作数相同，即均为 True 或均为 False 时，结果才为 True，否则为 False	True Eqv True	True
			False Eqv False	True
			False Eqv True	False
			True Eqv False	False
Imp	逻辑蕴涵运算符	当第 1 个操作数为 True，第 2 个操作数为 False 时，结果为 False，其他情况均为 True	True Imp False	False
			True Imp True	True
			False Imp True	True
			False Imp False	True

提 示

如果多个运算符出现在同一个表达式中，运算的顺序由运算符的优先级决定。四类运算符的优先级由高到低依次为算术运算符、连接运算符、比较运算符、逻辑运算符。如果一个类别中相同优先级的运算符出现在同一个表达式中，例如，算术运算符中的乘法和除法运算符出现在同一个表达式中，则按照从左向右的顺序运算。如果想要改变运算符的运算顺序，可以在表达式中使用括号。

2.3　VBA 控制语句

VBA 的控制语句用于控制程序运行的流程，按照执行顺序可以分为顺序结构、循环结构和选择结构。下面分别进行介绍。

2.3.1　顺序结构

顺序结构是一类最简单的结构，它是按照语句出现的顺序一条一条执行的。顺序结构常与循环结构和选择结构结合使用，因为循环结构和选择结构是在顺序结构的基础上实现流程的跳转或重复执行的。在顺序结构中常用的语句有赋值语句、注释语句、错误转移语句。

1. 赋值语句

赋值语句用于给变量赋值。在大多数情况下，使用 Let 语句和 "=" 号为变量赋值，并且可以省略 Let，如 Let x = 145 或 x = 145。

为对象型变量赋值则要使用 Set 语句，语法格式如下。

Set ObjectVar = {[New] Objectexpression | Nothing}

📣 **语法解析**

ObjectVar：必选，是指变量名，遵循标准变量命名约定。

New：可选，通常在声明时使用 New，以便隐式创建对象。如果 New 与 Set 一起使用，则将创建该类的一个新实例。如果 ObjectVar 包含一个对象引用，则在赋新值时释放该引用。不能使用 New 关键字来创建任何内部数据类型的新实例，也不能创建从属对象。

Objectexpression：必选，由对象名所声明的相同对象类型的其他变量，或者返回相同对象类型的函数或方法所组成的表达式。

Nothing：可选，用于断开 ObjectVar 与任何指定对象的关联。如果没有其他变量指向 ObjectVar 原来所引用的对象，将其赋值为 Nothing 会释放该对象所关联的所有系统及内存资源。

为对象型变量赋值时，如果不使用 Set 语句，而直接使用 "=" 号，运行时会报错。

2. 注释语句

注释语句用来说明程序中某些代码的功能和作用。在 VBA 程序代码中，注释语句以绿色显示。在运行 VBA 程序代码时，注释语句会被自动忽略，不会影响运行结果。书写注释语句的方式有两种：一种是使用单引号（'），另一种是使用 Rem 语句。

使用单引号（'）书写注释语句时，可以将注释语句放在代码后方，也可以是单独一行。而使用 Rem 语句书写注释语句时，注释语句只能是单独一行。

3. 错误转移语句

常见的错误转移语句有两种：一种是 On Error Goto 语句，另一种是 On Error Resume Next 语句。

（1）On Error Goto 语句

在 VBA 编程中常常会遇到"错误处理程序"这一说法，它是指一段用行号或行标签标记的代码。On Error Goto 语句主要用于启动错误处理程序，在出现运行错误时，根据行号或行标签自动跳转到错误处理程序处，开始执行相应的错误处理代码。On Error Goto 语句的语法格式如下。

On Error Goto Line

📣 **语法解析** ————————————————————————————————

Line：必选，可以是任何行号或行标签，当程序运行出错时，控制流程会跳转到 Line 处，激活错误处理程序。需要注意的是，指定的 Line 必须与 On Error Goto 语句位于同一个过程中，否则会发生编译时间表错误。

（2）On Error Resume Next 语句

On Error Resume Next 语句可以忽略运行时产生的错误，继续执行产生错误的语句的下一个语句，或是继续执行最近一次所调用的过程（该过程含有 On Error Resume Next 语句）中的语句。需要注意的是，在调用另一个过程时，On Error Resume Next 语句会变为非活动状态，因此，如果希望在过程中进行内部错误处理，则应在每一个调用的过程中执行 On Error Resume Next 语句。

 实例：多条件查找成绩表中符合条件的学生人数

下面以多条件查找成绩表中符合条件的学生人数为例，帮助读者进一步理解顺序结构语句的用法。

◎ 原始文件：实例文件\第2章\原始文件\多条件查找成绩表中符合条件的学生人数.xlsx
◎ 最终文件：实例文件\第2章\最终文件\多条件查找成绩表中符合条件的学生人数.xlsm

步骤01 查看数据。打开原始文件，可看到工作表中记录的成绩数据，如右图所示。

	A	B	C	D	E	F	G	H
1	学号	姓名	数学	语文	化学	物理	总分	
2	001	屈梦兰	81	87	92	91	351	
3	002	邹和润	81	90	92	86	349	
4	003	侨曙文	85	84	87	87	343	
5	004	林畅	98	82	88	82	350	
6	005	牧惜萱	80	96	87	89	352	
7	006	尤寻冬	98	94	96	91	379	
8	007	乌俊达	87	86	60	88	321	
9	008	甄以松	89	95	84	96	364	
10	009	狄清馨	89	63	85	82	319	
11	010	邱濮存	82	93	90	65	330	
12	011	康吉帆	75	92	88	74	329	
13	012	朱清卓	91	74	85	62	312	

步骤02　设置查询范围和查询条件区域。打开
VBA 编辑器，在当前工作簿中插入模块，在
代码窗口中输入如右图所示的代码，用于设置
查询范围和查询条件区域。

步骤 02 的代码解析

```
1    Sub 多条件查询()
2        Dim i As Range      '声明变量i为Range对象类型
3        Dim n As Range      '声明变量n为Range对象类型
4        Dim m As Long       '声明变量m为长整型
5        Dim j As String     '声明变量j为字符串型
6        Set i = Columns("A:G")      '设置查询范围
7        Set n = Range("I1:L2")      '设置查询条件区域
```

步骤03　设置查询条件并完成查询。在代码
窗口中继续输入如右图所示的代码，用于将查
询条件输入查询条件区域，然后根据查询条件
进行查询，并显示查询结果，最后清除查询条
件区域。

步骤 03 的代码解析

'将查询条件输入查询条件区域

8
```
n.Cells(1, 1) = i.Range("C1")
```
'将单元格C1的值写入查询条件区域的
第1行第1列单元格

9
```
n.Cells(1, 2) = i.Range("D1")
```
'将单元格D1的值写入查询条件区域的
第1行第2列单元格

10
```
n.Cells(1, 3) = i.Range("E1")
```
'将单元格E1的值写入查询条件区域的
第1行第3列单元格

11
```
n.Cells(1, 4) = i.Range("F1")
```
'将单元格F1的值写入查询条件区域的
第1行第4列单元格

12
```
n.Cells(2, 1) = ">=85"
```
'将条件"">=85""写入查询条件区域的第2行第1
列单元格

13
```
n.Cells(2, 2) = ">=85"
```
'将条件"">=85""写入查询条件区域的第2行第2
列单元格

```
14    n.Cells(2, 3) = ">=80"      '将条件">=80"写入查询条件区域的第2行第3
      列单元格
15    n.Cells(2, 4) = ">=80"      '将条件">=80"写入查询条件区域的第2行第4
      列单元格
16    m = WorksheetFunction.DCountA(i, 1, n)      '计算查询范围中符合查询
      条件的非空单元格个数
17    MsgBox "数学和语文≥85分，化学和物理≥80分的学生共有" _
          & m & "名"        '弹出提示框显示查询结果
18    n.Clear      '清除查询条件区域
19    Set i = Nothing      '设置变量i为空
20    Set n = Nothing      '设置变量n为空
21  End Sub
```

 提 示

第 16 行代码中的 WorksheetFunction 是一个对象，作为在 VBA 中调用 Excel 工作表函数的容器。DCountA() 函数为要调用的工作表函数，用于计算符合指定条件的非空单元格的个数，其语法格式如下。

DCountA(Database, Field, Criteria)

语法解析 ————————————————————————————————

Database：必选，代表要操作的单元格区域。

Field：可选，代表要计算非空单元格个数的列。1 表示第 1 列，2 表示第 2 列，依此类推。

Criteria：必选，代表指定条件所在的单元格区域。

 提 示

第 17 行代码中的 MsgBox() 是一个 VBA 函数，用于以提示框的形式显示信息，并等待用户单击按钮，然后根据用户单击的按钮返回相应的值。它常与 If 语句搭配使用，以根据用户的选择执行不同的操作。MsgBox() 函数的语法格式如下。

MsgBox(Prompt, Buttons, Title, Helpfile, Context)

语法解析 ————————————————————————————————

Prompt：必选，指定在提示框中显示的文字。

Buttons：可选，指定显示按钮的数量、形式和图标样式等。该参数可取的值如下表所示。这些值分为五组，分别用于设置不同的选项。在编程时，可以只从一个组中选取一个值作为参数值，也可以从多个组中各选取一个值（每个组只允许选取一个值）相加后作为参数值。若省略该参数，则默认只显示"确定"按钮。

	常量名称	值	说明
按钮类型	vbOKOnly	0	只显示"确定"按钮
	vbOKCancel	1	显示"确定"和"取消"按钮
	vbAbortRetryIgnore	2	显示"中止""重试""忽略"按钮
	vbYesNoCancel	3	显示"是""否""取消"按钮
	vbYesNo	4	显示"是"和"否"按钮
	vbRetryCancel	5	显示"重试"和"取消"按钮
图标样式	vbCritical	16	显示❌图标
	vbQuestion	32	显示❓图标
	vbExclamation	48	显示⚠图标
	vbInformation	64	显示ℹ图标
默认按钮	vbDefaultButton1	0	第 1 个按钮是默认按钮
	vbDefaultButton2	256	第 2 个按钮是默认按钮
	vbDefaultButton3	512	第 3 个按钮是默认按钮
	vbDefaultButton4	768	第 4 个按钮是默认按钮
强制返回	vbApplicationModal	0	应用程序强制返回：当前应用程序一直被挂起，直到用户对提示框作出响应才继续工作
	vbSystemModal	4096	系统强制返回：全部应用程序都被挂起，直到用户对提示框作出响应才继续工作
其他设置	vbMsgBoxHelpButton	16384	在提示框中添加一个"帮助"按钮
	vbMsgBoxSetForeground	65536	将弹出提示框的窗口设置为前台显示
	vbMsgBoxRight	524288	将提示框中的文本右对齐显示
	vbMsgBoxRtlReading	1048576	将提示框中的元素从右到左显示

Title：可选，指定在提示框的标题栏中显示的文字。若省略，则默认显示应用程序名。

Helpfile，Context：这两个参数用于设置帮助文档，在办公中很少使用，这里不做讲解。

MsgBox() 函数的返回值代表用户单击的按钮，如下表所示。

常量名称	值	对应的按钮	常量名称	值	对应的按钮
vbOK	1	确定	vbIgnore	5	忽略
vbCancel	2	取消	vbYes	6	是
vbAbort	3	中止	vbNo	7	否
vbRetry	4	重试	—	—	—

步骤 04 显示查询结果。按【F5】键运行代码，会返回工作表并在指定区域显示查询条件，同时弹出提示框，显示符合查询条件的人数，如右图所示。单击"确定"按钮后，查询条件区域的内容会被清除。

2.3.2 循环结构

如果需要重复执行相同的一个或多个操作，可以使用循环结构来简化程序的设计。VBA 中常用的循环结构语句有 For…Next 语句、Do…Loop 语句、For Each…Next 语句。

1. For…Next 语句

For…Next 语句用于实现指定次数的循环，又称计数循环语句。其语法格式如下。

For Counter = Start To End [Step Step]

   [Statements]

   [Exit For]

   [Statements]

Next [Counter]

语法解析

Counter：必选，用作循环计数器的数值型变量，该变量不能是布尔型或数组元素。

Start：必选，表示 Counter 的初值。

End：必选，表示 Counter 的终值。

Step：可选，用于表示 Counter 的步长，如果省略，则默认值为 1。Step 可以是正数或负数。为正数时，Counter ≤ End；为负数时，Counter ≥ End。

Statements：可选，称为循环体，表示放在 For 和 Next 之间的代码段，它们将被执行指定次数。

Exit For：可选，可以在一个循环中的任意位置放置任意数量的 Exit For 语句，执行该语句后，程序将跳出循环并转到 Next 的下一条语句开始执行。该语句常与 If 语句搭配使用。

For…Next 语句的执行流程如下图所示。

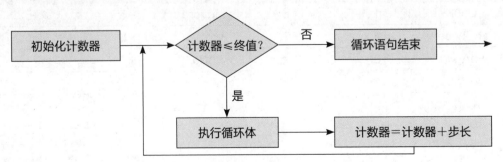

2．Do…Loop 语句

如果要重复执行操作但又无法确定重复执行的次数，可以使用 Do…Loop 语句进行循环。Do…Loop 语句有两种语法格式，第一种如下。

Do

　　[Statements]

　　[Exit Do]

　　[Statements]

Loop Until | While Condition

在这种语法格式下，Do…Loop 语句会先执行一次循环体，然后根据 Loop 子句后的 Until 或 While 条件来判断是否要再次执行循环体：如果在 Loop 子句后使用 Until 条件，表示在条件不成立时进行循环，在条件成立时结束循环；如果在 Loop 子句后使用 While 条件，表示在条件成立时进行循环，在条件不成立时结束循环。

语法解析

Statements：可选，循环体。

Exit Do：可选，可以在一个循环中的任意位置放置任意数量的 Exit Do 语句，执行该语句后，程序将跳出循环并转到 Loop 的下一条语句开始执行。该语句常与 If 语句搭配使用。

Condition：必选，表示判断条件，是一个值为 True 或 False 的表达式。如果值为 Null，则视为 False。

Do…Loop 语句的第二种语法格式是将 Until 或 While 条件置于 Do 子句之后。在这种语法格式下，Do…Loop 语句会先根据 Until 或 While 条件判断是否要执行循环体。也就是说，第一种语法格式下会至少执行一次循环体，而第二种语法格式下有可能一次也不执行循环体。

Do…Loop 语句两种语法格式的执行流程分别如下左图和下右图所示。

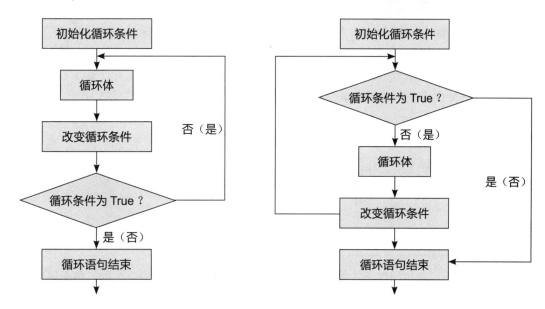

3. For Each…Next 语句

如果要针对一个数组或集合中的每个元素重复执行操作，可以使用 For Each…Next 语句来实现。使用该语句时，数组或集合中至少要有一个元素。一旦进行循环，便从第一个元素开始依次针对每个元素执行循环体。当所有元素都执行完毕，便结束循环，然后继续执行 Next 语句之后的语句。For Each…Next 语句的语法格式如下。

For Each Element In Group

    [Statements]

    [Exit For]

    [Statements]

Next [Element]

语法解析

Element：必选，用于遍历数组或集合中所有元素的变量。对于数组来说，Element 只能是一个变体型变量。对于集合来说，Element 可能是一个变体型变量、一个通用对象变量或任何特殊对象变量。

Group：必选，表示数组或集合的名称。

Statements：可选，循环体。

Exit For：可选，可以在一个循环中的任意位置放置任意数量的 Exit For 语句，执行该语句后，程序将跳出循环并转到 Next 的下一条语句开始执行。该语句常与 If 语句搭配使用。

需要注意的是，不能在 For Each…Next 语句中使用自定义类型数组，因为变体型不能包含用户自定义类型。

4. 循环语句的嵌套

一个循环结构的循环体内包含另一个完整的循环结构，称为循环的嵌套。循环的嵌套方式有多种，例如，一个循环的内部包含一层循环称为双重循环，包含两层循环称为三重循环，包含三层或三层以上的循环称为多重循环。循环的嵌套层次在理论上来说可以无限多。如下所示为使用 For…Next 语句构造的双重循环。

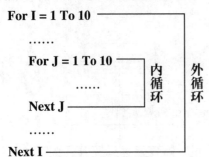

正常情况下，先执行内层的循环体，再执行外层的循环体。前面介绍的三种循环语句都可以互相嵌套，自由组合。但需要注意的是，各循环结构必须完整，并且不能相互交叉。

实例：在成绩表中根据学生姓名查询成绩

下面利用 For…Next 语句编写 VBA 代码，在成绩表中根据学生姓名查询语文成绩。

◎ 原始文件：实例文件\第2章\原始文件\在成绩表中根据学生姓名查询成绩.xlsx
◎ 最终文件：实例文件\第2章\最终文件\在成绩表中根据学生姓名查询成绩.xlsm

步骤01 查看数据。打开原始文件，可看到工作表中的学号、姓名和各科成绩，如下图所示。要查找的姓名位于第 2 列，要返回的语文成绩位于第 4 列。

步骤02 编写代码。打开 VBA 编辑器，在当前工作簿中插入模块，然后在模块的代码窗口中输入如下图所示的代码，用于查找姓名并返回语文成绩。

	A	B	C	D	E	F	G
1	学号	姓名	数学	语文	化学	物理	总分
2	001	屈梦兰	81	87	92	91	351
3	002	邹和昶	81	90	92	86	349
4	003	侨曜文	85	84	87	87	343
5	004	林畅	98	82	88	82	350
6	005	牧惜萱	80	96	87	89	352
7	006	尤寻冬	98	94	96	91	379
8	007	乌俊达	87	86	60	88	321
9	008	甄以松	89	95	84	96	364
10	009	狄清馨	89	63	85	82	319
11	010	邱濮存	82	93	90	65	330
12	011	康吉帆	75	92	88	74	329
13	012	朱清卓	91	74	85	62	312
14	013	白迎梅	88	87	82	92	349
15	014	吕初柔	79	86	63	75	303
16	015	覃彤	76	97	92	66	331

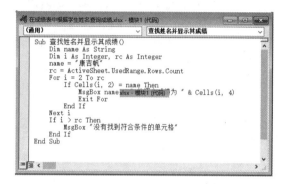

步骤 02 的代码解析

```
1   Sub 查找姓名并显示其成绩()
2       Dim name As String        '声明变量name为字符串型，用于存储姓名
3       Dim i As Integer, rc As Integer        '声明变量i和rc为整型，前者作为循
          环计数器，后者用于存储表格中数据的行数
4       name = "康吉帆"        '为变量name赋值，指定要查找的学生姓名
5       rc = ActiveSheet.UsedRange.Rows.Count        '获取表格中数据的行数并赋
          给变量rc
6       For i = 2 To rc        '构造计数循环，用i代表行序号，从第2行开始查找，直
          至最后一行
7           If Cells(i, 2) = name Then        '如果第i行第2列单元格的值等于变量
              name的值
8               MsgBox name & " 的语文成绩为 " & Cells(i, 4)        '弹出提示
                框，显示第i行第4列中与姓名对应的语文成绩
9               Exit For        '因为已经查找到结果，没有必要继续循环，所以强制退
                出循环
10          End If        '结束If语句
11      Next i
```

```
12        If i > rc Then      '如果循环计数器i的值大于表格中数据的行数rc
13            MsgBox "没有找到符合条件的单元格"      '说明找不到指定的学生姓名，
              弹出提示框显示相应信息
14        End If      '结束If语句
15    End Sub
```

提 示

第 5 行代码中的 ActiveSheet 表示活动工作表（当前被激活的工作表），UsedRange 表示工作表中已使用的单元格区域，则 ActiveSheet.UsedRange.Rows.Count 表示活动工作表中已使用单元格区域的行数。如果改为 ActiveSheet.UsedRange.Columns.Count，则表示活动工作表中已使用单元格区域的列数。

在上述代码的计数循环执行过程中，根据第 7 ～ 10 行代码，如果查找到结果，则循环提前结束，此时 i<=rc；如果未查找到结果，则循环正常结束，此时 i>rc。第 12 ～ 14 行代码就是利用这一点判断是否未查找到结果，并给出相应的提示信息。

步骤03 显示运行结果。按【F5】键运行代码，会返回工作表并弹出提示框，显示查找结果，如右图所示。单击"确定"按钮可关闭提示框。

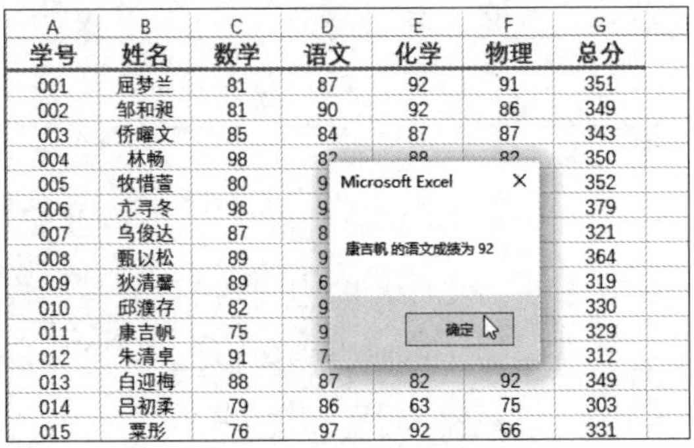

2.3.3 选择结构

选择结构语句主要用于根据条件判断的结果来选择执行不同的操作。选择结构语句根据判断条件的数量分为单条件选择和多条件选择。单条件选择一般使用 If…Then…Else 语句来实现，多条件选择可使用 If…Then…ElseIf…Then 语句或 Select Case 语句来实现。

1. If…Then…Else

If…Then…Else 语句是最简单的选择结构语句，它根据条件表达式的运算结果为 True 或 False 来选择执行不同的语句。当条件表达式的运算结果为 True 时，执行 Then 语句下方的语句；当条件表达式的运算结果为 False 时，执行 Else 语句下方的语句。

If…Then…Else 语句的语法格式有两种，具体如下。

格式 1：

If Condition Then

　　Statements

End If

格式 2：

If Condition Then

　　Statements1

Else

　　Statements2

End If

 语法解析

Condition：必选，表示运算结果为 True 或 False 的条件表达式。

Statements：可选，表示在不同的条件判断结果下要执行的语句。

两种格式语句的运行流程分别如下左图和下右图所示。

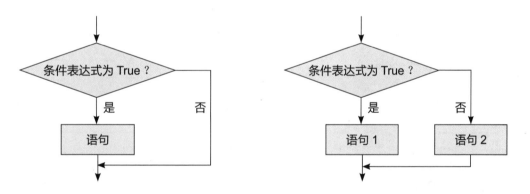

If…Then…Else 语句可根据需要嵌套多级，表示在满足某个条件的基础上，再满足其他条件，相当于使用逻辑运算符 And 连接多个条件表达式进行判断，其结果为 True 时，才执行相应的语句。

2. If…Then…ElseIf…Then

在实际工作中，有时不是以一个条件为基准来解决问题的。例如，销售业绩达到不同的标准，相应的提成计算公式也不同。如果这些条件是并列关系，可以同时使用多个 If…Then 语句来实现多条件选择，但是这样会使程序代码变得结构复杂，降低了可读性和可维护性。

为了更简洁地实现多条件选择，Excel VBA 提供了 If…Then…ElseIf…Then 语句，用于分别根据不同的情况执行不同的语句。该语句的语法格式如下。

If Condition Then

　　Statements

ElseIf Condition Then

　　Statements

……

ElseIf ……

[Else]

　　[Statements]

End If

语法解析

Condition：必选，表示运算结果为 True 或 False 的条件表达式。

Statements：表示在不同条件下要执行的语句。

ElseIf 和 Else 子句都是可选的。在 If 子句下方可以放置任意多个 ElseIf 子句，但是都必须位于 Else 子句之前。If…Then…ElseIf…Then 语句也可以根据需要嵌套。

If…Then…ElseIf…Then 语句的运行流程如下图所示。

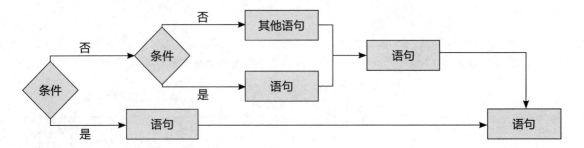

3. Select Case

尽管 If…Then…ElseIf…Then 语句未限制 ElseIf 子句的数量，但如果 ElseIf 子句过多，仍会降低代码的可读性。如果要判断的条件是单一条件，可使用 Select Case 语句实现多条件选择。

Select Case 是一个多路分支语句，它能根据一个表达式的值，来判断要执行多组语句中的哪一组语句。Select Case 语句的语法格式如下。

Select Case Testexpression

　　[Case Expressionlist-n

　　　　[Statements-n]]

　　……

　　[Case Else

　　　　[Elsestatements]]

End Select

语法解析

Testexpression：必选，表示任何数值表达式或字符串表达式。

Expressionlist-n：如果有 Case 出现，则为必选参数，表示一个或多个组成的分界列表。

Statements-n：可选，表示当 Testexpression 的运算结果匹配 Expressionlist-n 中的任何部分时执行的语句。

Elsestatements：可选，表示当 Testexpression 的运算结果不匹配 Case 子句的任何部分时执行的语句。

Select Case 语句在执行时，会先计算 Testexpression 的值，然后与每个 Case 子句后的 Expressionlist-n 进行匹配。如果能匹配到，则执行相应 Case 子句下方的语句；如果匹配不到，则执行 Case Else 子句下方的语句。

Expressionlist-n 可以是用逗号分隔的多重表达式（类似于枚举），各表达式的数据类型可以不同，并且它们之间是"逻辑或"的关系；也可以使用 To 或 Is 关键字表达一个取值范围。需要注意的是，使用 To 关键字时，较小的值应放在 To 之前。

Expressionlist-n 的示例如下：

```
1  Case 1,2,3,4,5,6,7,8
2  Case 1 To 8
3  Case Is<9
```

上述三个表达式表示的条件值是相同的。

Select Case 语句的运行流程如下图所示。

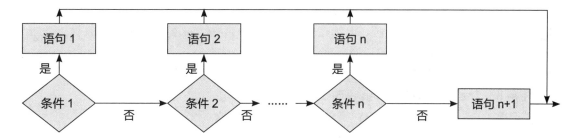

实例：根据职称录入补助金额

假设某公司每月发放补助的标准为总裁 2000 元、副董 1000 元、经理 800 元、主任 500 元、助理 200 元、职员 100 元，下面利用多条件选择结构语句编写 VBA 代码，实现根据职称自动录入补助金额。

◎ 原始文件：实例文件\第2章\原始文件\根据职称录入补助金额.xlsx
◎ 最终文件：实例文件\第2章\最终文件\根据职称录入补助金额.xlsm

步骤 01　查看数据。打开原始文件，可看到员工档案表，其中 H 列的"补助金额"数据还未录入，如下图所示。

步骤 02　声明变量并赋初值。打开 VBA 编辑器，在当前工作簿中插入一个模块，在模块的代码窗口中输入如下图所示的代码，用于声明变量并赋初值。

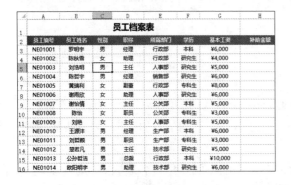

步骤 02 的代码解析

```
1   Sub 录入补助()
        '声明变量存放工作表
2       Dim Sht As Worksheet       '声明变量Sht为Worksheet类型
3       Set Sht = Worksheets(1)    '将工作簿中的第一个工作表赋给变量Sht
        '声明循环变量
4       Dim I As Integer
        '初始化循环变量
5       I = 3
```

步骤 03　判断各员工的补助金额。继续在代码窗口中输入如右图所示的代码，使用 Do…Loop 语句循环访问工作表中的所有数据行，然后使用 If…Then…ElseIf…Then 语句实现多条件选择。

步骤 03 的代码解析

```
        '判断职称并在相应单元格中写入相应补助
6       Do    '开始循环
7           If Sht.Cells(I, 4) = "总裁" Then      '当"职称"为"总裁"时
8               Sht.Cells(I, 8) = 2000    '"补助金额"为2000
9           ElseIf Sht.Cells(I, 4) = "副董" Then      '当"职称"为"副董"时
```

```
10              Sht.Cells(I, 8) = 1000     '"补助金额"为1000
11          ElseIf Sht.Cells(I, 4) = "经理" Then     '当"职称"为"经理"时
12              Sht.Cells(I, 8) = 800      '"补助金额"为800
13          ElseIf Sht.Cells(I, 4) = "主任" Then     '当"职称"为"主任"时
14              Sht.Cells(I, 8) = 500      '"补助金额"为500
15          ElseIf Sht.Cells(I, 4) = "助理" Then     '当"职称"为"助理"时
16              Sht.Cells(I, 8) = 200      '"补助金额"为200
17          Else    '若"职称"与上述条件均不匹配
18              Sht.Cells(I, 8) = 100      '"补助金额"为100
19          End If
20          I = I + 1
21      Loop Until Sht.Cells(I, 1) = ""        '当遇到无数据的行时,结束循环
22  End Sub
```

步骤04　显示运行结果。按【F5】键运行代码,可看到在"补助金额"列自动写入了与各员工的职称对应的补助金额,如右图所示。

员工档案表

员工编号	员工姓名	性别	职称	所属部门	学历	基本工资	补助金额
NE01001	罗明宇	男	经理	行政部	本科	¥6,000	¥800
NE01002	陈秋雪	女	助理	行政部	研究生	¥4,000	¥200
NE01003	刘浩明	男	主任	人事部	研究生	¥5,000	¥500
NE01004	陈哲宇	男	经理	销售部	研究生	¥6,000	¥800
NE01005	黄瑞利	女	副董	行政部	专科生	¥8,000	¥1,000
NE01006	谢雨欣	女	助理	人事部	研究生	¥4,000	¥200
NE01007	谢怡情	女	主任	公关部	本科	¥5,000	¥500
NE01008	陈怡	女	职员	公关部	专科生	¥3,000	¥100
NE01009	刘艳	女	主任	人事部	专科生	¥5,000	¥500
NE01010	王璐沣	男	经理	生产部	本科	¥6,000	¥800
NE01011	刘哲颜	男	职员	生产部	专科生	¥3,000	¥100
NE01012	楚若凡	男	主任	技术部	研究生	¥5,000	¥500

实战演练　根据入职时间计算各员工可休年假天数

　　某公司规定员工入职 1 年可休 5 天年假,入职 2 年可休 8 天年假,入职 3 年可休 10 天年假,入职超过 3 年可休 15 天年假。下面利用本章所学知识,根据员工入职时间快速计算员工可休年假的天数。

◎ 原始文件:实例文件\第2章\原始文件\根据入职时间计算各员工可休年假天数.xlsx
◎ 最终文件:实例文件\第2章\最终文件\根据入职时间计算各员工可休年假天数.xlsm

步骤01　查看数据。打开原始文件,可看到工作表中的员工入职时间数据,此时"是否休假"列和"休假天数"列还未录入相关信息,如右图所示。

员工入职时间表

序号	姓名	性别	入职时间	是否休假	休假天数
1	刘静兰	女	2019/8/5		
2	黄悠然	女	2017/5/1		
3	陈明浩	男	2016/9/8		
4	刘怡清	女	2017/5/4		
5	陈耿耿	男	2017/10/4		
6	黄明明	女	2020/1/2		
7	陈景飞	男	2017/2/1		
8	黄鹏雨	男	2017/2/5		
9	胡玉兰	女	2014/5/1		
10	胡欣然	女	2014/5/2		
11	陈哲旭	男	2015/5/2		
12	刘茹	女	2014/5/5		

步骤 02 检测员工是否有休假。打开 VBA 编辑器，在当前工作簿中插入模块，在代码窗口中输入如右图所示的代码，用循环语句与 IIf() 函数判断每个员工是否可以休假。

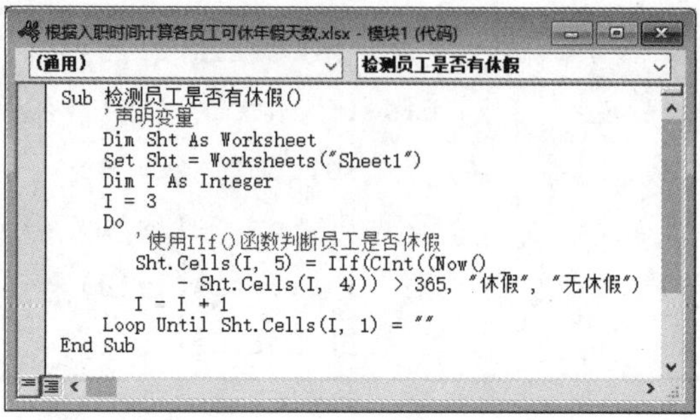

```
根据入职时间计算各员工可休年假天数.xlsx - 模块1 (代码)

(通用)                              检测员工是否有休假

Sub 检测员工是否有休假()
    '声明变量
    Dim Sht As Worksheet
    Set Sht = Worksheets("Sheet1")
    Dim I As Integer
    I = 3
    Do
        '使用IIf()函数判断员工是否休假
        Sht.Cells(I, 5) = IIf(CInt((Now() _
            - Sht.Cells(I, 4))) > 365, "休假", "无休假")
        I = I + 1
    Loop Until Sht.Cells(I, 1) = ""
End Sub
```

步骤 02 的代码解析

```
1    Sub 检测员工是否有休假()
         '声明变量
2        Dim Sht As Worksheet
3        Set Sht = Worksheets("Sheet1")        '指定变量Sht为工作表"Sheet1"
4        Dim I As Integer
5        I = 3
6        Do
7            Sht.Cells(I, 5) = IIf(CInt((Now() - Sht.Cells(I, 4))) > 365, _
                 "休假", "无休假")        '使用IIf()函数判断员工是否可以休假
8            I = I + 1
9        Loop Until Sht.Cells(I, 1) = ""        '当遇到无数据的行时，结束循环
10   End Sub
```

📢 提 示

第 7 行代码中的 IIf() 函数是一个 VBA 函数，它的功能和 Excel 的工作表函数 If() 相似，用于根据逻辑运算的真假值返回不同结果。IIf() 函数的语法格式如下。

IIf(Expression, Truepart, Falsepart)

💬 语法解析

Expression：必选，用于判断真假的表达式。

Truepart：必选，如果 Expression 的值为 True，则返回 Truepart 的值。

Falsepart：必选，如果 Expression 的值为 False，则返回 Falsepart 的值。

需要注意 If 语句和 IIf() 函数的区别：If 语句是根据条件的真假执行不同的语句；IIf() 函数则是根据条件的真假返回不同的值。

第 7 行代码还使用 VBA 的 Now() 函数获取系统的当前日期与时间，该函数的用法在第 6 章会详细讲解。

 提示

第 7 行代码中的 CInt() 函数也是一个 VBA 函数，它可以将数值或可以转换为数值的字符串转换为 Integer 型数值，返回值的范围为 -32768 ～ 32767，转换时对小数部分进行四舍五入。CInt() 函数的语法格式如下。

CInt(Expression)

语法解析

Expression：必选，可以是任何字符串表达式或数值表达式。

需要注意的是，当 CInt() 函数的参数超过转换目标的取值范围时，将发生错误。当 Expression 的小数部分恰好为 0.5 时，CInt() 函数会将 Expression 转换为最接近的偶数值。例如，0.5 转换为 0，1.5 转换为 2。

步骤03 显示判断结果。按【F5】键运行代码，可看到工作表中的"是否休假"列中写入了相关信息，如下图所示，即根据入职时间自动判断每个员工是否可以休假。

步骤04 计算休假天数。返回 VBA 编辑器，为当前工作簿再插入一个模块，并在其代码窗口中输入如下图所示的代码，用于根据入职时间计算各员工的休假天数。

	A	B	C	D	E	F
1			员工入职时间表			
2	序号	姓名	性别	入职时间	是否休假	休假天数
3	1	刘静兰	女	2019/8/5	无休假	
4	2	黄悠然	女	2017/5/1	休假	
5	3	陈明浩	男	2016/9/8	休假	
6	4	刘怡清	女	2017/5/4	休假	
7	5	陈耽耽	男	2017/10/1	休假	
8	6	黄明明	女	2020/1/1	无休假	
9	7	陈震飞	男	2017/2/1	休假	
10	8	黄鹏雨	男	2017/2/5	休假	
11	9	胡玉兰	女	2014/5/1	休假	
12	10	胡欣然	女	2014/5/2	休假	
13	11	陈智旭	男	2015/5/2	休假	
14	12	刘茹	女	2014/5/5	休假	

```
Sub 计算休假天数()
    Dim Sht As Worksheet
    Set Sht = Worksheets("Sheet1")
    Dim I As Integer
    I = 3
    '声明变量存放入职时间天数
    Dim Wdays As Integer
    Do
        Wdays = CInt(Now() - Sht.Cells(I, 4))
        '使用Switch()函数判断休假天数
        Sht.Cells(I, 6) = Switch(Int(Wdays / 365) = 1, 5, _
            Int(Wdays / 365) = 2, 8, Int(Wdays / 365) = 3, 10, _
            Int(Wdays / 365) > 3, 15)
        I = I + 1
    Loop Until Sht.Cells(I, 1) = ""
End Sub
```

步骤 04 的代码解析

```
1   Sub 计算休假天数()
2       Dim Sht As Worksheet
3       Set Sht = Worksheets("Sheet1")
4       Dim I As Integer
5       I = 3
6       Dim Wdays As Integer        '声明变量Wdays存放入职天数
7       Do
8           Wdays = CInt(Now() - Sht.Cells(I, 4))        '计算当前时间与入职时
                间的差，取整后得到入职天数，赋给变量Wdays
9           Sht.Cells(I, 6) = Switch(Int(Wdays / 365) = 1, 5, _
                Int(Wdays / 365) = 2, 8, Int(Wdays / 365) = 3, 10, _
```

```
                  Int(Days / 365) > 3, 15)      '使用Switch()函数判断休假天数
10        I = I + 1
11      Loop Until Sht.Cells(I, 1) = ""    '当遇到无数据的行时，结束循环
12   End Sub
```

 提 示

第 9 行代码中的 Switch() 是一个 VBA 函数，它先计算一系列表达式的值，然后找到值为 True 的第一个表达式，返回与此表达式对应的值。如果所有表达式的运算结果均为 False，则返回 Null。Switch() 函数的语法格式如下。

Switch(Expression-1, Value-1, Expression-2, Value-2, … Expression-n, Value-n)

语法解析

Expression：必选，可以是任何字符串表达式或数值表达式。

Value：必选，表示当 Expression 为 True 时要返回的值。

 提 示

第 9 行代码中的 Int() 是 VBA 中的一个取整函数。对于正数和 0，该函数只截取数据的整数部分；对于负数，该函数会返回小于或等于该负数的第一个负整数。Int() 函数的语法格式如下。

Int(Number)

语法解析

Number：必选，为要取整的数。

步骤05 显示运行结果。按【F5】键运行代码，返回工作表，可以看到在"休假天数"列中写入了每个员工的休假天数，如果无休假，则不写入任何内容，如右图所示。

序号	姓名	性别	入职时间	是否休假	休假天数
			员工入职时间表		
1	刘静兰	女	2019/8/5	无休假	
2	黄悠然	女	2017/5/1	休假	8
3	陈明浩	男	2016/9/8	休假	10
4	刘怡清	女	2017/5/4	休假	8
5	陈眈眈	男	2017/10/1	休假	8
6	黄明明	女	2020/1/2	无休假	
7	陈曼飞	男	2017/2/1	休假	10
8	黄鹏雨	男	2017/2/5	休假	10
9	胡玉兰	女	2014/5/1	休假	15
10	胡欣然	女	2014/5/2	休假	15
11	陈哲旭	男	2015/5/2	休假	15
12	刘茹	女	2014/5/5	休假	15

第3章 子过程与函数

通过前面两章的学习，读者应该可以编写简单的 VBA 程序了。如果想要编写出更复杂的 VBA 程序，还需要学习过程的知识。过程就是实现某种功能的代码的集合，VBA 的过程分为子过程、函数、属性过程三种，办公中最常用的是子过程和函数。本章将讲解子过程和函数的定义与调用方法，并介绍 VBA 中的常用内置函数，最后讲解程序调试的工具和技术，帮助读者提高分析和解决编程问题的能力。

3.1　子过程与函数的定义

子过程与函数是完成特定操作的代码的集合。一个较为复杂的 VBA 程序通常由多个子过程和函数组成，每个子过程或函数负责实现一种特定的、较为简单的功能。通过合理地组合子过程和函数，就可以实现复杂的功能。

子过程的定义需要使用 Sub 语句，函数的定义需要使用 Function 语句。下面分别进行介绍。

3.1.1　使用 Sub 语句定义子过程

Sub 语句其实在前两章已经多次接触过。使用 Sub 语句定义子过程的语法格式如下。

Sub Name([Argumentlist])
　　[Statements]
End Sub

语法解析

Name：必选，子过程名。

Argumentlist：可选，要传入子过程的参数，各个参数之间用逗号分隔。

Statements：可选，实现子过程功能的代码段。

实例：更改商品信息

下面使用 Sub 语句定义一个无参数的子过程，快速将工作表中的所有"康吉鲜橙多"更改为"统一鲜橙多"，将对应的货号"210090"更改为"210091"，将单价更改为 3.2。

◎ 原始文件：实例文件\第3章\原始文件\更改商品信息.xlsx
◎ 最终文件：实例文件\第3章\最终文件\更改商品信息.xlsm

61

步骤 01 **查看数据。** 打开原始文件，在工作表中可看到商品的货号、名称、单价、数量、日期等数据，如下图所示。

步骤 02 **编写代码。** 打开 VBA 编辑器，在当前工作簿中插入模块，在代码窗口中输入如下图所示的代码。

	A	B	C	D	E	F	G
1	货号	名称	单价	数量	日期		
2	210090	康吉鲜橙多	2.9	100	2018/3/1		
3	210290	王老吉	3.1	50	2018/3/1		
4	210090	康吉鲜橙多	2.9	200	2018/3/3		
5	210234	汇源果汁	12.8	20	2018/3/4		
6	210033	老干妈	5.6	50	2018/3/5		
7	210090	康吉鲜橙多	2.9	200	2018/3/6		
8	210290	王老吉	3.1	100	2018/3/7		
9	210090	康吉鲜橙多	2.9	100	2018/3/8		
10	210090	康吉鲜橙多	2.9	100	2018/3/9		
11	210090	康吉鲜橙多	2.9	200	2018/3/10		
12	210033	老干妈	5.6	60	2018/3/11		
13	232090	冰红茶	2.3	80	2018/3/12		
14	223444	冰粉粉	2.2	100	2018/3/13		
15	230991	冰绿茶	2.3	100	2018/3/14		
16	232090	冰红茶	2.3	100	2018/3/15		
17	210090	康吉鲜橙多	2.9	100	2018/3/15		

步骤 02 的代码解析

```
1   Sub 更改商品信息()
2       Dim MyRange As Range
3       Set MyRange = Worksheets("Sheet1").Range("A1").CurrentRegion    '获取单元格A1所在的整个数据区域
4       Dim MyRow As Integer       '定义整型变量MyRow用于存储行号
5       Dim MyCloumn As Integer    '定义整型变量MyCloumn用于存储列号
    '对指定区域中的单元格进行循环操作
6       For Each cell In MyRange    '遍历MyRange中的每一个单元格
7           If cell.Value = "210090" Then      '如果单元格的值为"210090"
8               cell.Value = Replace(cell.Value, "90", "91")    '则将单元格中的"90"替换为"91"
9           End If
10          If cell.Value = "康吉鲜橙多" Then     '如果单元格的值为"康吉鲜橙多"
11              cell.Value = Replace(cell.Value, "康吉", "统一")     '则将单元格中的"康吉"替换为"统一"
12              MyRow = cell.Row        '为行号变量赋值
13              MyColumn = cell.Column + 1    '为列号变量赋值
14              Cells(MyRow, MyColumn).Value = "3.2"     '修改单价为3.2
15          End If    '
16      Next cell     '对下一个单元格执行相同操作
17  End Sub
```

提 示

第 8 行和第 11 行代码中的 **Replace()** 是一个 VBA 函数，用于在指定字符串中执行查找和替换操作。该函数的语法格式如下。

Replace(Expression, Find, Replace, Start, Count, Compare)

语法解析

Expression：必选，要执行查找和替换操作的字符串。

Find：必选，要查找的子字符串。

Replace：必选，用于替换的子字符串。

Start：可选，进行查找和替换的开始位置，完成查找和替换后返回的字符串将不包含此位置之前的字符。如果省略，则从 1 开始。

Count：可选，进行替换的次数。如果省略，则默认值为 -1，表示进行所有可能的替换。

Compare：可选，表示查找子字符串时使用的比较方式。该参数可取的值见下表。

常量名称	值	说明
vbUseCompareOption	-1	按照 Option Compare 语句设置的方式执行比较。该语句必须书写在一个模块中的所有过程之前，在 Excel 中可以指定 Binary 和 Text 两种比较方式，前者代表二进制比较（对英文字母区分大小写），后者代表文本比较（对英文字母不区分大小写）
vbBinaryCompare	0	执行二进制比较（对英文字母区分大小写）
vbTextCompare	1	执行文本比较（对英文字母不区分大小写）

步骤 03 查看运行结果。按【F5】键运行代码，然后返回工作表，可看到工作表中所有的"康吉鲜橙多"被更改为"统一鲜橙多"，对应的货号"210090"被更改为"210091"，单价被更改为 3.2，如右图所示。

	A	B	C	D	E	F	G
1	货号	名称	单价	数量	日期		
2	210091	统一鲜橙多	3.2	100	2018/3/1		
3	210290	王老吉	3.1	50	2018/3/2		
4	210091	统一鲜橙多	3.2	200	2018/3/3		
5	210234	汇源果汁	12.8	20	2018/3/4		
6	210033	老干妈	5.6	50	2018/3/5		
7	210091	统一鲜橙多	3.2	200	2018/3/6		
8	210290	王老吉	3.1	100	2018/3/7		
9	210091	统一鲜橙多	3.2	100	2018/3/8		
10	210091	统一鲜橙多	3.2	100	2018/3/9		
11	210091	统一鲜橙多	3.2	200	2018/3/10		
12	210033	老干妈	5.6	60	2018/3/11		
13	232090	冰红茶	2.3	80	2018/3/12		
14	223444	冰粉粉	2.2	100	2018/3/13		

3.1.2　使用 Function 语句定义函数

虽然函数和子过程都是 VBA 代码的组织形式，但是它们存在如下区别：

★ 函数有返回值，子过程没有返回值；

★ 函数可以在工作表中像工作表函数那样使用，而子过程不可以；

★ 子过程可以指定给工作表中的按钮或图片等对象，而函数不可以；

★ 函数不能通过按【F5】键直接执行，只能在被调用时执行，如在一个子过程或另一个函数中调用，或者在工作表中调用，而子过程可以通过按【F5】键直接执行。

使用 Function 语句定义函数的语法格式如下。

Function Name([Argumentlist]) [As Type]

    [Statements]

    [Name = Expression]

End Function

 语法解析

Name：必选，函数名。

Argumentlist：可选，要传入函数的参数，各个参数之间用逗号分隔。

Type：可选，函数返回值的数据类型。

Statements：可选，实现函数功能的代码段。

Expression：可选，计算函数返回值的表达式。

 实例：计算产品利润额

下面使用 Function 语句定义一个函数，计算产品销售记录表中各产品的利润额。

  ◎ 原始文件：实例文件\第3章\原始文件\计算产品利润额.xlsx
  ◎ 最终文件：实例文件\第3章\最终文件\计算产品利润额.xlsm

步骤01 **查看数据**。打开原始文件，可看到工作表中记录的产品销售数据，其中 F 列的利润额还未计算，如下图所示。

步骤02 **自定义函数**。打开 VBA 编辑器，在当前工作簿中插入模块，并在代码窗口中输入如下图所示的代码。

⚆	A	B	C	D	E	F
1			产品销售记录			
2	产品编号	产品名称	产品单价	销量	单件成本	利润额
3	9010001	产品A	¥1,584	254	¥1,534	
4	9010002	产品B	¥2,546	233	¥2,486	
5	9010003	产品C	¥3,251	268	¥3,181	
6	9010004	产品D	¥2,412	547	¥2,357	
7	9010005	产品E	¥4,587	585	¥4,538	
8	9010006	产品F	¥1,140	447	¥1,105	
9	9010007	产品G	¥1,568	665	¥1,557	
10	9010008	产品H	¥1,142	447	¥1,124	
11	9010009	产品I	¥5,547	155	¥5,522	
12	9010010	产品J	¥1,115	556	¥1,092	
13	9010011	产品K	¥2,245	557	¥2,221	

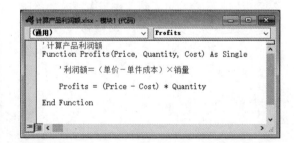

步骤 02 的代码解析

	'计算产品利润额
1	`Function Profits(Price, Quantity, Cost) As Single` '定义一个名为 Profits的函数，有3个参数Price、Quantity、Cost，返回值为单精度浮点型
2	`Profits = (Price - Cost) * Quantity` '定义函数的返回值：利润额＝（单价－单件成本）×销量
3	`End Function` '结束函数的定义

步骤 03　在工作表的公式中调用自定义函数。返回工作表中，选中单元格区域 F3:F25，输入"="和函数名"Profits"，如下图所示。

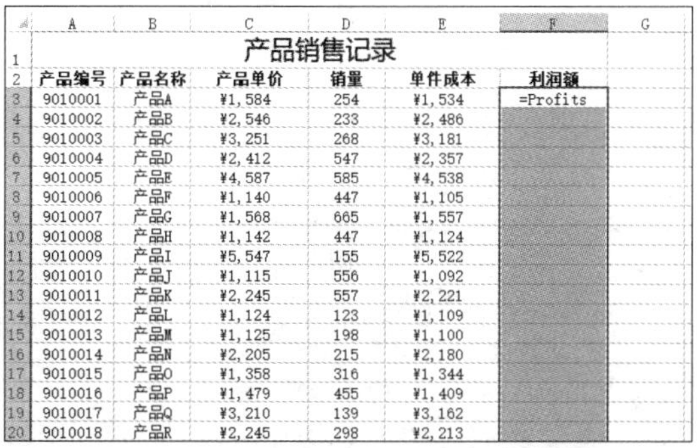

步骤 04　完成公式的输入。继续输入函数的参数，得到完整的公式"=Profits(C3,D3,E3)"，如下图所示。

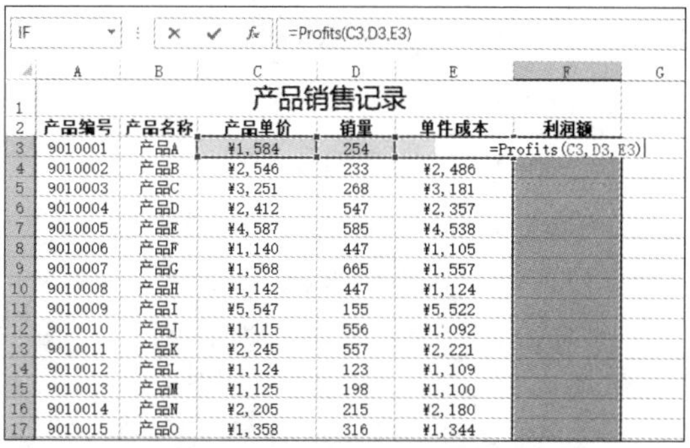

步骤 05　查看计算结果。按快捷键【Ctrl+Enter】，选中的单元格区域中会自动填充公式，计算出各产品的利润额，如右图所示。

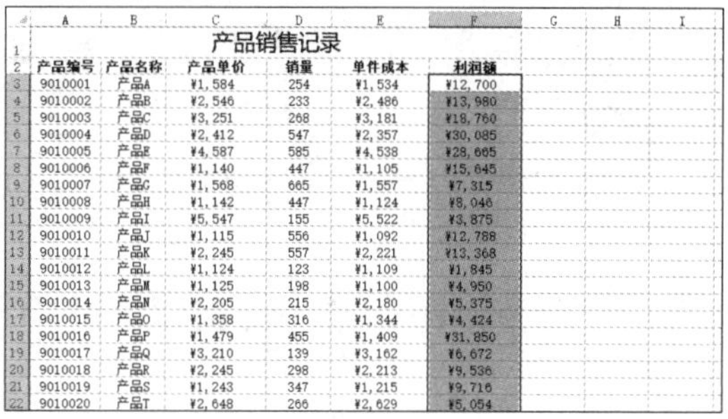

3.2　子过程与函数的调用

定义好一个子过程或函数后，就可以在程序中调用，每调用一次都相当于执行了一次子过程或函数包含的代码段。

调用子过程或函数的方法有三种：第一种是使用 Call 语句调用；第二种是使用子过程名或函数名直接调用；第三种是调用自定义函数并获取其返回值，赋给变量。

1. 使用 Call 语句调用

Call 语句可以用于调用子过程或函数，但具体的执行过程和执行结果有区别：当调用一个子过程时，相关参数被传入该子过程，子过程包含的代码段被执行；当调用一个函数时，相关参数也被传入该函数，但只执行函数包含的代码段，返回值会被舍弃。

Call 语句的语法格式如下。

Call Name(Argumentlist)

语法解析

Name：必选，要调用的子过程或函数的名称。

Argumentlist：可选，要传入子过程或函数的参数列表，多个参数用逗号分隔。

打开 VBA 编辑器，插入一个模块，在模块的代码窗口中输入如下代码。

```vba
'定义子过程
Sub show(test As String)
    Debug.Print test
End Sub
'调用上面定义的子过程
Sub 调用子过程()
    '声明变量并赋值
    Dim test As String
    test = "name"
    '使用Call语句调用子过程，将前面声明的变量作为参数传入子过程
    Call show(test)
End Sub
```

运行"调用子过程"子过程，会在"立即窗口"窗口中输出文本"name"。

2. 使用子过程名或函数名直接调用

使用子过程名或函数名直接调用子过程或函数的语法格式如下。

Name Argumentlist

可以看出，这种方法相当于第一种方法省略了 Call 和括号。需要注意的是，Call 和括号必须一起省略，否则会产生错误。

打开 VBA 编辑器，插入一个模块，在模块的代码窗口中输入如下代码。

```vba
'定义子过程
Sub show(test As String)
    Debug.Print test
End Sub
'调用上面定义的子过程
Sub 调用子过程()
    '声明变量并赋值
    Dim test As String
    test = "name"
    '使用子过程名调用子过程
    show test
End Sub
```

运行"调用子过程"子过程，也会在"立即窗口"窗口中输出文本"name"。

3. 调用自定义函数获取返回值

这种方法专门针对函数的调用，被调用的函数的返回值会被存储在指定的变量中。这种调用方法需使用括号将参数列表括起来，否则会产生错误。

调用自定义函数获取返回值的语法格式如下。

<变量> = Name(Argumentlist)

打开 VBA 编辑器，插入一个模块，在模块的代码窗口中输入如下代码。

```vba
'定义函数
Function sum(x As Integer, y As Integer) As Integer
    sum = x + y      '将两个参数相加的结果作为返回值
End Function
'调用上面定义的函数
Sub 调用函数()
    '声明变量并赋值
    Dim a As Integer
    Dim b As Integer
    a = 7
    b = 8
    '调用函数，将前面声明的变量作为参数传入函数
    Dim result As Integer
    result = sum(a, b)
    Debug.Print result
    '调用函数，用字面常量作为参数传入函数
    result = sum(3, 4)
    Debug.Print result
End Sub
```

运行"调用函数"子过程，会在"立即窗口"窗口中输出结果"15"和"7"。

3.3　常用内置函数

在编写 VBA 程序时，除了使用 Function 语句创建自定义函数，还可以直接调用 VBA 的内置函数。VBA 的内置函数数量较多，按功能可分为字符串函数、数学函数、转换函数等，本节以字符串函数为例进行介绍。

常用的字符串函数有 Len()、Left()、Mid()、Right()、String()、StrConV()、StrComp() 等。下面详细介绍它们的功能、语法格式和用法。

3.3.1 使用 Len() 函数计算字符串长度

Len() 函数用于返回指定字符串包含的字符数。该函数的语法格式如下。

Len(String | Varname)

 语法解析

String：任何有效的字符串表达式。如果 String 包含 Null，则会返回 Null。

Varname：任何有效的变量名。如果 Varname 包含 Null，则会返回 Null。如果 Varname 是变体型变量，该函数会视其为 String 并且总是返回其包含的字符数。

 实例：验证商品编号位数是否正确

假设商品编号的位数为 15 位，如果不足 15 位或超过 15 位均不正确。下面利用 Len() 函数来验证商品编号的位数是否正确。

◎ 原始文件：实例文件\第3章\原始文件\验证商品编号位数是否正确.xlsx
◎ 最终文件：实例文件\第3章\最终文件\验证商品编号位数是否正确.xlsm

步骤01 查看数据。打开原始文件，可看到工作表中的商品基本资料数据，如下图所示。

商品基本资料表					
商品编号	商品名称	产地	制造日期	保质期（月）	商品编号是否正确
NC0102013010241	雅艺天使01	上海	2018/1/20	6	
NC0201010502210	雅艺天使02	上海	2018/1/20	3	
NC0952210245110	姿瑞明霜01	天津	2018/1/20	6	
NC041245412111	姿瑞明霜02	天津	2018/2/10	12	
NE023256451144	天冰锐世01	天津	2018/2/10	6	
NC032658744574	天冰锐世02	武汉	2018/2/20	24	
NE12045156399555	雅世天使01	武汉	2018/2/22	6	
NEC125477185855	雅世天使02	上海	2018/2/23	3	
NEC125486695458	雅世天使03	上海	2018/2/25	24	

步骤02 编写代码。打开 VBA 编辑器，在当前工作簿中插入模块，并在代码窗口中输入如下图所示的代码。

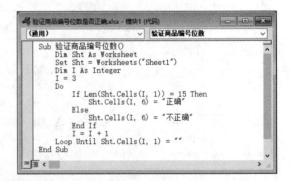

步骤 02 的代码解析

```
1   Sub 验证商品编号位数()
2      Dim Sht As Worksheet        '声明变量Sht为Worksheet类型
3      Set Sht = Worksheets("Sheet1")      '将工作表"Sheet1"赋给变量Sht
4      Dim I As Integer
5      I = 3
       '验证A列中的商品编号位数是否正确
6      Do
```

```
7          If Len(Sht.Cells(I, 1)) = 15 Then    '若商品编号为15位
8              Sht.Cells(I, 6) = "正确"    '则判断为正确，并写入F列
9          Else    '若商品编号不是15位
10             Sht.Cells(I, 6) = "不正确"    '则判断为不正确，并写入F列
11         End If
12         I = I + 1
13     Loop Until Sht.Cells(I, 1) = ""    '当遇到无数据的行时，结束循环
14 End Sub
```

提 示

第 7 行代码中的 Cells 表示单元格对象，它通过行号和列号来访问单元格。需要注意的是，Cells 对象内部并不存储任何有关所选区域的信息，只作为访问单元格内容的通道。

步骤03 显示运行结果。按【F5】键运行代码，返回工作表，可看到在 F 列写入了相应的验证结果，如右图所示。

	A	B	C	D	E	F
1	商品基本资料表					
2	商品编号	商品名称	产地	制造日期	保质期（月）	商品编号是否正确
3	NC0102013010241	雅艺天使01	上海	2018/1/20	6	正确
4	NC0201040502210	雅艺天使02	上海	2018/1/20	3	正确
5	NC0952210245110	姿瑞明霜01	天津	2018/1/20	6	正确
6	NC041245412111	姿瑞明霜02	天津	2018/2/10	12	不正确
7	NE023256451144	天冰锐世01	天津	2018/2/10	6	不正确
8	NC032658744574	天冰锐世02	武汉	2018/2/20	24	不正确
9	NE12045156399555	雅世天使01	武汉	2018/2/22	6	不正确
10	NEC125477485855	雅世天使02	上海	2018/2/23	3	正确

3.3.2 字符串截取函数

如果需要截取一个字符串的一部分，可使用 Left()、Mid() 和 Right() 函数来实现。这些函数的功能与语法格式如下表所示。

函数	语法格式	功能说明
Left()	Left(String, Length)	返回指定字符串中从最左边开始的指定数量字符
Mid()	Mid(String, Start, Length)	返回指定字符串中从指定位置开始的指定数量字符
Right()	Right(String, Length)	返回指定字符串中从最右边开始的指定数量字符

语法解析

String：必选，字符串表达式。如果 String 包含 Null，则返回 Null。

Length：Left() 和 Right() 函数中为必选，Mid() 函数中为可选。数值表达式，指定要返回几个字符。如果为 0，返回零长度字符串（""）。如果大于或等于 String 的字符数，返回整个字符串。

Start：Mid() 函数中为必选。数值表达式，指定开始截取的位置。如果大于 String 的字符数，返回零长度字符串。

实例：拆分字符串提取产品信息

假设在工作表中将产品的品牌、型号、尺寸输入在同一个单元格中，现在需要将这些信息分别提取出来。下面利用字符串截取函数编写 VBA 代码，快速完成产品信息的提取。

◎ 原始文件：实例文件\第3章\原始文件\拆分字符串提取产品信息.xlsx
◎ 最终文件：实例文件\第3章\最终文件\拆分字符串提取产品信息.xlsm

步骤01 查看数据。打开原始文件，可看到 B 列中的品牌、型号、尺寸信息，每种信息的长度都是固定的，如下图所示。

步骤02 编写代码。打开 VBA 编辑器，在当前工作簿中插入模块，并在代码窗口中输入如下图所示的代码。

序号	品牌、型号、尺寸	单价	销量	品牌	型号	尺寸
1	贡生NE33 178×66	¥1,582	52			
2	贡生NE35 175×75	¥1,698	35			
3	贡生NE98 222×95	¥1,233	45			
4	贡生NC10 255×74	¥2,350	44			
5	贡生NB50 260×86	¥2,410	41			
6	贡生GW52 178×66	¥1,475	41			
7	天世NC75 179×74	¥2,587	21			
8	天世NB76 159×66	¥4,586	44			
9	天世NE79 167×77	¥5,474	15			
10	雅艺CB11 178×86	¥2,560	22			
11	雅艺CB97 150×60	¥3,254	36			
12	雅艺CB96 150×74	¥2,566	85			
13	雅艺CE74 162×74	¥2,411	54			
14	雅艺EE89 178×56	¥1,254	14			

产品月销量统计表

```
Sub 截取字符串()
    Dim Sht As Worksheet
    Set Sht = Worksheets("Sheet1")
    Dim I As Integer
    I = 3
    '截取产品的品牌、型号、尺寸字符串
    Do
        Sht.Cells(I, 6) = Left(Sht.Cells(I, 2), 2)
        Sht.Cells(I, 7) = Mid(Sht.Cells(I, 2), 3, 4)
        Sht.Cells(I, 8) = Right(Sht.Cells(I, 2), 6)
        I = I + 1
    Loop Until Sht.Cells(I, 2) = ""
End Sub
```

步骤 02 的代码解析

```
1   Sub 截取字符串()
2       Dim Sht As Worksheet
3       Set Sht = Worksheets("Sheet1")
4       Dim I As Integer
5       I = 3
        '截取产品的品牌、型号、尺寸字符串
6       Do
7           Sht.Cells(I, 6) = Left(Sht.Cells(I, 2), 2)      '使用Left()函数
            截取品牌，并写入F列
8           Sht.Cells(I, 7) = Mid(Sht.Cells(I, 2), 3, 4)    '使用Mid()函
            数截取型号，并写入G列
9           Sht.Cells(I, 8) = Right(Sht.Cells(I, 2), 6)     '使用Right()函
            数截取尺寸，并写入H列
10          I = I + 1
11      Loop Until Sht.Cells(I, 2) = ""
12  End Sub
```

步骤 03 显示运行结果。按【F5】键运行代码，可看到在 F、G 和 H 列中分别填入了品牌、型号、尺寸信息，如右图所示。

	A	B	C	D E F	G	H
1			产品月销量统计表			
2	序号	品牌、型号、尺寸	单价	销量 品牌	型号	尺寸
3	1	贡生NE33 178×66	¥1,582	52 贡生	NE33	178×66
4	2	贡生NE35 175×75	¥1,698	35 贡生	NE35	175×75
5	3	贡生NE98 222×95	¥1,233	45 贡生	NE98	222×95
6	4	贡生NC10 255×74	¥2,350	44 贡生	NC10	255×74
7	5	贡生NB50 260×86	¥2,410	41 贡生	NB50	260×86
8	6	贡生GW52 178×66	¥1,475	41 贡生	GW52	178×66
9	7	天世NC75 179×74	¥2,587	21 天世	NC75	179×74
10	8	天世N876 159×66	¥4,586	44 天世	NB76	159×66
11	9	天世NE79 167×77	¥5,474	15 天世	NE79	167×77
12	10	雅艺CB11 178×86	¥2,560	22 雅艺	CB11	178×86
13	11	雅艺CB97 150×60	¥3,254	36 雅艺	CB97	150×60
14	12	雅艺C896 150×74	¥2,566	85 雅艺	CB96	150×74
15	13	雅艺CE74 162×74	¥2,411	54 雅艺	CE74	162×74
16	14	雅艺EE89 178×56	¥1,254	14 雅艺	EE89	178×56
17						
18						

3.3.3　使用 String() 函数生成重复字符串

String() 函数用于生成指定长度的重复字符串。该函数的语法格式如下。

String(Number, Character)

 语法解析

Number：必选，返回的字符串的长度。如果 Number 为 Null，则返回 Null。

Character：必选，为指定字符的字符码，或者为字符串表达式，其第一个字符将用于建立返回的字符串。

 实例：保护获奖人员联系方式

下面结合使用 String()、Left()、Mid() 和 Replace() 函数编写 VBA 代码，将获奖人员联系方式的部分字符替换为星号（*），以保护获奖人员的个人隐私。

◎ 原始文件：实例文件\第3章\原始文件\保护获奖人员联系方式.xlsx
◎ 最终文件：实例文件\第3章\最终文件\保护获奖人员联系方式.xlsm

步骤 01 查看数据。打开原始文件，可看到工作表中的获奖人员信息，如下图所示。现在要将联系方式的第 4 ～ 7 位替换为星号（*）。

	A	B	C	D	E
1	中奖等级	奖品	获奖人	联系方式	
2	特等奖	索尼高清电视	刘扬	1328125406	
3	一等奖	手机1部	陈秋	1336895454	
4	二等奖	冰箱1台	黄平义	1374578787	
5	二等奖	冰箱1台	左清玉	1369885774	
6	三等奖	洗衣机1台	谢飞雨	1345567814	
7	三等奖	洗衣机1台	郑勇	1369855898	
8	三等奖	洗衣机1台	郝杰义	1589574551	
9					

步骤 02 编写代码。打开 VBA 编辑器，在当前工作簿中插入模块，并在代码窗口中输入如下图所示的代码。

```
Sub 用星号替换号码第4至7位数字()
    Dim Sht As Worksheet
    Set Sht = Worksheets("Sheet1")
    Dim I As Integer
    I = 2
    Dim Tel As String
    Do
        Tel = Sht.Cells(I, 4)
        '重新组合电话号码
        Sht.Cells(I, 4) = Left(Tel, 3) & _
        Replace(Tel, Mid(Tel, 4, 4), String(4, "*"), 4)
        I = I + 1
    Loop Until Sht.Cells(I, 4) = ""
End Sub
```

步骤 02 的代码解析

```
1    Sub 用星号替换号码第4至7位数字()
2        Dim Sht As Worksheet
3        Set Sht = Worksheets("Sheet1")
4        Dim I As Integer
5        I = 2
6        Dim Tel As String
7        Do
8            Tel = Sht.Cells(I, 4)       '将D列中的联系方式赋给变量Tel
9            Sht.Cells(I, 4) = Left(Tel, 3) & _
                 Replace(Tel, Mid(Tel, 4, 4), String(4, "*")), 4)     '使用
                 字符串函数截取并替换字符，重新组合电话号码
10           I = I + 1
11       Loop Until Sht.Cells(I, 4) = ""
12   End Sub
```

步骤 03 显示运行结果。按【F5】键运行代码，返回工作表，可看到"联系方式"列的电话号码中第 4 ～ 7 位数字被"*"代替，如右图所示。

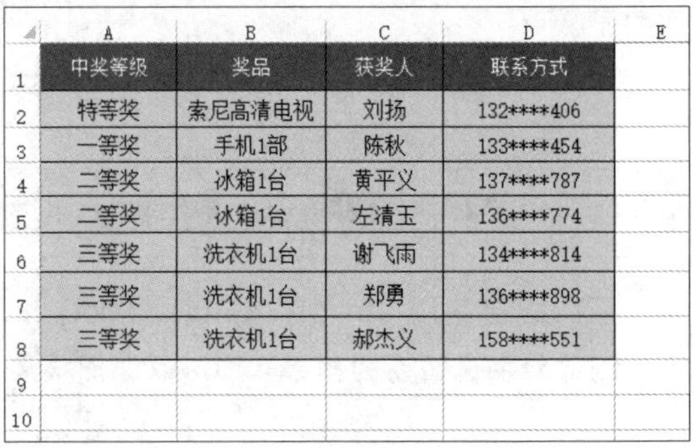

	A	B	C	D	E
1	中奖等级	奖品	获奖人	联系方式	
2	特等奖	索尼高清电视	刘扬	132****406	
3	一等奖	手机1部	陈秋	133****454	
4	二等奖	冰箱1台	黄平义	137****787	
5	二等奖	冰箱1台	左清玉	136****774	
6	三等奖	洗衣机1台	谢飞雨	134****814	
7	三等奖	洗衣机1台	郑勇	136****898	
8	三等奖	洗衣机1台	郝杰义	158****551	
9					
10					

3.3.4　使用 StrConv() 函数转换字符串

StrConv() 函数常用于英文字母的大小写转换，还能实现字符串的指定类型转换。该函数的语法格式如下。

StrConv(String, Conversion, LCID)

💬 **语法解析**

String：必选，要转换的字符串表达式。

Conversion：必选，指定转换的类型。

LCID：可选，如果与系统 LocaleID 不同，则为 LocaleID。

Conversion 参数可取的值如下表所示。

常量名称	值	说明
vbUpperCase	1	将字符串转换成全大写形式
vbLowerCase	2	将字符串转换成全小写形式
vbProperCase	3	将字符串转换成首字母大写形式
vbWide	4	将字符串中的单字节字符转换成双字节字符
vbNarrow	8	将字符串中的双字节字符转换成单字节字符
vbUnicode	64	将字符串根据系统的默认码页转换成 Unicode
vbFromUnicode	128	将字符串由 Unicode 转换成系统的默认码页

实例：快速转换客户资料中的英文大小写

下面利用 StrConv() 函数编写 VBA 代码，快速转换公司客户资料中的英文大小写。

◎　原始文件：实例文件\第3章\原始文件\快速转换客户资料中的英文大小写.xlsx
◎　最终文件：实例文件\第3章\最终文件\快速转换客户资料中的英文大小写.xlsm

步骤01　查看数据。打开原始文件，可看到工作表中的公司客户资料数据，如下图所示。

步骤02　编写代码。打开 VBA 编辑器，在当前工作簿中插入模块，并在代码窗口中输入如下图所示的代码。

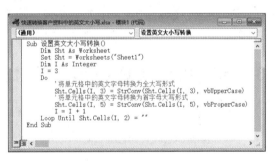

步骤 02 的代码解析

```
1   Sub 设置英文大小写转换()
2       Dim Sht As Worksheet
3       Set Sht = Worksheets("Sheet1")
4       Dim I As Integer
5       I = 3
6       Do
7           Sht.Cells(I, 3) = StrConv(Sht.Cells(I, 3), vbUpperCase)    '将
            C列单元格中的英文字母转换为全大写形式
```

```
8         Sht.Cells(I, 5) = StrConv(Sht.Cells(I, 5), vbProperCase)     '将
          E列单元格中的英文字母转换为首字母大写形式
9         I = I + 1
10     Loop Until Sht.Cells(I, 2) = ""
11  End Sub
```

步骤03 显示运行结果。按【F5】键运行代码，
返回工作表，可看到 C 列中的所有英文都变
为大写形式，E 列中的英文则变为首字母大写
形式，如右图所示。

	A	B	C	D	E	F
1			公司客户资料			
2	序号	客户公司名称	公司英文名	联系人	联系英文名	联系方式
3	01	华晶雨液有限公司	HUALANGYUYE	黄*	Andgus	132****945
4	02	天泰夏都有限公司	TIANTAIXADU	陈**	Apollo	135****456
5	03	天雨天宇有限公司	TIANYUTIANYU	刘**	Brant	135****744
6	04	针宇洛弗有限公司	ZHENYULUOFU	黄**	Rose	136****745
7	05	纱宇天意有限公司	SHAYUTIANYI	刘**	Aimee	139****784
8	06	合哲华宇有限公司	HEZHEHUAYU	孙**	Tim	136****774
9	07	天静明宇有限公司	TIANJINGMINGYU	洛**	Todd	137****788
10	08	平尤哲非有限公司	PINGYOUZHEFEI	陈**	Alice	136****484
11	09	晃宙新艺有限公司	HUANGYUXINYI	谢**	Angel	136****479
12	10	宇灯肖艺有限公司	YUDENGXIAOYI	郑**	Tony	139****675
13						
14						

提示

要转换英文字母的大小写，除了使用 **StrConv()** 函数，还可以使用 **Lcase()** 和 **Ucase()**
函数。**Lcase()** 函数用于将指定字符串中的字母转换成小写，**Ucase()** 函数用于将指定字符
串中的字母转换成大写，它们的语法格式如下。

Lcase/Ucase(String)

语法解析

String：必选，可以是任何有效的字符串表达式。如果 String 包含 Null，则返回 Null。

3.3.5　使用 StrComp() 函数比较两个字符串

StrComp() 函数用于比较两个字符串的大小。该函数的语法格式如下。

StrComp(String1, String2, Compare)

语法解析

String1：必选，任何有效的字符串表达式。

String2：必选，任何有效的字符串表达式。

Compare：可选，指定字符串比较的类型，其取值与前面介绍的 Replace() 函数的 Compare
参数相同。

比较的过程从两个字符串的第 1 个字符开始，如果第 1 个字符相同，则接着比较两个字符
串的第 2 个字符，依此类推，直到能比较出大小为止。字符的大小是以字符的 ASCII 码为基础，
并结合 Compare 参数指定的比较类型来判断的。

StrComp() 函数会根据比较的结果返回不同的值，具体如下表所示。

比较结果	返回值	比较结果	返回值
String1 小于 String2	-1	String1 等于 String2	0
String1 大于 String2	1	String1 或 String2 为 Null	Null

实例：快速查询客户联系人与联系方式

下面利用 StrComp() 函数编写 VBA 代码，在工作表"公司客户资料"中快速查询某个客户公司的联系人与联系方式。

◎ 原始文件：实例文件\第3章\原始文件\快速查询客户联系人与联系方式.xlsx
◎ 最终文件：实例文件\第3章\最终文件\快速查询客户联系人与联系方式.xlsm

步骤01 编写代码。打开原始文件，打开 VBA 编辑器，在当前工作簿中插入模块，并在代码窗口中输入如右图所示的代码。

```
Sub 查询客户联系人及联系方式()
    Dim Sht As Worksheet
    Set Sht = Worksheets("Sheet1")
    Dim myStr As String
    myStr = InputBox("请输入客户公司名称：")
    Dim I As Integer
    I = 3
    Do
        '比较输入值与单元格值是否相同
        If StrComp(Sht.Cells(I, 2), myStr) = 0 Then
            '显示查找到的联系人与联系方式
            MsgBox myStr & "的联系人为：" & Chr(10) _
            & Sht.Cells(I, 4) & Chr(10) _
            & "联系方式为：" & Sht.Cells(I, 6)
            Exit Do
        End If
        I = I + 1
    Loop Until Sht.Cells(I, 2) = ""
End Sub
```

步骤 01 的代码解析

1	Sub 查询客户联系人及联系方式()
2	Dim Sht As Worksheet
3	Set Sht = Worksheets("Sheet1")
4	Dim myStr As String
5	myStr = InputBox("请输入客户公司名称：")　　'使用对话框提示用户输入客户公司名称
6	Dim I As Integer
7	I = 3
8	Do
9	If StrComp(Sht.Cells(I, 2), myStr) = 0 Then　　'如果输入的值与单元格值相同
10	MsgBox myStr & "的联系人为：" & Chr(10) _ 　　& Sht.Cells(I, 4) & Chr(10) _

```
                         & "联系方式为: " & Sht.Cells(I, 6)        '用提示框显示查找
                    到的联系人与联系方式
11              Exit Do    '显示完毕后强制退出循环
12          End If
13          I = I + 1
14      Loop Until Sht.Cells(I, 2) = ""
15  End Sub
```

提示

　　第 5 行代码中使用 InputBox() 函数以对话框形式获取用户输入的值。对话框中有一个文本框、一个"确定"按钮和一个"取消"按钮。用户在文本框中输入内容后单击"确定"按钮，该函数会将文本框中的内容以字符串的形式返回。如果用户单击"取消"按钮，返回的是一个零长度字符串。InputBox() 函数的语法格式如下。

InputBox(Prompt, Title, Default, Xpos, Ypos, Helpfile, Context)

语法解析

Prompt：必选，显示在对话框中的消息文本。

Title：可选，显示在对话框标题栏中的文本。如果省略，则显示应用程序名。

Default：可选，作为文本框中默认值的预设文本。如果省略，则文本框为空。

Xpos：可选，对话框左边缘与屏幕左边缘的水平距离。如果省略，则对话框在水平方向居中显示。

Ypos：可选，对话框顶部与屏幕顶部的垂直距离。如果省略，则对话框被放置在屏幕垂直方向距下边大约三分之一的位置。

Helpfile，Context：这两个参数用于设置帮助文档，很少使用，这里不做讲解。

步骤 02 插入控件。返回工作表，❶在"开发工具"选项卡下单击"插入"按钮，❷在展开的列表中单击"按钮（窗体控件）"选项，如下图所示。

步骤 03 指定宏代码。在工作表中的空白处绘制按钮，绘制完成后，弹出"指定宏"对话框，❶单击"查询客户联系人及联系方式"宏，❷单击"确定"按钮，如下图所示。

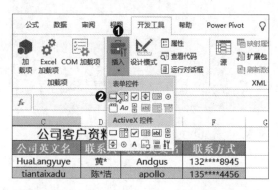

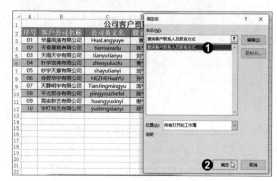

步骤04 更改按钮文本并运行宏代码。将按钮控件上的文本更改为"查询客户联系方式"，并根据需要设置文本格式。退出编辑状态，单击该按钮，运行宏代码，如下图所示。

步骤05 输入客户公司名称。弹出对话框，提示用户输入客户公司名称，❶在文本框中输入要查询的公司名称，❷单击"确定"按钮，如下图所示。

步骤06 显示查询结果。弹出提示框显示查询结果，如右图所示。单击"确定"按钮可关闭提示框。

3.4　子过程与函数的调试

调试就是对编写好的代码进行检查，是写出好程序必不可少的过程。下面来介绍如何调试子过程与函数的代码。

3.4.1　调试工具

VBA 的调试工具主要集中在 VBA 编辑器的"运行"菜单和"调试"菜单。

"运行"菜单包含"运行子过程 / 用户窗体""中断""重新设置""设计模式"等命令。

"调试"菜单包含"编译 VBAProject""逐语句""逐过程""跳出""运行到光标处""添加监视""编辑监视"等命令。

上述菜单中的命令可以按照功能分为控制程序起停、控制程序运行间隔和监视等类别，下面分别进行介绍。

提示

编写完代码后，如果想知道代码中是否有语法错误，可执行"调试 > 编译 VBAProject"命令对代码进行编译。如果代码有典型的语法错误，VBA 编辑器会给出提示。

1. 控制程序起停

（1）运行子过程 / 用户窗体

　　"运行子过程 / 用户窗体"命令的快捷键是【F5】，在调试时经常使用。执行该命令后会运行正在编辑的子过程或用户窗体。如果当前没有正在编辑的内容，即没有任何激活的代码窗口或用户窗体设计窗口，则会弹出"宏"对话框，要求选择接下来需要运行的程序。当工程中没有子过程时，会显示如右图所示的"宏"对话框。

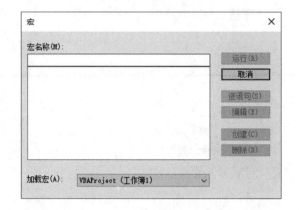

（2）中断

　　"中断"命令的快捷键是【Ctrl+Break】。执行该命令后，正在运行的程序会暂时停止。可以利用这个命令查看某一时刻的程序状态。

（3）重新设置

　　"重新设置"命令的功能是使程序恢复到运行前的状态。当程序运行到一半被中断时，不能直接执行"运行子过程 / 用户窗体"命令来重新运行，这样会引起运行错误。正确的做法是先执行"重新设置"命令使程序回到运行前的状态，为下一次运行做好准备，再执行"运行子过程 / 用户窗体"命令。

2. 控制程序运行间隔

（1）逐语句

　　"逐语句"命令的快捷键是【F8】。执行该命令后，程序将以一次一条语句的方式运行，也就是说，每执行一次该命令，就运行一条语句，然后程序自动中断。

　　该命令常用于追踪查看程序的运行状态，以深入理解程序的运行过程。通常情况下，没有必要对整个子过程都执行"逐语句"命令，只需要对某一个代码段执行"逐语句"命令。因此，该命令经常与"中断"命令搭配使用。执行"逐语句"命令的程序中，会用黄色的背景色提示下一条要执行的语句，如右图所示。

（2）逐过程

　　"逐过程"命令的快捷键是【Shift+F8】。执行该命令后，程序将会按照一次一个过程的方式运行。该命令常用于调试包含多个子过程的程序，在调试只包含一个子过程的程序时，该命令的用处不大。

（3）跳出

"跳出"命令的快捷键是【Ctrl+Shift+F8】。执行该命令后,程序会从正在"逐语句"或"逐过程"运行的子过程中跳出。如果该子过程没有被其他子过程调用,那么程序就会结束运行。如果该子过程被其他子过程调用,那么程序就跳转到调用处继续运行。因此,该命令经常与"逐过程"命令配合使用。

（4）运行到光标处

"运行到光标处"命令的快捷键是【Ctrl+F8】。执行该命令后,程序会运行到光标所在语句,然后自动中断。该命令常用于从一个需要调试的代码段切换到另一个代码段。

3. 监视

（1）添加监视

执行"添加监视"命令后会打开"添加监视"对话框,如下图所示。在"表达式"文本框中输入待监视的表达式,在"上下文"区域选择该监视生效的范围,然后选择监视类型。

该功能经常与监视窗口配合使用。如果选择"监视表达式",该监视不会影响程序的正常运行,只会在监视窗口中不断显示被监视表达式的值;如果选择"当监视值为真时中断",则被监视表达式的值往往是布尔型的,可以达到控制程序运行流程的目的;如果选择"当监视值改变时中断",则一旦被监视表达式的值改变,程序就会自动中断,也可以起到控制程序运行流程的效果。

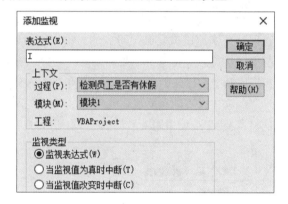

（2）编辑监视

"编辑监视"命令的快捷键是【Ctrl+W】。执行该命令前,必须先在"添加监视"对话框中添加监视。执行该命令会打开"编辑监视"对话框,其内容与"添加监视"对话框的内容相同。

（3）快速监视

"快速监视"命令的快捷键是【Shift+F9】。执行该命令前,必须选中一个表达式,否则会出现错误提示。被选中的表达式会建立一个默认属性的监视,因此,"快速监视"可视为"添加监视"的快捷实现方式,使用起来更方便。

（4）切换断点

"切换断点"命令在调试工作中较为常用,其快捷键是【F9】。执行该命令后,会在光标所在的行添加断点。如果该行已经有一个断点,则该断点会被取消。

（5）清除所有断点

"清除所有断点"命令的快捷键是【Ctrl+Shift+F9】。如果在一段代码中设置了多个断点,逐个切换并清除断点相当费时费力,使用这个命令则能方便地一次性清除所有断点。

3.4.2 调试技术

无论调试什么类型的程序，其基本的步骤和思路都是相似的。在 VBA 中，运行程序出现的错误一般分为以下两大类。

★ 语法错误：语法错误比较明显，也很容易修改。VBA 编辑器会直接提示在第几行发生了什么样的错误，用户可以根据提示去查找和改正错误。

★ 逻辑错误：如果程序可以正常运行结束，VBA 编辑器没有报错提醒，但是运行结果却不是自己想要的，那么程序中就可能存在逻辑错误。导致逻辑错误的原因很多，可能是代码的编写思路有问题，某些语句或函数使用错误，或者是语句配对出错、代码缩进不规范等。

知道代码有误后，就可以开始具体分析出错的原因。这时候需要综合利用所学的一切知识，甚至进行一定的猜测，以得到一个可以解释错误现象的原因。有时候得到的原因并不一定正确，因此，在大规模地修改程序之前，要先用部分代码段或另外编写类似的代码段做尝试，以验证原因的正确性。只有证实了错误就是由这个原因引起的，并且尝试修改的方法的确可行之后，才可以修改实际的程序。

很多人以为这样就算是完成了调试，实际上还远远不够。修改后的程序还需要反复运行，仔细确认错误已经排除。很多时候，一次修改并不能解决所有问题，还有可能引起新的问题。这时，再次调试就是必不可少的。根据经验，修改过的地方往往是最有可能再次出错的地方，甚至可能导致其他部分出现新问题。因此，在修改的部分留下注释是一个好习惯，这样能帮助自己了解上次修改的内容，为下次调试做好准备。

编程语言不同，开发环境不同，采用的调试方法会在细节上存在差异。下面结合 VBA 程序的特点及 VBA 编辑器中的调试工具，讲解几种较常用的调试方法。

1. 侵入式调试

侵入式调试采用 VBA 中的 Debug 对象来调试程序，因在调试过程中需要修改程序代码而得名。Debug 对象是 VBA 中专门用于调试的对象，它只有两个方法：Print 和 Assert。下面分别讲解这两个方法的用法。

（1）Print 方法

Print 方法可将其后的表达式的值显示在"立即窗口"窗口中。无论表达式的值是什么类型，Print 方法都能显示，使用起来非常方便。在调试程序时，经常用该方法在程序运行的不同阶段输出变量的值，以了解程序的运行状态，或验证自己的猜测。

（2）Assert 方法

Assert 方法可以监视其后的表达式的值。如果该表达式的值为 True，那么对程序不会有任何影响；如果该表达式的值为 False，那么程序会在这行语句处自动中断运行，等待进一步的调试。即使要监视的表达式的值并非布尔型也可以使用此方法，只需要将该表达式与预期的结果值用比较运算符 "=" 连接起来，这样新的表达式的值就变为布尔型了。

Print 方法和 Assert 方法在某些情况下是通用的，但是两者在使用时还是有一些微小的差别。首先，使用 Print 方法时，表达式无论是什么值都会被输出；而使用 Assert 方法时，只有表达式的值为 False 时程序才会中断。因此，Assert 方法对程序的影响要小一些。其次，Print 方法可以应用于结果未知的情况，而 Assert 方法则更适用于对结果已经有所猜测的情况。

总体来说，侵入式调试是所有调试方法中比较简单的一种，适用于逻辑较简单、长度有限的代码段。而且侵入式调试不需要任何特殊工具，所以在很多情况下都适用。当然，使用侵入式调试前需要充分理解代码的逻辑，做出较为准确的预测，才能收到较好的效果。

> **提　示**
>
> 使用侵入式调试方法调试完毕后，要注意将调试代码删除。

2. 变量监视

变量是一个程序中最有价值的部分，往往也是执行一个程序的目的。因此，只要掌握了一个程序中变量的状态变化，就能厘清整个程序的运行过程。侵入式调试实际上也是着眼于变量，但是其侵入式的本质特点会造成很多不必要的麻烦。变量监视同样是一种着眼于变量的调试方法，但与侵入式调试不同，它采用 VBA 编辑器提供的工具监视正在运行的程序中的变量的值，以了解数据的变化和程序的流程，帮助验证猜测，最终改正程序中的错误。

变量监视的一般流程是：首先，根据错误的类型和出现的条件，猜测可能包含错误的代码段；其次，在该代码段中针对待验证的表达式添加监视；再次，在合适的位置让程序暂停，并观察被监视表达式的值是否与预测的值一致；最后，根据程序实际的运行效果，确定错误的位置和原因，并予以修正。

（1）添加监视

添加监视需要用到 VBA 编辑器中"调试"菜单下的"添加监视""编辑监视""快速监视"等命令以及监视窗口。这些工具在前面已经讲解过，这里不再赘述。

监视的上下文，即监视生效的范围需要认真选取。这是因为不同模块或同一模块的不同过程可能包含同一个表达式，如果不指定上下文，则可能会出现未能监视预期的表达式的情况。

一般来说，不确定的表达式在整个运行过程中都需要被监视，要使用"添加监视"命令来监视。而在很多场合，除了目标表达式，往往还有一些其他表达式可以帮助理解程序的流程，或者判断出错的原因。这些临时需要监视的表达式可以使用"快速监视"命令来监视。

（2）适时让程序暂停

程序的运行是一个非常快的过程，凭人的反应速度难以追踪其变化。因此，需要使用一些特别的方法让程序的运行速度慢下来，这样才能从容地监视表达式。最理想的方法就是让程序按照程序员的意志运行和暂停。

一般来说，当程序出现错误时 VBA 编辑器会自动将其暂停，此时使用监视窗口观察表达式是最适合不过的了。除此之外，添加监视时也可以设置让程序停止的选项，即"当监视值为真时中断"和"当监视值改变时中断"。前者常用来监视选择结构语句或循环结构语句的条件表达式，而后者常用来监视值会频繁改变的表达式。

（3）错误的修复与检查

变量监视与侵入式调试存在同样的问题：有可能修复方法不能改正所有错误，或者修复方法本身就会引起新的错误。因为变量监视只关注比较重要的几个表达式，这样就很容易忽略其他表达式值的改变，所以上述问题在使用变量监视调试程序时尤其严重。一个很好的解决方法就是多使用快速监视功能，关注其他相关的表达式。

总体来说，对于大多数的程序错误，变量监视都可以有效排查，特别是针对那些围绕变量执行功能的代码段，这一方法尤其适用。但是对于某些流程很复杂的代码段，变量监视的效果就不太理想。因为如果不理解程序的流程，就很难猜测表达式可能的取值，甚至很难找到应该监视的表达式。此时可以尝试监视选择结构语句或循环结构语句的条件表达式，如果效果仍不明显，可以采用断点追踪来进一步调试。

3. 调试技巧

掌握了以上调试方法后，基本上就可以调试所有的 VBA 程序了。下面接着介绍一些调试技巧，可以达到让调试工作事半功倍的效果。

（1）要怀疑程序的每一个地方

绝大多数程序错误都位于极其隐蔽的地方。想要找到它们，就先要学会怀疑每一处代码的正确性。有时候，调试刚编写好的代码会很难取得进展，可以先把代码放在一边，过一段时间再调试，也许就能更容易地发现问题。

（2）首先怀疑自己的问题

很多人在调试遇到问题时，喜欢抱怨那些自己无法调试到的地方，如认为程序错误是操作系统或 Excel 本身的缺陷导致的。实际上，微软公司的产品是很少出错的。在绝大多数情况下，程序错误都是程序员自己造成的，只是它们太隐蔽了，不容易找到。调试程序需要的是耐心和细心，抛开急躁的情绪，沉下心来，一定可以将错误找出来。

（3）不要做出没有根据的判断

调试之前要大胆地猜测，但是，调试的最终目的是改正错误，只靠猜测是无法达到目的的。因此，对每个猜测都要进行验证，确认在当前状态下这种猜测是否正确。永远都不要做出没有根据的判断，否则错误永远不会被改正。

（4）养成良好的编程习惯

好的编程习惯，如行的缩进、有意义的变量名和子过程名、必要的注释等，有助于降低程序的出错率，还能提高调试的工作效率。

实战演练 在销售表中查找最高与最低销售额

下面以在销售表中查找选定单元格区域内的最高与最低销售额为例，对本章所学知识进行回顾。

◎ 原始文件：实例文件\第3章\原始文件\在销售表中查找最高与最低销售额.xlsx
◎ 最终文件：实例文件\第3章\最终文件\在销售表中查找最高与最低销售额.xlsm

步骤 01 查看数据。打开原始文件，可看到工作表中的各分店销售数据，如下图所示。

步骤 02 编写代码。打开 VBA 编辑器，在当前工作簿中插入模块，并在代码窗口中输入如下图所示的代码。

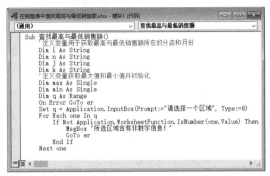

步骤 02 的代码解析

```
1    Sub 查找最高与最低销售额()
         '定义变量用于存储最高与最低销售额所在的分店和月份
2        Dim i As String
3        Dim n As String
4        Dim j As String
5        Dim k As String
         '定义变量用于存储最大值、最小值及用户所选择的单元格区域
6        Dim max As Single
7        Dim min As Single
8        Dim q As Range
9        On Error GoTo er        '当代码出错时转到标签为er的行
10       Set q = Application.InputBox(Prompt:="请选择一个区域", _
             Type:=8)      '弹出对话框让用户选择单元格区域，将选择结果赋给变量q
11       For Each one In q        '遍历变量q中的每一个单元格
12           If Not Application.WorksheetFunction. _
                 IsNumber(one.Value) Then      '如果当前单元格的值不是数值
13               MsgBox "所选区域含有非数字信息！"       '则用提示框显示提示信息
14               GoTo er      '转到标签为er的行
15           End If
16       Next one
```

提示

第 10 行代码中的 InputBox 是 Application 对象的一个方法，其功能是显示一个接收用户输入的对话框，对话框中有一个文本框、一个"确定"按钮和一个"取消"按钮。如果用

户在文本框中输入内容后单击"确定"按钮，将返回文本框中的值；如果单击"取消"按钮，则返回逻辑值 False。InputBox 方法的语法格式如下。

Application.InputBox(Prompt, Title, Default, Left, Top, HelpFile, HelpContextID, Type)

 语法解析

Prompt：必选，显示在对话框中的消息文本。

Title：可选，显示在对话框标题栏中的文本。如果省略，默认为"输入"。

Default：可选，作为文本框中默认值的预设文本。如果省略，则文本框为空。

Left：可选，对话框相对于屏幕左上角的 x 坐标（单位：磅）。

Top：可选，对话框相对于屏幕左上角的 y 坐标（单位：磅）。

HelpFile，HelpContextID：这两个参数用于设置帮助文档，很少使用，这里不做讲解。

Type：可选，返回值的数据类型。如果省略，默认为文本（字符串）。

Type 参数可取的值如下表所示。除了将表中的单个值赋给 Type 参数外，还可以将表中的几个值相加后赋给 Type 参数，以返回多种数据类型的值。例如，将 Type 参数设置为 1+2，则返回值可以是数值或文本。

值	含义	值	含义
0	公式	8	单元格引用，作为一个 Range 对象
1	数值		
2	文本（字符串）	16	错误值，如 #/A
4	逻辑值（True 或 False）	64	数组

 提 示

第 12 行代码使用工作表函数 IsNumber() 检测参数是否为数值。该函数的语法格式如下。

IsNumber(Value)

 语法解析

Value：必选，为要检测的数据。如果该数据为数值，则返回 True，否则返回 False。

步骤 03 编写代码。继续在代码窗口中输入如右图所示的代码，在用户选择的单元格区域中进行查找，并用提示框显示查找结果。

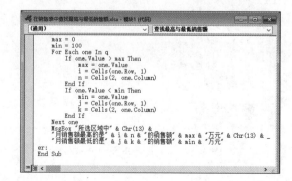

步骤 03 的代码解析

```
17      max = 0
18      min = 100
19      For Each one In q    '遍历变量q中的每一个单元格
20          If one.Value > max Then    '如果当前单元格的值大于变量max
21              max = one.Value      '则将当前单元格的值赋给变量max
22              i = Cells(one.Row, 1)    '将对应的分店赋给变量i
23              n = Cells(2, one.Column)    '将对应的月份赋给变量n
24          End If
25          If one.Value < min Then    '如果当前单元格的值小于变量min
26              min = one.Value      '则将当前单元格的值赋给变量min
27              j = Cells(one.Row, 1)    '将对应的分店赋给变量j
28              k = Cells(2, one.Column)    '将对应的月份赋给变量k
29          End If
30      Next one
31      MsgBox "所选区域中" & Chr(13) & "月销售额最高的是" & i & n & _
            "的销售额" & max & "万元" & Chr(13) & "月销售额最低的是" & j & _
            k & "的销售额" & min & "万元"    '弹出提示框，显示查找结果
32  er:
33  End Sub
```

步骤04　选择查找区域。按【F5】键运行代码，会在工作表中弹出"输入"对话框，❶在工作表中选择要查找的单元格区域，❷单击"确定"按钮，如下图所示。

步骤05　显示查找结果。随后会弹出提示框显示查找结果，如下图所示。单击"确定"按钮可关闭提示框。

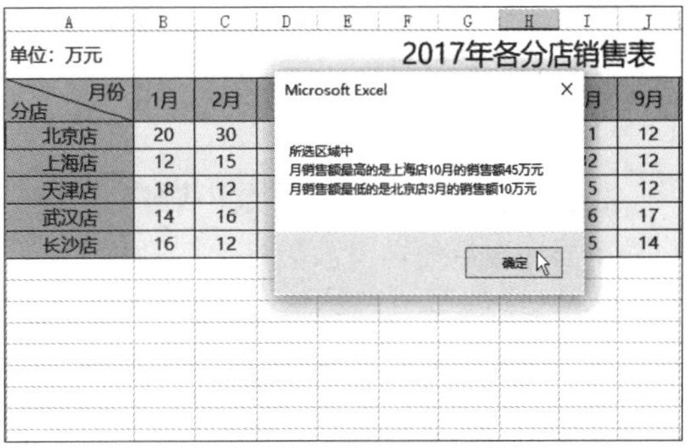

第 **4** 章　使用 VBA 管理单元格

掌握了 VBA 的基本语法知识后，本章开始学习对象、属性、方法、事件等基本概念，并讲解如何利用单元格对象及对象的属性和方法对单元格进行操作，如引用单元格、获取单元格信息、编辑单元格、设置单元格格式等。

4.1　认识对象、属性、方法和事件

在 VBA 中，对工作簿、工作表、单元格等进行的大多数操作是通过面向对象的编程方式实现的，因此，有必要了解一些面向对象编程的常用术语，如对象、属性、方法和事件。下面简单介绍这些术语的含义。

（1）对象

VBA 中的对象可以理解为用户想要通过 VBA 程序控制或管理的东西，如单元格、图表、工作表、工作簿等。对象是一切活动的前提，要想控制对象或更改对象的某个特性，首先需要确定对象。

（2）属性

在 VBA 中，每一种对象都有一定的特性，这些特性被称为属性。例如，工作簿对象有名称属性，工作表对象也有名称属性，单元格对象有行、列、字体、名称、样式、值等属性。需要注意的是，属性一次只能设置为一个特定的值。例如，当前工作簿不可能同时有两个不同的名称。

（3）方法

如果确定了对象，并希望对对象进行某些操作，就要用到对象的方法。方法指对象可以执行的操作。例如，要新建一个工作簿，可以使用工作簿对象的 Add 方法；要复制单元格区域，可以使用单元格对象的 Copy 方法。

（4）事件

如果希望在对对象执行特定操作时触发运行特定的代码，就要用到对象的事件。事件是由用户的操作或系统自身原因产生的动作，例如，移动鼠标、激活工作簿或工作表、改变单元格的值等都会触发一系列的事件。针对特定的事件，可以编写代码来进行响应，这样的代码称为响应程序。当此类事件被触发时，响应程序就会被执行，完成相应的操作。

使用"对象浏览器"可以查看 VBA 中所有可用的对象及其属性、方法、事件。启动 Excel，打开 VBA 编辑器，执行"视图 > 对象浏览器"菜单命令，如右图所示，或按【F2】

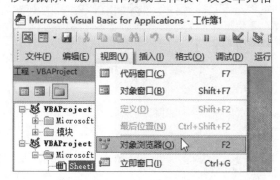

键，即可打开"对象浏览器"窗口。

在"对象浏览器"窗口的搜索框上方可以选择需要查询的库，包括："所有库"，列出了计算机上安装的所有库中的所有对象；"Excel"库，列出了仅能在 Excel 里使用的对象；"VBA"库，列出了仅能在 VBA 里使用的对象。

如下图所示，❶在"对象浏览器"窗口中选择库的类型，如"Excel"，❷在搜索框中输入搜索关键词，如"Workbook"，❸单击"搜索"按钮，❹在"搜索结果"列表框中会显示与关键词匹配的所有库、类和成员。其中，对象是类的实例，类的成员就是这个类或者说这个对象的属性、方法和事件。❺选择需要查看的对象，如"类"中的"Workbook"对象，❻在窗口下方右侧可以查看该对象的成员。其中，成员名前带有 ❤ 标志的是对象的方法，带有 ❤ 标志的是对象的属性，带有 ❤ 标志的是对象的事件。

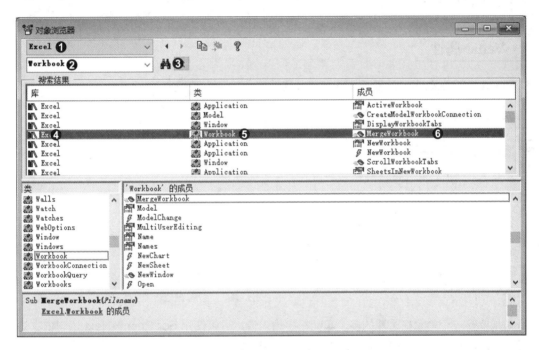

在"对象浏览器"窗口中，如果没有查询到需要的结果，可以单击窗口工具栏上的 ❓ 按钮，在打开的"Excel 帮助"窗口中可以获得更详细的帮助信息。

4.2 认识单元格对象

在 VBA 中，单个单元格或单元格区域用 Range 对象来表示。其语法格式如下。

表达式.Range(Arg)

💬 **语法解析** ━━━

表达式：一个代表 Worksheet 对象（即工作表）的表达式。

Arg：必选，对单元格区域的引用，必须用双引号括起来。

例如，指定单元格 A1，代码如下。

```
1    Range("A1")
```

指定单元格区域 A1:B6，代码如下。

```
1    Range("A1:B6")
```

指定了单元格或单元格区域后，就可以使用 Range 对象的属性和方法，在单元格或单元格区域中输入数据，或者进行选择、插入、移动单元格等基本操作。下面一起来学习 Range 对象常用的属性和方法。

1. Value 属性

Range 对象的 Value 属性用于获取单元格的值。其语法格式如下。

表达式.Value

🗨 语法解析

表达式：一个代表 Range 对象的表达式。

如果要在单元格中输入值，为 Value 属性赋值即可。例如，在单元格 A1 中输入"月分店营业额"，代码如下。

```
1    Range("A1").Value = "月分店营业额"
```

如果要在一个单元格区域的多个单元格中输入值，可以使用 For Each…Next 语句依次访问单元格区域的每一个单元格，然后为 Value 属性赋值。

例如，在单元格区域 A1:B5 中按从左到右、从上到下的顺序依次在单元格中输入数字 1、2、3……代码如下。

```
1    Sub 循环访问单元格()
2        Dim a As Integer
3        a = 1
4        For Each b In Range("A1:B5")
5            b.Value = a
6            a = a + 1
7        Next b
8    End Sub
```

2. Row / Column / Rows / Columns 属性

Range 对象的 Row 和 Column 属性可以返回单元格所在的行号或列号，语法格式如下。

表达式.Row/Column

需要注意的是，如果表达式是一个单元格区域，则返回的是单元格区域的起始单元格的行号或列号。

例如，查看单元格 H30 的行号和列号，代码如下。

```
1  Sub 查看指定单元格的行号和列号()
2      Dim a As Integer
3      Dim b As Integer
4      a = Range("H30").Row
5      b = Range("H30").Column
6      Debug.Print a, b
7  End Sub
```

运行代码后，在"立即窗口"窗口中可看到单元格 H30 的行号为 30，列号为 8。

如果要指定某个单元格区域中的行或列，可使用 Range 对象的 Rows 和 Columns 属性，它们分别是 Row 和 Column 属性的集合，语法格式如下。

表达式.Rows/Columns(Index)

语法解析

Index：可选，要返回的某行或某列在单元格区域中的行号或列号。

Rows 和 Columns 属性通常与 Range 对象的其他属性或方法结合使用。例如，与 Count 属性结合使用，统计单元格区域的行数或列数；与 Delete 方法结合使用，删除指定区域中指定的行或列。Count 属性在后面详细介绍，这里以 Delete 方法为例，讲解 Rows 和 Columns 属性的具体应用。

例如，删除单元格区域 B2:H15 的第 3 行和第 5 列，代码如下。

```
1  Sub 删除行和列()
2      Range("B2:H15").Rows(3).Delete
3      Range("B2:H15").Columns(5).Delete
4  End Sub
```

运行代码后，可发现单元格区域 B2:H15 中的第 3 行和第 5 列被删除了。

3. Count 属性

Range 对象的 Count 属性用于统计指定单元格区域中的行数、列数或者单元格数，通常与 Columns 和 Rows 属性结合使用。Count 属性的语法格式如下。

表达式.Rows/Columns.Count

例如，统计单元格区域 B2:H15 的行数和列数，代码如下。

```
1   Sub 统计行数和列数()
2       Dim rownum As Integer
3       Dim colnum As Integer
4       rownum = Range("B2:H15").Rows.Count
5       colnum = Range("B2:H15").Columns.Count
6       Debug.Print rownum, colnum
7   End Sub
```

运行代码后，在"立即窗口"窗口中可看到单元格区域 B2:H15 跨越的行数为 14，列数为 7。

4. Select 方法

单元格区域的很多操作都可以使用 Range 对象的方法来实现，比较常用的方法有 Select、Insert、Delete、Copy，分别表示 Excel 中的选择操作、插入操作、删除操作和复制操作。此处以 Select 方法为例，简单介绍 Range 对象的方法的使用。

Select 方法可以选择单个单元格或连续的单元格区域，也可以选择多个不连续的单元格或不连续的单元格区域。其语法格式如下。

表达式.Select

例如，选择连续的单元格区域 A1:B3，代码如下。

```
1   Range("A1:B3").Select
```

选择多个不连续的单元格，如 A1、D5、F15，代码如下。

```
1   Range("A1, D5, F15").Select
```

选择多个不连续的单元格区域，如 A1:C5、D5:D7、E3:F15，代码如下。

```
1   Range("A1:C5, D5:D7, E3:F15").Select
```

5. Cells 属性

除了直接使用 Range 对象指定单元格，还可以使用 Range 对象的 Cells 属性以行号和列号的形式来指定单元格。Cells 属性的语法格式如下。

表达式.Cells(Row, Column)

🗨 语法解析 ────────────────────────────────

Row：可选，要指定的单元格的行号。

Column：可选，要指定的单元格的列号。

例如，选择单元格区域 A5:D9 中的单元格 A5，代码如下。

```
1   Range("A5:D9").Cells(1, 1).Select
```

因为单元格 A5 位于单元格区域 A5:D9 中的第 1 行第 1 列，所以代码中为 Cells 属性传入的参数均为 1。

4.3 单元格的引用

引用单元格或单元格区域是 Excel VBA 编程中最基本的操作之一，只有确定了要引用的单元格或单元格区域，才能使用相应的属性或方法进行下一步操作。Range 对象及其他对象提供了多个确定单元格区域的属性和方法，本节将介绍如何使用这些对象的属性和方法来引用单元格或单元格区域。

4.3.1 使用 Item 属性引用特定的单元格

前面介绍了使用 Range 对象的 Cells 属性指定单元格区域的某个单元格，这里介绍使用 Range 对象的 Item 属性指定单元格区域的某个单元格。Item 属性的语法格式如下。

表达式.Item(RowIndex, ColumnIndex)

🗨 语法解析 ────────────────────────────────

表达式：一个代表 Range 对象的表达式。

RowIndex：必选。如果未给出 ColumnIndex 参数，则 RowIndex 参数代表要指定的单元格的索引号，编号顺序为从左到右、从上到下，例如，Range.Item(1) 返回单元格区域左上角的单元格，Range.Item(2) 返回左上角单元格右侧的单元格，依此类推。如果给出了 ColumnIndex 参数，则 RowIndex 参数代表要指定的单元格在单元格区域中的第几行。

ColumnIndex：可选，代表要指定的单元格在单元格区域中的第几列。可用数值或字符串表示，例如，1 或 "A" 表示单元格区域的第 1 列。

实例：显示天津店 6 月份的营业额数据

下面利用 Item 属性编写 VBA 代码，显示天津店 6 月份的营业额数据。

◎ 原始文件：实例文件\第4章\原始文件\显示天津店6月份的营业额数据.xlsx
◎ 最终文件：实例文件\第4章\最终文件\显示天津店6月份的营业额数据.xlsm

步骤01 查看数据。打开原始文件，可看到工作表中的各分店月营业额数据，如下图所示。

步骤02 编写代码。打开 VBA 编辑器，在当前工作簿中插入模块，并在代码窗口中输入如下图所示的代码。

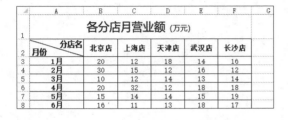

步骤 02 的代码解析

1	Sub TurnOver()
	'显示指定单元格的值
2	MsgBox "天津店6月的营业额为：" & Range("A1:F14").Item(8, 4)
3	End Sub

步骤03 显示运行结果。按【F5】键运行代码，弹出提示框，显示天津店 6 月的营业额为 13，如右图所示。单击"确定"按钮可关闭提示框。

4.3.2 使用 Resize 属性调整指定区域大小

使用 Range 对象的 Resize 属性可以调整指定单元格区域的大小，并返回调整后的单元格区域。Resize 属性的语法格式如下。

表达式.Resize(RowSize, ColumnSize)

 语法解析

RowSize：可选，新区域的行数。如果省略，则新区域的行数与原区域相同。
ColumnSize：可选，新区域的列数。如果省略，则新区域的列数与原区域相同。

实例：在各分店月营业额表中选中北京店的营业额

下面使用 Resize 属性扩展单元格区域，在工作表中选中北京店的营业额所在的单元格区域。

◎ 原始文件：实例文件\第4章\原始文件\在各分店月营业额表中选中北京店的营业额.xlsx
◎ 最终文件：实例文件\第4章\最终文件\在各分店月营业额表中选中北京店的营业额.xlsm

步骤01 查看数据。打开原始文件，可看到工作表中的各分店月营业额数据，如下图所示。

步骤02 编写代码。打开 VBA 编辑器，在当前工作簿中插入模块，并在代码窗口中输入如下图所示的代码。

步骤 02 的代码解析	
1	`Sub Expcell()`
	`    '选中北京店的营业额所在的单元格区域`
2	`    Range("B3").Resize(12, 1).Select`
3	`End Sub`

步骤03 查看运行结果。按【F5】键运行代码，返回工作表中，可看到北京店的营业额所在的单元格区域被选中，如右图所示。

💡 **提 示**

使用 Resize 属性扩展引用单元格的方式有以下几种：
★ Range("B2").Resize(2, 2)，表示返回单元格区域 B2:C3；
★ Range("B2").Resize(2)，表示返回单元格区域 B2:B3；
★ Range("B2").Resize(, 2)，表示返回单元格区域 B2:C2。

4.3.3 使用 Offset 属性以偏移的方式引用单元格

使用 Range 对象的 Offset 属性可以以指定的单元格为起点，通过相对偏移的方式引用其他单元格。Offset 属性的语法格式如下。

表达式.Offset(RowOffset, ColumnOffset)

 语法解析

RowOffset：可选，偏移的行数。可为正数、负数或 0。正数表示向下偏移，负数表示向上偏移，0 或省略表示不偏移。

ColumnOffset：可选，偏移的列数。可为正数、负数或 0。正数表示向右偏移，负数表示向左偏移，0 或省略表示不偏移。

需要注意的是，Offset 属性是从指定单元格开始按指定的行数和列数进行偏移，从而到达目标单元格，但偏移的行数和列数不包括指定单元格本身。

 实例：获取特定员工的请假天数

下面利用 Offset 属性编写 VBA 代码，在工作表中获取特定员工的请假天数。

◎ 原始文件：实例文件\第4章\原始文件\获取特定员工请假天数.xlsx
◎ 最终文件：实例文件\第4章\最终文件\获取特定员工请假天数.xlsm

步骤01 查看数据。打开原始文件，可看到工作表中的员工请假数据，如下图所示。现在要获取"崔盼晴"的请假天数。

步骤02 编写代码。打开 VBA 编辑器，在当前工作簿中插入模块，并在代码窗口中输入如下图所示的代码。

步骤 02 的代码解析
1	`Sub 请假天数()`
2	`    Dim myrng As Range`
3	`    For Each myrng In Range("A2:D22")`　'遍历单元格区域A2:D22中的单元格

```
4              If myrng.Value = "崔盼晴" Then      '如果单元格的值为"崔盼晴"
5                  myrng.Offset(0, 2).Select       '则向右偏移两列，选中该员工的
                   请假天数所在的单元格
6                  MsgBox "崔盼晴的请假天数为" & Selection.Value & "天"      '用
                   提示框显示查找结果
7              End If
8      Next
9      End Sub
```

步骤03　显示运行结果。按【F5】键运行代码，返回工作表中，弹出提示框，显示查找结果，如右图所示。单击"确定"按钮可关闭提示框。

	员工请假记录表			
1				
2	日期	员工姓名	请假原因	请假天数
3	4月3日	丘元嘉	病假	3
4	4月7日	崔盼晴	事假	1
5	4月11日	瞿凡白	事假	5
6	4月12日	廉初南		
7	4月15日	柏碧春		
8	4月16日	阮晗蕾		
9	4月17日	梁正雅		
10	4月18日	宁怀雁		
11	4月19日	刘琳琳		
12	4月20日	张军		
13	4月21日	张海东		
14	4月22日	陈峰	病假	2

Microsoft Excel ×
崔盼晴的请假天数为1天
确定

4.3.4　使用 Union 方法引用不相邻的多个单元格区域

在 Excel 中，可以使用【Ctrl】键同时选中多个不相邻的单元格区域。在 Excel VBA 中，则可以使用 Application 对象的 Union 方法同时选中 2 ～ 30 个不相邻的单元格区域。Application 对象将在后面的章节详细讲解，这里不做介绍。Union 方法的语法格式如下。

表达式.Union(Arg1, Arg2, Arg3, …, Arg30)

 语法解析

表达式：一个代表 Application 对象的表达式。

Arg1：必选，要选中的第 1 个 Range 对象。

Arg2：必选，要选中的第 2 个 Range 对象。

Arg3 ～ Arg30：可选，要选中的其他 Range 对象。

 实例：选取北京店和武汉店 1 ～ 4 月的营业额

下面利用 Union 方法编写 VBA 代码，在工作表中选取北京店和武汉店 1 ～ 4 月的营业额数据所在的单元格区域，并设置字体颜色。

◎　原始文件：实例文件\第4章\原始文件\选取北京店和武汉店1～4月的营业额.xlsx
◎　最终文件：实例文件\第4章\最终文件\选取北京店和武汉店1～4月的营业额.xlsm

95

步骤 01 编写代码。打开原始文件，打开 VBA 编辑器，在当前工作簿中插入模块，并在代码窗口中输入如右图所示的代码。

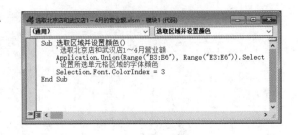

	步骤 01 的代码解析
1	Sub 选取区域并设置颜色()
2	Application.Union(Range("B3:B6"), Range("E3:E6")).Select '选取北京店和武汉店1~4月营业额数据所在的单元格区域
3	Selection.Font.ColorIndex = 3 '设置所选单元格区域的字体颜色
4	End Sub

步骤 02 显示运行结果。按【F5】键运行代码，可看到北京店和武汉店 1~4 月营业额数据以红色文本显示，如右图所示。

	A	B	C	D	E	F	G
1	各分店月营业额 (万元)						
2	分店名 月份	北京店	上海店	天津店	武汉店	长沙店	
3	1月	20	12	18	14	16	
4	2月	30	15	12	16	12	
5	3月	10	12	14	13	14	
6	4月	20	32	12	18	18	
7	5月	15	14	14	15	19	
8	6月	16	11	13	18	17	
9	7月	14	25	14	11	15	
10	8月	11	32	15	16	15	

4.3.5 使用 UsedRange 属性引用已使用区域

输入了值或公式，或者设置了格式的单元格称为已使用单元格。由第一个已使用单元格和最后一个已使用单元格界定的单元格区域称为已使用区域。每个工作表中只有一个已使用区域。使用 Worksheet 对象的 UsedRange 属性可以返回工作表中的已使用区域。Worksheet 对象将在后面的章节详细讲解，这里不做具体介绍。UsedRange 属性的语法格式如下。

表达式.UsedRange

 语法解析

表达式：一个代表 Worksheet 对象的表达式。

 实例：显示指定员工的总成绩

下面以在工作表中查找指定员工的总成绩为例，介绍 UsedRange 属性的具体应用。

◎ 原始文件：实例文件\第4章\原始文件\显示指定员工的总成绩.xlsx
◎ 最终文件：实例文件\第4章\最终文件\显示指定员工的总成绩.xlsm

步骤01　查看数据。打开原始文件，可看到工作表中的员工测试成绩，如下图所示。现在要查找"黄子瑜"的总成绩。

步骤02　编写代码。打开 VBA 编辑器，在当前工作簿中插入模块，并在代码窗口中输入如下图所示的代码。

步骤 02 的代码解析

```
1  Sub 显示指定员工的总成绩()
2      Dim mystr1 As Range
3      Dim mystr2 As Range
4      Set mystr1 = Worksheets(1).UsedRange     '将第一个工作表中的已使用区
       域赋给变量mystr1，Worksheets是一个工作簿中所有Worksheet对象的集合，
       Worksheets(1)代表第一个工作表
5      For Each mystr2 In mystr1      '遍历已使用区域中的单元格
6          If mystr2.Value = "黄子瑜" Then     '如果单元格的值为"黄子瑜"
7              mystr2.Offset(0, 5).Select     '则向右偏移5列，选中该员工的
               总成绩所在的单元格
8              MsgBox "黄子瑜的总分为" & Selection.Value     '用提示框显示
               查找结果
9          End If
10     Next
11 End Sub
```

步骤03　显示运行结果。按【F5】键运行代码，返回工作表中，弹出提示框，显示指定员工的总成绩，如右图所示。单击"确定"按钮可关闭提示框。

97

4.3.6 使用 SpecialCells 方法引用符合条件的单元格

在 Excel 中，可以使用定位条件功能快速选择符合条件的单元格或单元格区域。而在 Excel VBA 中，可使用 Range 对象的 SpecialCells 方法来实现同样的功能。SpecialCells 方法的语法格式如下。

表达式.SpecialCells(Type, Value)

 语法解析

Type：必选，指定选取单元格的条件。可取的值如下表所示。

常量名称	值	说明
xlCellTypeAllFormatConditions	-4172	任意格式单元格
xlCellTypeAllValidation	-4174	含有验证条件的单元格
xlCellTypeBlanks	4	空单元格
xlCellTypeComments	-4144	含有注释的单元格
xlCellTypeConstants	2	含有常量的单元格
xlCellTypeFormulas	-4123	含有公式的单元格
xlCellTypeLastCell	11	已使用区域的最后一个单元格
xlCellTypeSameFormatConditions	-4173	含有相同格式的单元格
xlcellTypeSameValidation	-4175	含有相同验证条件的单元格
xlCellTypeVisible	12	所有可见单元格

Value：可选，用特定的数值或常量作为筛选单元格内容的条件。如果省略，将以所有的数值或常量作为筛选条件。

 实例：在员工资料表的不连续空白单元格中输入数据

下面利用 SpecialCells 方法编写 VBA 代码，在员工资料表"性别"列的不连续空白单元格中输入数据。

◎ 原始文件：实例文件\第4章\原始文件\在员工资料表的不连续空白单元格中输入数据.xlsx
◎ 最终文件：实例文件\第4章\最终文件\在员工资料表的不连续空白单元格中输入数据.xlsm

步骤01 查看数据。打开原始文件，可看到工作表中的姓名、性别等数据，如下页左图所示。

步骤02 编写代码。打开 VBA 编辑器，在当前工作簿中插入模块，并在代码窗口中输入如下页右图所示的代码。

	A	B	C	D	E	F
1	姓名	性别	年龄	学历	毕业学校	
2	吴大志	男	25	本科	电子科大	
3	王帆帆		31	专科	西南财大	
4	周聪	男	29	本科	电子科大	
5	姜梅梅		24	本科	四川大学	
6	张强	男	27	研究生	电子科大	
7	文琳		25	本科	西南政法	
8	龙玲玲		30	本科	西南财大	
9	谢家冲	男	35	研究生	西南政法	
10	牛云	男	26	本科	西南财大	
11	林玲		26	专科	四川师范	
12	周晓		28	本科	电子科大	
13	丁一	男	31	专科	四川大学	
14						

步骤 02 的代码解析

```
1   Sub 在不连续单元格中输入数据()
2       Dim myrng1 As Range
3       Dim myrng2 As Range
4       MsgBox "在未输入值的所有单元格中输入'女'"
5       Set myrng1 = Range("A1:E13")        '将单元格区域A1:E13赋给变量myrng1
6       On Error GoTo er       '当代码出错时转到标签为er的行，以避免因不存在空
        白单元格而导致第7行代码运行时出错
7       Set myrng2 = myrng1.SpecialCells(xlCellTypeBlanks)      '设置变量
        myrng2为变量myrng1所代表的单元格区域中的空白单元格
8       myrng2.Value = "女"      '在变量myrng2所代表的空白单元格中输入"女"
9       Exit Sub      '强制退出子过程（如果不添加这一行，则不管是否出错，都会执
        行错误处理代码）
10  er:
11      MsgBox "没有找到空白单元格"      '错误处理代码
12  End Sub
```

步骤 03　执行代码。按【F5】键运行代码，返回工作表中，弹出提示框，显示代码的功能，单击"确定"按钮，如下图所示。

步骤 04　显示最终结果。随后可看到"性别"列的空白单元格中都输入了"女"，如下图所示。

	A	B	C	D	E	F	G
1	姓名	性别	年龄	学历	毕业学校		
2	吴大志	男	25	本科	电子科大		
3	王帆帆		25				
4	周聪	男					
5	姜梅梅						
6	张强	男					
7	文琳						
8	龙玲玲						
9	谢家冲	男					
10	牛云	男					
11	林玲		26	专科	四川师范		
12	周晓		28	本科	电子科大		
13	丁一	男	31	专科	四川大学		
14							
15							

Microsoft Excel　×

在未输入值的所有单元格中输入'女'

确定

	A	B	C	D	E	F	G
1	姓名	性别	年龄	学历	毕业学校		
2	吴大志	男	25	本科	电子科大		
3	王帆帆	女	31	专科	西南财大		
4	周聪	男	29	本科	电子科大		
5	姜梅梅	女	24	本科	四川大学		
6	张强	男	27	研究生	电子科大		
7	文琳	女	25	本科	西南政法		
8	龙玲玲	女	30	本科	西南财大		
9	谢家冲	男	35	研究生	西南政法		
10	牛云	男	26	本科	西南财大		
11	林玲	女	26	专科	四川师范		
12	周晓	女	28	本科	电子科大		
13	丁一	男	31	专科	四川大学		
14							
15							

4.4 获取单元格信息

在 VBA 编程中，获取单元格信息的操作包括获取单元格地址、获取公式的引用单元格和从属单元格等。下面分别介绍相应的编程方法。

4.4.1 使用 Address 属性获取单元格地址

使用 Range 对象的 Address 属性可以获取指定单元格或单元格区域的地址，其表现形式有绝对引用（如 $A$1）、相对引用（如 A1）、混合引用（如 $A1 或 A$1）。Address 属性的语法格式如下。

表达式.Address(RowAbsolute, ColumnAbsolute, ReferenceStyle, External, RelativeTo)

 语法解析

RowAbsolute：可选。取值可为 True 或 False，分别表示以绝对引用或相对引用的形式返回地址的行部分。默认值为 True。

ColumnAbsolute：可选。取值可为 True 或 False，分别表示以绝对引用或相对引用的形式返回地址的列部分。默认值为 True。

ReferenceStyle：可选，指定地址样式。取值可为常量 xlA1 或 xlR1C1，分别表示 A1 样式或 R1C1 样式。默认值为 xlA1。

External：可选。取值可为 True 或 False，分别表示返回外部引用或本地引用。默认值为 False。

RelativeTo：可选。如果 RowAbsolute 和 ColumnAbsolute 为 False，且 ReferenceStyle 为 xlR1C1，则必须将此参数赋值为一个 Range 对象，作为相对引用的起始点。

 实例：显示产品月销量最大值的单元格地址

下面利用 Address 属性编写 VBA 代码，显示工作表中月销量最大值所在的单元格地址。

◎ 原始文件：实例文件\第4章\原始文件\显示产品月销量最大值的单元格地址.xlsx
◎ 最终文件：实例文件\第4章\最终文件\显示产品月销量最大值的单元格地址.xlsm

步骤01 查看数据。打开原始文件，可看到工作表中的编号、产品名称、单价、月销量等数据，如右图所示。

	A	B	C	D	E
1	编号	产品名称	单价	月销量	总额
2	NS-001	菁纯美白面霜	¥209	38	¥7,942
3	NS-002	菁纯美白乳液	¥189	48	¥9,072
4	NS-003	菁纯美白化妆水	¥169	29	¥4,901
5	NS-004	菁纯美白精华	¥249	63	¥16,687
6	NS-005	菁纯美白肌底液	¥239	25	¥5,975
7	NS-006	金玉逆龄修护面霜	¥319	35	¥11,165
8	NS-007	金玉逆龄修护乳液	¥299	21	¥6,279
9	NS-008	金玉逆龄护化妆水	¥279	43	¥11,997
10	NS-009	金玉逆龄修护精华	¥349	22	¥7,678
11	NS-010	金玉逆龄护肌底液	¥359	30	¥10,770
12	NS-011	清影保湿面霜	¥189	27	¥5,103
13	NS-012	清影保湿乳液	¥169	37	¥6,253
14	NS-013	清影保湿化妆水	¥159	41	¥6,519
15	NS-014	清影保湿精华	¥209	52	¥10,868
16	NS-015	清影保湿肌底液	¥249	31	¥7,719
17	月销量最大值的单元格地址:				
18					
19					

步骤02 编写自定义函数。打开 VBA 编辑器，在当前工作簿中插入模块，并在代码窗口中输入如下图所示的代码，编写一个自定义函数。

步骤03 在工作表中输入函数。返回工作表，在单元格 B17 中输入公式 "=XSDYGDZ(D2:D16)"，如下图所示。

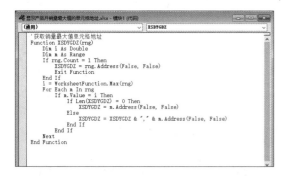

	A	B	C	D	E	F
	编号	产品名称	单价	月销量	总额	
2	NS-001	菁纯美白面霜	¥209	38	¥7,942	
3	NS-002	菁纯美白乳液	¥189	48	¥9,072	
4	NS-003	菁纯美白化妆水	¥169	29	¥4,901	
5	NS-004	菁纯美白精华	¥249	63	¥15,687	
6	NS-005	菁纯美白肌底液	¥239	25	¥5,975	
7	NS-006	金玉逆龄修护面霜	¥319	35	¥11,165	
8	NS-007	金玉逆龄修护乳液	¥299	21	¥6,279	
9	NS-008	金玉逆龄修护化妆水	¥279	43	¥11,997	
10	NS-009	金玉逆龄修护精华	¥349	22	¥7,678	
11	NS-010	金玉逆龄修护肌底液	¥359	30	¥10,770	
12	NS-011	清影保湿面霜	¥189	27	¥5,103	
13	NS-012	清影保湿乳液	¥169	37	¥6,253	
14	NS-013	清影保湿化妆水	¥159	41	¥6,519	
15	NS-014	清影保湿精华	¥209	52	¥10,868	
16	NS-015	清影保湿肌底液	¥249	31	¥7,719	
17	月销量最大值的单元格地址：	=XSDYGDZ(D2:D16)				

步骤 02 的代码解析

```
'获取销量最大值单元格地址
1  Function XSDYGDZ(rng)    '获取最大值单元格地址的自定义函数
2      Dim i As Double
3      Dim m As Range
4      If rng.Count = 1 Then    '如果单元格区域rng只有1个单元格
5          XSDYGDZ = rng.Address(False, False)    '则函数的返回值为该单元
              格的地址（相对引用形式）
6          Exit Function    '退出函数
7      End If
8      i = WorksheetFunction.Max(rng)    '调用工作表函数Max()获取单元格区
        域rng的最大值并赋给变量i
9      For Each m In rng    '遍历单元格区域rng中的单元格
10         If m.Value = i Then    '如果当前单元格的值等于最大值i
11             If Len(XSDYGDZ) = 0 Then    '如果函数的返回值长度为0
12                 XSDYGDZ = m.Address(False, False)    '则函数的返回值为
                      当前单元格的地址
13             Else    '如果函数的返回值长度不为0
14                 XSDYGDZ = XSDYGDZ & "," & m.Address(False, False)    '将
                      当前单元格的地址追加到函数返回值的末尾
15             End If
16         End If
17     Next
18 End Function
```

步骤 **04** 查看结果。输入完毕后按【Enter】键，即可得到月销量最大值的单元格地址，如右图所示。

	A	B	C	D	E
1	编号	产品名称	单价	月销量	总额
2	NS-001	菁纯美白面霜	¥209	38	¥7,942
3	NS-002	菁纯美白乳液	¥189	48	¥9,072
4	NS-003	菁纯美白化妆水	¥169	29	¥4,901
5	NS-004	菁纯美白精华	¥249	63	¥15,687
6	NS-005	菁纯美白肌底液	¥239	25	¥5,975
7	NS-006	金玉逆龄修护面霜	¥319	35	¥11,165
8	NS-007	金玉逆龄修护乳液	¥299	21	¥6,279
9	NS-008	金玉逆龄修护化妆水	¥279	43	¥11,997
10	NS-009	金玉逆龄修护精华	¥349	22	¥7,678
11	NS-010	金玉逆龄修护肌底液	¥359	30	¥10,770
12	NS-011	清影保湿面霜	¥189	27	¥5,103
13	NS-012	清影保湿乳液	¥169	37	¥6,253
14	NS-013	清影保湿化妆水	¥159	41	¥6,519
15	NS-014	清影保湿精华	¥209	52	¥10,868
16	NS-015	清影保湿肌底液	¥249	31	¥7,719
17	月销量最大值的单元格地址:	D5			
18					

4.4.2 使用 Precedents 属性选取公式的引用单元格

使用 Range 对象的 Precedents 属性可以选取单元格中公式所引用的单元格，该属性的语法格式如下。

表达式.Precedents

实例：在销量统计表中选取公式的引用单元格

假设工作表中的销售额是利用公式引用其他单元格的数据计算出来的，下面利用 Precedents 属性编写 VBA 代码，选取销售额的计算公式所引用的单元格。

◎ 原始文件：实例文件\第4章\原始文件\在销量统计表中选取公式的引用单元格.xlsx
◎ 最终文件：实例文件\第4章\最终文件\在销量统计表中选取公式的引用单元格.xlsm

步骤 **01** 查看数据。打开原始文件，查看工作表中的销量统计数据，如下图所示。其中 D 列的销售额是用 B 列的单价乘以 C 列的销量计算出来的。

步骤 **02** 编写代码。打开 VBA 编辑器，在当前工作簿中插入模块，并在代码窗口中输入如下图所示的代码。

	A	B	C	D	E	F
1		销量统计表				
2	产品编号	单价	销量	销售额		
3	NED001	¥254	50	¥12,700		
4	NED002	¥336	30	¥10,080		
5	NED003	¥256	62	¥15,872		
6	NED004	¥233	55	¥12,815		
7	NED005	¥652	41	¥26,732		
8	NED006	¥654	52	¥34,008		
9	NED007	¥545	29	¥15,805		
10	NED008	¥457	56	¥25,592		
11	NED009	¥563	89	¥50,107		
12	NED010	¥487	78	¥37,986		
13	NED011	¥457	18	¥8,226		
14	NED012	¥157	57	¥8,949		

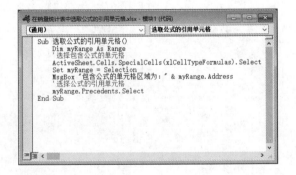

	步骤 02 的代码解析
1	Sub 选取公式的引用单元格()
2	Dim myRange As Range

```
3    ActiveSheet.Cells.SpecialCells(xlCellTypeFormulas).Select        '使
     用SpecialCells方法选择包含公式的单元格区域
4    Set myRange = Selection        '将选择的单元格区域赋给变量myRange
5    MsgBox "包含公式的单元格区域为：" & myRange.Address        '使用提示框显
     示包含公式的单元格区域的地址
6    myRange.Precedents.Select        '选择公式的引用单元格
7    End Sub
```

步骤03 显示包含公式的单元格区域的地址。
按【F5】键运行代码，弹出提示框，显示包
含公式的单元格区域的地址，然后单击"确定"
按钮，如下图所示。

步骤04 选取公式的引用单元格。随后可看
到在工作表中选中了公式的引用单元格，如下
图所示。

	A	B	C	D	E
1	销量统计表				
2	产品编号	单价	销量	销售额	
3	NED001	¥254	50	¥12,700	
4	NED002	¥			
5	NED003	¥			
6	NED004	¥			
7	NED005	¥			
8	NED006	¥			
9	NED007	¥			
10	NED008	¥			
11	NED009	¥563	89	¥50,107	

Microsoft Excel ×
包含公式的单元格区域为：$D$3:$D$24
确定

	A	B	C	D	E
1	销量统计表				
2	产品编号	单价	销量	销售额	
3	NED001	¥254	50	¥12,700	
4	NED002	¥336	30	¥10,080	
5	NED003	¥256	62	¥15,872	
6	NED004	¥233	55	¥12,815	
7	NED005	¥652	41	¥26,732	
8	NED006	¥654	52	¥34,008	
9	NED007	¥545	29	¥15,805	
10	NED008	¥457	56	¥25,592	
11	NED009	¥563	89	¥50,107	

4.4.3　使用 DirectDependents 属性追踪从属单元格

如果一个单元格中的公式引用了其他单元格，例如，在单元格 D3 中有公式"=B3*C3"，则
B3、C3 是 D3 的引用单元格，而 D3 是 B3、C3 的从属单元格。追踪引用单元格可以使用 4.4.2
节讲解的 Precedents 属性，追踪从属单元格则要使用 DirectDependents 属性，它可以返回指定
单元格直接从属的单元格，语法格式如下。

表达式.DirectDependents

实例：在销量统计表中选取单价从属的单元格区域

下面仍以 4.4.2 节实例中的工作表为例，使用 DirectDependents 属性选取单价从属的单元
格区域。

◎ 原始文件：实例文件\第4章\原始文件\在销量统计表中选取单价从属的单元格区
域.xlsx
◎ 最终文件：实例文件\第4章\最终文件\在销量统计表中选取单价从属的单元格区
域.xlsm

步骤01 查看数据。打开原始文件，可看到工作表中的销售统计数据，如下图所示。

步骤02 编写代码。打开 VBA 编辑器，在当前工作簿中插入模块，并在代码窗口中输入如下图所示的代码。

步骤 02 的代码解析

```
1  Sub 判断单价从属的单元格区域()
2      Dim myRange As Range
3      Set myRange = Range("B3:B24")        '将单价所在的单元格区域赋给变量my-Range
4      MsgBox "选取单价从属的单元格区域"
5      myRange.DirectDependents.Select      '选取单价从属的单元格区域
6  End Sub
```

步骤03 显示提示。按【F5】键运行代码，返回工作表中，弹出提示框，显示提示信息，然后单击"确定"按钮，如下图所示。

步骤04 显示运行结果。随后可以看到 D 列的销售额数据被选中，因为这些单元格中的公式引用了单价所在的单元格，所以单价所在的单元格从属于这些单元格，如下图所示。

4.5　编辑单元格

单元格的常用编辑操作包括合并单元格、插入单元格、复制/剪切单元格等。本节将介绍如何在 Excel VBA 中使用 Range 对象的方法来实现这些操作。

4.5.1　使用 Merge 方法合并单元格

合并单元格就是将两个或两个以上的单元格合并为一个单元格。如果合并前的单元格中存在数据，则只保留左上角单元格的数据，其余数据均被删除。使用 Range 对象的 Merge 方法可以完成单元格的合并，语法格式如下。

表达式 . Merge(Across)

 语法解析

Across：可选。如果为 True，则将指定区域中每一行的单元格分别合并为一个单独的单元格。默认值为 False。

 实例：合并商品销售表中相同日期的连续单元格

下面利用 Merge 方法编写 VBA 代码，在商品销售表中合并相同日期的连续单元格。

◎　原始文件：实例文件\第4章\原始文件\合并商品销售表中相同日期的连续单元格.xlsx
◎　最终文件：实例文件\第4章\最终文件\合并商品销售表中相同日期的连续单元格.xlsm

步骤01 查看数据。打开原始文件，可看到工作表中的日期、商品名称、成本等数据，如下图所示。

步骤02 编写代码。打开 VBA 编辑器，在当前工作簿中插入模块，并在代码窗口中输入如下图所示的代码，用于合并连续单元格。

	A	B	C	D	E
1	日期	商品名称	成本		
2	2018/4/5	2B铅笔	¥0.50		
3	2018/4/5	钢笔	¥5.60		
4	2018/4/9	橡皮	¥0.60		
5	2018/4/9	铅笔盒	¥3.80		
6	2018/4/10	4B铅笔	¥0.80		
7	2018/4/15	尺子	¥2.50		
8	2018/4/15	2B铅笔	¥0.50		
9	2018/4/24	橡皮	¥0.60		
10	2018/4/24	钢笔	¥5.60		
11	2018/4/28	4B铅笔	¥0.80		
12	2018/4/28	尺子	¥2.50		
13	2018/4/30	2B铅笔	¥0.50		

```
Sub 合并相同日期的连续单元格()
    Dim myrng1 As Range
    Dim myrng2 As Range
    Set myrng1 = Worksheets("sheet1").UsedRange
    '判断myrng2中单元格内容是否为"日期"
    For Each myrng2 In myrng1
        If myrng2.Value = "日期" Then
            myrng2.Select
line1:
            If Selection.Offset(1, 0) = "" Then
                Exit Sub
            End If
line2:
            If ActiveCell.Value = ActiveCell.Offset(1, 0).Value Then
                ActiveCell.Offset(1, 0).Select
                Dim i
                i = ActiveCell.Row
                Range(Cells(i - 1, 1), Cells(i, 1)).Merge
                GoTo line1
            Else
                ActiveCell.Offset(1, 0).Select
                GoTo line2
            End If
        End If
    Next myrng2
End Sub
```

步骤 02 的代码解析
1　Sub 合并相同日期的连续单元格()
2　　　Dim myrng1 As Range
3　　　Dim myrng2 As Range
4　　　Set myrng1 = Worksheets("Sheet1").UsedRange　　'将工作表 "Sheet1" 中的已使用区域赋给变量myrng1

```
5        For Each myrng2 In myrng1      '遍历myrng1中的单元格
6            If myrng2.Value = "日期" Then    '如果单元格的值为"日期"
7                myrng2.Select     '则将其选中
8    line1:
9                If Selection.Offset(1, 0) = "" Then    '如果选中单元格正下
                     方的单元格内容为空
10                   Exit Sub    '则退出子过程
11               End If
12   line2:
13               If ActiveCell.Value = ActiveCell.Offset(1, 0).Value _
                     Then    '如果当前单元格与其正下方单元格内容相同
14                   ActiveCell.Offset(1, 0).Select    '则选中正下方单元格
15                   Dim i As Integer
16                   i = ActiveCell.Row    '获取当前单元格的行号
17                   Range(Cells(i - 1, 1), Cells(i, 1)).Merge    '选中相
                         同内容的单元格区域并将其合并
18                   GoTo line1    '跳转执行line1标签处的代码
19               Else    '如果当前单元格与其正下方单元格内容不相同
20                   ActiveCell.Offset(1, 0).Select    '则选中正下方单元格
21                   GoTo line2    '跳转执行line2标签处的代码
22               End If
23           End If
24       Next myrng2
25   End Sub
```

步骤03 运行代码。按【F5】键运行代码，弹出提示框，显示提示信息，单击"确定"按钮，如下图所示。随后会出现多个相同的提示框，一直单击"确定"按钮即可。

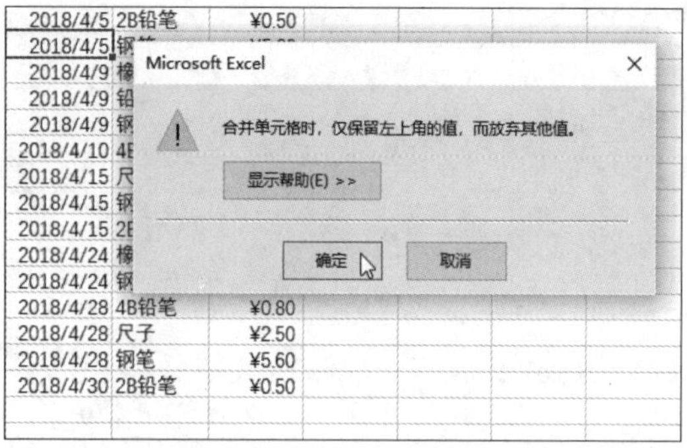

步骤04 查看合并后的效果。代码运行完毕后，可在工作表中看到如下图所示的效果，具有相同日期的连续单元格被合并在一起。

4.5.2　使用 Insert 方法插入单元格

如果需要在表格中补充内容，可以在表格中插入单元格，再输入要补充的内容。在 Excel VBA 中，使用 Range 对象的 Insert 方法可以在指定单元格区域的上方或左侧插入单元格，语法格式如下。

表达式.Insert(Shift, CopyOrigin)

 语法解析

Shift：可选，用于指定插入新单元格后，原有单元格的移动方向，可取的值如下表所示。如果省略，Excel 会根据区域的形状自动确定移动方向。

常量名称	值	说明
xlShiftDown	-4121	向下移动原有单元格
xlShiftToRight	-4161	向右移动原有单元格

CopyOrigin：可选，用于指定插入的新单元格的格式来源，可取的值如下表所示。

常量名称	值	说明
xlFormatFromLeftOrAbove	0	从上方或左侧单元格复制格式
xlFormatFromRightOrBelow	1	从下方或右侧单元格复制格式

 实例：在产品进货单中添加产品产地

下面以在产品进货单表格中添加"产品产地"列为例，介绍 Insert 方法的具体应用。

◎ 原始文件：实例文件\第4章\原始文件\在产品进货单中添加产品产地.xlsx
◎ 最终文件：实例文件\第4章\最终文件\在产品进货单中添加产品产地.xlsm

步骤01 查看数据。打开原始文件，可看到工作表中的产品进货数据，如下图所示。现在要在"单位"列的左侧插入"产品产地"列。

步骤02 编写代码。打开 VBA 编辑器，在当前工作簿中插入模块，并在代码窗口中输入如下图所示的代码。

	步骤 02 的代码解析
1	Sub 插入单元格()
	'插入"产品产地"列
2	Range("D2:D14").Insert Shift:=xlShiftToRight　　'在单元格区域 D2:D14的左侧插入单元格，原有单元格向右移动
3	Range("D2").Value = "产品产地"　　'在单元格D2中输入"产品产地"
	'在"产品产地"列中输入产品产地
4	Dim myrng1 As Range
5	Dim myrng2 As Range
6	Set myrng1 = Range("D2:D14")　　'将单元格区域D2:D14赋给变量myrng1
7	Set myrng2 = myrng1.SpecialCells(xlCellTypeBlanks)　　'选取变量 myrng1所代表的单元格区域中的空白单元格，并赋给变量myrng2
8	If myrng2 Is Nothing Then　　'如果没有找到空白单元格
9	MsgBox "没有找到空白单元格"　　'则弹出提示框
10	Else　　'如果找到空白单元格
11	myrng2.Value = "广州"　　'则在空白单元格中输入"广州"
12	End If
13	End Sub

步骤 03　显示运行结果。按【F5】键运行代码，可以看到在"单位"列的左侧插入了一个新的列，列名为"产品产地"，列数据为"广州"，"单位"列及其之后的列均向右移动，如右图所示。

	A	B	C	D	E	F	G	H
1				产品进货单				
2	产品编号	规格	品名	产品产地	单位	数量	单价	金额
3	ACE01201	1.5*1.5毫米	1号钢材	广州	米	25	¥120	¥3,000
4	ACE01202	1.5*1.2毫米	2号钢材	广州	米	14	¥105	¥1,470
5	ACE01203	1.5*1.8毫米	3号钢材	广州	米	36	¥180	¥6,480
6	ACE01204	1.5*2.0毫米	4号钢材	广州	米	28	¥208	¥5,824
7	ACE01205	2.0*1.2毫米	5号钢材	广州	米	11	¥158	¥1,738
8	ACE01206	2.0*1.5毫米	6号钢材	广州	米	23	¥186	¥4,278
9	ACE01207	2.0*1.8毫米	7号钢材	广州	米	52	¥198	¥10,296
10	ACE01208	2.0*2.0毫米	8号钢材	广州	米	16	¥238	¥3,808
11	ACE01209	2.2*1.5毫米	9号钢材	广州	米	32	¥160	¥5,120
12	ACE01210	2.2*1.8毫米	10号钢材	广州	米	48	¥180	¥8,640
13	ACE01211	2.2*2.0毫米	11号钢材	广州	米	16	¥210	¥3,360
14	ACE01212	2.2*2.5毫米	12号钢材	广州	米	11	¥258	¥2,838
15								
16								

提示

如果要删除单元格，可以使用 Range 对象的 Delete 方法，语法格式如下。

表达式.Delete(Shift)

语法解析

　　Shift：可选，用于指定如何调整单元格以替换被删除的单元格，可取的值为 xlShiftToLeft 或 xlShiftUp，分别表示将单元格向左移动或向上移动。如果省略，Excel 会根据区域的形状自动确定移动方向。

4.5.3　使用 Copy/Cut 方法复制/剪切单元格

使用 Range 对象的 Copy/Cut 方法可将指定单元格复制/剪切到目标区域，语法格式如下。

表达式.Copy/Cut(Destination)

语法解析

Destination：可选，表示要复制/剪切到的目标区域。如果省略，则复制/剪切到剪贴板中。

实例：移除超出保修期的产品

下面结合使用 Copy 方法和 Cut 方法编写 VBA 代码，将产品保修清单中超出保修期的产品移动到另一个工作表中存放。

◎ 原始文件：实例文件\第4章\原始文件\移除超出保修期的产品.xlsx
◎ 最终文件：实例文件\第4章\最终文件\移除超出保修期的产品.xlsm

步骤01 **查看数据**。打开原始文件，可看到工作表中的产品保修数据，其中包含保修期内的产品和超出保修期的产品，如下图所示。

步骤02 **编写代码**。打开 VBA 编辑器，在当前工作簿中插入模块，并在代码窗口中输入如下图所示的代码。

	A	B	C	D	E
1	产品保修清单				
2	产品编号	产品名称	出售日期	保修时间（月）	
3	ED010203	电子游戏机	2019/7/12	3	
4	ED020104	电视卡	2019/8/15	3	
5	EC010302	液晶显示屏	2019/7/6	6	
6	DE010504	电脑电源	2019/7/14	3	
7	EB010205	电脑风扇	2019/8/12	6	
8	ED020404	耳机	2019/10/20	3	
9	ED010205	话筒	2019/11/20	3	
10	ED010504	键盘	2019/11/22	3	
11	ED010206	DVD机	2019/12/14	18	
12	ED010208	液晶电视	2019/11/16	36	
13	ED010304	内存卡	2019/11/15	36	
14	ED010509	显卡	2019/10/12	12	
15					

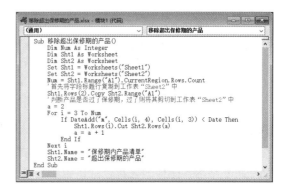

步骤 02 的代码解析

```
1  Sub 移除超出保修期的产品()
2      Dim Num As Integer
3      Dim Sht1 As Worksheet        '声明变量Sht1为Worksheet对象类型
4      Dim Sht2 As Worksheet        '声明变量Sht2为Worksheet对象类型
5      Set Sht1 = Worksheets("Sheet1")    '将工作表"Sheet1"赋给变量Sht1
6      Set Sht2 = Worksheets("Sheet2")    '将工作表"Sheet2"赋给变量Sht2
7      Num = Sht1.Range("A1").CurrentRegion.Rows.Count    '获取工作表
       "Sheet1"中数据的行数并赋给变量Num
```

```
8       Sht1.Rows(2).Copy Sht2.Range("A1")        '将工作表"Sheet1"的第2行
        （表格的标题行）复制到工作表"Sheet2"以单元格A1为起始单元格的区域
        '判断产品是否过了保修期，如果过了则将其剪切到工作表"Sheet2"中
9       a = 2
10      For i = 3 To Num     '从工作表"Sheet1"中数据的第3行遍历至最后一行
11          If DateAdd("m", Cells(i, 4), Cells(i, 3)) < Date Then     '如
            果当前行中的产品超出了保修期（其中用到的DateAdd()函数和Date()函数
            将在第6章讲解）
12              Sht1.Rows(i).Cut Sht2.Rows(a)        '则将当前行剪切到工作表
                "Sheet2"中
13              a = a + 1
14          End If
15      Next i
16      Sht1.Name = "保修期内产品清单"        '将工作表"Sheet1"重命名为"保修期
        内产品清单"
17      Sht2.Name = "超出保修期的产品"        '将工作表"Sheet2"重命名为"超出保
        修期的产品"
18  End Sub
```

> **提示**
>
> 使用 Cut 方法剪切的单元格区域必须由相邻的单元格组成。剪切后，原单元格区域中的数据会被清除。

步骤03 运行代码。按【F5】键运行代码，可看到工作表"Sheet1"中超出保修期的产品数据被移除，工作表名称也做了相应更改，如下图所示。

步骤04 查看超出保修期的产品清单。切换至工作表"超出保修期的产品"，可看到超出保修期的产品数据，如下图所示。

	A	B	C	D	E
1			产品保修清单		
2	产品编号	产品名称	出售日期	保修时间（月）	
3					
4					
5					
6					
7					
8					
9					
10					
11	ED010206	DVD机	2019/12/14	18	
12	ED010208	液晶电视	2019/11/16	36	
13	ED010304	内存卡	2019/11/15	36	
14	ED010509	显卡	2019/10/12	12	

保修期内产品清单 | 超出保修期的产品

	A	B	C	D
1	产品编号	产品名称	出售日期	保修时间（月）
2	ED010203	电子游戏机	2019/7/12	3
3	ED020104	电视卡	2019/8/15	3
4	EC010302	液晶显示屏	2019/7/6	6
5	DE010504	电脑电源	2019/7/14	3
6	EB010205	电脑风扇	2019/8/12	6
7	ED020404	耳机	2019/10/20	3
8	ED010205	话筒	2019/11/20	3
9	ED010504	键盘	2019/11/22	3

保修期内产品清单 | 超出保修期的产品

4.6　设置单元格格式

　　设置单元格格式的常见操作包括设置字体格式（如加粗、正斜体、字号、删除线、下划线、颜色）、为单元格添加底纹和边框、设置列宽和行高等，这些操作可利用 Font、Interior、Border 等对象及 ColumnWidth / RowHeight 属性来完成。

4.6.1　使用 Font 对象美化字体格式

　　使用 Range 对象的 Font 属性可以返回一个 Font 对象，通过这个 Font 对象的属性可以对字体的加粗、正斜体、字号、删除线、下划线、颜色等格式进行设置。下面分别进行介绍。

1. 字体加粗属性 Bold

　　Font 对象的 Bold 属性用于控制字体格式加粗或不加粗，其语法格式如下。

表达式.Bold [= Boolean]

语法解析

　　表达式：一个代表 Font 对象的表达式。

　　Boolean：一个布尔值。为 True 时表示加粗，为 False 时表示不加粗。

2. 斜体字属性 Italic

　　Font 对象的 Italic 属性用于控制字体格式的正斜体，其语法格式如下。

表达式.Italic [= Boolean]

语法解析

　　Boolean：一个布尔值。为 True 时表示斜体，为 False 时表示正体。

3. 字号属性 Size

　　Font 对象的 Size 属性用于控制字号的大小，其语法格式如下。

表达式.Size [= Integer]

语法解析

　　Integer：一个整数，表示字号的大小。

4. 删除线属性 Strikethrough

删除线用于标识想要删除的文本。Font 对象的 Strikethrough 属性就用于控制字体格式的删除线效果，其语法格式如下。

表达式.Strikethrough [= Boolean]

语法解析

Boolean：一个布尔值。为 True 时表示添加删除线，为 False 时表示取消删除线。

5. 下划线属性 Underline

Font 对象的 Underline 属性用于控制字体格式的下划线效果，其语法格式如下。

表达式.Underline

Underline 属性可以被设置为 5 个不同的常量，具体如下表所示。

常量名称	含义
xlUnderlineStyleNone	无下划线
xlUnderlineStyleSingle	单下划线
xlUnderlineStyleDouble	双下划线
xlUnderlineStyleSingleAccounting	会计用单下划线
xlUnderlineStyleDoubleAccounting	会计用双下划线

6. 颜色属性 Color 和 ColorIndex

Font 对象的 Color 和 ColorIndex 属性用于控制字体格式的颜色。Color 属性的语法格式如下。

表达式.Color [= RGB(Red, Green, Blue)]

语法解析

RGB(Red, Green, Blue)：一个用于生成 RGB 颜色值的函数。3 个参数均为必选，取值范围为 0 ～ 255 的整数。

ColorIndex 属性的语法格式如下。

表达式.ColorIndex [= Integer]

语法解析

Integer：取值可为常量 xlColorIndexAutomatic 或 xlColorIndexNone，分别代表自动设置颜色和无颜色；或者为 1 ～ 56 的整数，分别代表 VBA 预先定义的 56 种颜色。

实例：加粗员工培训表的表头文字

下面以加粗员工培训表的表头文字为例，介绍 Font 对象的 Bold 属性的具体应用。

◎　原始文件：实例文件\第4章\原始文件\加粗员工培训表的表头文字.xlsx
◎　最终文件：实例文件\第4章\最终文件\加粗员工培训表的表头文字.xlsm

步骤01　查看数据。打开原始文件，可看到工作表中数据的字体格式完全一样，导致表头和表身的区分度不足，如下图所示。

步骤02　编写代码。打开 VBA 编辑器，在当前工作簿中插入模块，并在代码窗口中输入如下图所示的代码。

	A	B	C	D
1	培训科目	开始时间	结束时间	总计课时
2	能力培训	4月1日	4月11日	20
3	职业培训	4月1日	4月11日	20
4	法律知识	4月2日	4月11日	20
5	经济基础	4月2日	4月11日	20
6	心理学	4月3日	4月11日	20
7	市场经济学	4月3日	4月11日	20

步骤 02 的代码解析

```
1   Sub 加粗员工培训表表头()
2       Dim numcol As Integer
3       numcol = Range("A1").CurrentRegion.Columns.Count      '统计当前工作
    表中数据的列数
4       Range(Cells(1, 1), Cells(1, numcol)).Font.Bold = True      '将表头
    文本加粗
5   End Sub
```

步骤03　显示运行结果。按【F5】键运行代码，可看到工作表中数据的表头文字变为加粗效果，如右图所示。

	A	B	C	D
1	**培训科目**	**开始时间**	**结束时间**	**总计课时**
2	能力培训	4月1日	4月11日	20
3	职业培训	4月1日	4月11日	20
4	法律知识	4月2日	4月11日	20
5	经济基础	4月2日	4月11日	20
6	心理学	4月3日	4月11日	20

4.6.2　使用 Interior 对象为单元格添加底纹

使用 Range 对象的 Interior 属性可以返回一个 Interior 对象，通过这个 Interior 对象的属性可以为单元格添加底纹。Interior 对象的常用属性如下表所示。

属性	含义
Color	设置背景色，取值方式同 Font 对象的 Color 属性
ColorIndex	设置背景色，取值方式同 Font 对象的 ColorIndex 属性

属性	含义
TintAndShade	设置背景色的亮度，取值范围为 -1 ～ 1（从最暗变化到最亮）
Gradient	设置渐变填充的效果
Pattern	设置底纹图案的样式
PatternColor	设置底纹图案的颜色，取值方式同 Font 对象的 Color 属性
PatternColorIndex	设置底纹图案的颜色，取值方式同 Font 对象的 ColorIndex 属性
PatternThemeColor	为底纹图案应用主题颜色
PatternTintAndShade	设置底纹图案颜色的亮度，取值方式同 TintAndShade 属性

实例：为尾号为奇数的产品型号添加背景色

下面以在工作表中为产品型号尾号为奇数的单元格添加背景色为例，介绍 Interior 对象的具体应用。

◎ 原始文件：实例文件\第4章\原始文件\为尾号为奇数的产品型号添加背景色.xlsx
◎ 最终文件：实例文件\第4章\最终文件\为尾号为奇数的产品型号添加背景色.xlsm

步骤01 **查看数据。** 打开原始文件，可看到工作表中的产品型号均为数字，如下图所示。现在要为以奇数结尾的产品型号添加背景色。

步骤02 **编写代码。** 打开 VBA 编辑器，在当前工作簿中插入模块，并在代码窗口中输入如下图所示的代码。

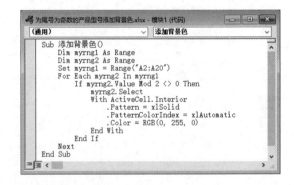

步骤 02 的代码解析

```
1    Sub 添加背景色()
2        Dim myrng1 As Range
3        Dim myrng2 As Range
4        Set myrng1 = Range("A2:A20")        '将产品型号所在的单元格区域赋给变量
         myrng1
5        For Each myrng2 In myrng1        '遍历myrng1中的单元格
```

```
6          If myrng2.Value Mod 2 <> 0 Then      '如果当前单元格的值为奇数
7              myrng2.Select      '则选中该单元格
8              With ActiveCell.Interior      '开始设置选中单元格的背景格式
9                  .Pattern = xlSolid      '设置底纹图案的样式为纯色
10                 .PatternColorIndex = xlAutomatic      '自动设置底纹图案
                   的颜色
11                 .Color = RGB(0, 255, 0)      '设置背景色为绿色
12             End With      '结束对选中单元格背景格式的设置
13         End If
14     Next
15 End Sub
```

提 示

第 6 行代码中的 Mod 是 VBA 算术运算符中的取余运算符，可以获得两个操作数相除的余数。一个正整数除以 2 的余数只可能为 0 或 1。如果余数为 0，则这个正整数为偶数；如果余数为 1，则这个正整数为奇数。第 6 行代码就是通过比较单元格 myrng2 的值除以 2 的余数是否不等于 0 来判断单元格 myrng2 的值是否为奇数。再根据"奇数的尾数也是奇数，偶数的尾数也是偶数"的规律，为判断为奇数的单元格填充背景色即可。

提 示

第 8 ～ 12 行代码中使用的 With…End With 语句主要用于对某个对象执行一系列操作，而不用重复给出对象的名称，从而简化对同一对象的多次引用。该语句的语法格式如下。

With Object
  Statements
End With

语法解析

Object：表示一个对象或用户自定义类型的名称。

Statements：表示要执行在 Object 上的一条或多条语句。

 显示运行结果。按【F5】键运行代码，返回工作表中，可看到尾号为奇数的产品型号所在的单元格都填充了绿色的背景色，如右图所示。

	A	B	C	D	E	F	G	H
1	产品型号	成本	单价	数量				
2	2018201	¥168	¥288	1597				
3	2018202	¥280	¥400	2680				
4	2018203	¥200	¥320	3556				
5	2018204	¥150	¥170	7968				
6	2018205	¥89	¥209	7734				
7	2018206	¥169	¥289	8281				
8	2018207	¥325	¥445	2201				
9	2018208	¥420	¥540	3795				
10	2018209	¥155	¥275	7888				
11	2018210	¥260	¥380	8537				
12	2018211	¥179	¥299	4307				
13	2018212	¥303	¥423	4185				
14	2018213	¥259	¥379	6705				
15	2018214	¥278	¥398	3276				
16	2018215	¥196	¥316	1502				
17	2018216	¥315	¥435	5150				

4.6.3　使用 Border 对象为单元格添加边框

在 Excel VBA 中，代表单元格边框的对象为 Border，通过 Border 对象的属性可以对单元格各边框的线条样式、颜色、粗细等进行设置。

在设置边框格式前，需要先通过 Range 对象的 Borders 属性获取单元格的所有边框的集合，再通过 Index 参数获取一个 Border 对象，即指定具体对哪一条或哪几条边框进行操作，格式为 Range.Borders(Index)。Index 参数可取的值如下表所示。

常量名称	值	说明
xlDiagonalDown	5	区域中每个单元格从左上角至右下角的对角线
xlDiagonalUp	6	区域中每个单元格从左下角至右上角的对角线
xlEdgeBottom	9	整个区域底部的边框
xlEdgeLeft	7	整个区域左边的边框
xlEdgeRight	10	整个区域右边的边框
xlEdgeTop	8	整个区域顶部的边框
xlInsideHorizontal	12	区域中所有单元格的水平边框（不包括整个区域顶部和底部的边框）
xlInsideVertical	11	区域中所有单元格的垂直边框（不包括整个区域左边和右边的边框）

确定了一个 Border 对象后，就可以使用它的属性对边框格式进行设置。Border 对象的常用属性如下表所示。

属性	含义
Color	设置边框的主要颜色，取值方式同 Font 对象的 Color 属性
ColorIndex	设置边框的主要颜色，取值方式同 Font 对象的 ColorIndex 属性
LineStyle	设置边框的线型
ThemeColor	为边框应用主题颜色
TintAndShade	设置边框颜色的亮度，取值范围为 -1 ～ 1（从最暗变化到最亮）
Weight	设置边框的粗细，可取的值为 xlHairline、xlThin、xlMedium、xlThick，分别代表最细、细、中等、粗 4 种粗细度

LineStyle 属性可取的值如下表所示。

常量名称	值	线型	常量名称	值	线型
xlContinuous	1	———————	xlDot	-4118	....
xlDash	-4115	- - - - - - - - -	xlDouble	-4119	═══════
xlDashDot	4	-·-·-·-·-·	xlLineStyleNone	-4142	无线条
xlDashDotDot	5	··-··-··-··	xlSlantDashDot	13	▰▰▰▰▰

实例：快速删除多个产品记录表中的边框

下面以快速删除多个产品记录表的边框为例，介绍 Border 对象及其属性的具体应用。

◎ 原始文件：实例文件\第4章\原始文件\快速删除多个产品记录表中的边框.xlsx
◎ 最终文件：实例文件\第4章\最终文件\快速删除多个产品记录表中的边框.xlsm

步骤01 查看数据。打开原始文件，可看到工作表"Sheet1"中的表格添加了边框，如下图所示。

	A	B	C	D	E
1	产品编号	产品名称	生产日期	产地	保质期（月）
2	EC010201	蛋糕	2018/1/12	上海	3
3	EC010202	饼干	2018/1/14	天津	6
4	EC010203	面包	2018/1/15	武汉	3
5	EC010204	纯奶	2018/1/17	宝鸡	1
6	EC010205	酸酸乳	2018/1/19	成都	1
7	EC010206	奶酪	2018/1/20	长沙	3
8	EC010207	酸奶	2018/1/21	成都	2
9	EC010208	蛋糕	2018/1/24	上海	3
10	EC010209	饼干	2018/1/28	天津	6
11	EC010210	面包	2018/1/31	武汉	3
12					

Sheet1　Sheet2

步骤02 查看其他工作表数据。切换到工作表"Sheet2"，可看到其中的表格也添加了边框，如下图所示。

	A	B	C	D	E	F
1	产品编号	产品名称	生产日期	产地	保质期（月）	
2	EC010211	纯奶	2018/2/1	宝鸡	1	
3	EC010212	酸酸乳	2018/2/2	成都	1	
4	EC010213	奶酪	2018/2/5	长沙	3	
5	EC010214	酸奶	2018/2/8	成都	2	
6	EC010215	蛋糕	2018/2/12	上海	3	
7	EC010216	饼干	2018/2/15	天津	6	
8	EC010217	面包	2018/2/16	武汉	3	
9	EC010218	纯奶	2018/2/18	宝鸡	1	
10	EC010219	酸酸乳	2018/2/23	成都	1	
11	EC010220	奶酪	2018/2/25	长沙	3	
12	EC010221	酸奶	2018/2/26	成都	2	
13	EC010222	蛋糕	2018/2/27	上海	3	
14	EC010223	饼干	2018/2/28	天津	6	
15	EC010224	面包	2018/2/28	武汉	3	
16						

Sheet1　Sheet2

步骤03 编写代码。打开 VBA 编辑器，在当前工作簿中插入模块，并在代码窗口中输入如右图所示的代码。

步骤 03 的代码解析

```
1  Sub 快速删除多个表中的边框()
2      Dim i As Integer, numsht As Integer
3      Dim myrng As Range
4      numsht = Worksheets.Count        '统计工作表个数并赋给变量numsht
5      For i = 1 To numsht        '从第1个工作表遍历至最后一个工作表
6          Set myrng = Worksheets(i).UsedRange        '将当前工作表中的已使用
           区域赋给变量myrng1
7          With myrng        '对已使用区域进行设置
```

```
8          .Borders(xlDiagonalDown).LineStyle = _
               xlLineStyleNone      '删除区域中每个单元格从左上角至右下角
           的对角线
9          .Borders(xlDiagonalUp).LineStyle = xlLineStyleNone    '删
           除区域中每个单元格从左下角至右上角的对角线
10         .Borders(xlEdgeLeft).LineStyle = xlLineStyleNone    '删除
           整个区域左边的边框
11         .Borders(xlEdgeTop).LineStyle = xlLineStyleNone     '删除
           整个区域顶部的边框
12         .Borders(xlEdgeBottom).LineStyle = xlLineStyleNone    '删
           除整个区域底部的边框
13         .Borders(xlEdgeRight).LineStyle = xlLineStyleNone    '删
           除整个区域右边的边框
14         .Borders(xlInsideVertical).LineStyle = _
               xlLineStyleNone      '删除区域中所有单元格的垂直边框
15         .Borders(xlInsideHorizontal).LineStyle = _
               xlLineStyleNone      '删除区域中所有单元格的水平边框
16     End With
17   Next i
18 End Sub
```

步骤 04 显示运行结果。按【F5】键运行代码，在工作表 "Sheet2" 中可看到表格的边框都被删除了，如下图所示。

步骤 05 查看其他工作表的运行结果。切换到工作表 "Sheet1" 中，可看到表格的所有边框也被删除了，如下图所示。

	A	B	C	D	E	F
1	产品编号	产品名称	生产日期	产地	保质期（月）	
2	EC010211	纯奶	2018/2/1	宝鸡	1	
3	EC010212	酸酸乳	2018/2/2	成都	1	
4	EC010213	奶酪	2018/2/5	长沙	3	
5	EC010214	酸奶	2018/2/8	成都	2	
6	EC010215	蛋糕	2018/2/12	上海	3	
7	EC010216	饼干	2018/2/15	天津	6	
8	EC010217	面包	2018/2/16	武汉	3	
9	EC010218	纯奶	2018/2/18	宝鸡	1	
10	EC010219	酸酸乳	2018/2/23	成都	1	
11	EC010220	奶酪	2018/2/25	长沙	3	
12	EC010221	酸奶	2018/2/26	成都	2	
13	EC010222	蛋糕	2018/2/27	上海	3	
14	EC010223	饼干	2018/2/28	天津	6	
15	EC010224	面包	2018/2/28	武汉	3	

	A	B	C	D	E	F
1	产品编号	产品名称	生产日期	产地	保质期（月）	
2	EC010201	蛋糕	2018/1/12	上海	3	
3	EC010202	饼干	2018/1/14	天津	6	
4	EC010203	面包	2018/1/15	武汉	3	
5	EC010204	纯奶	2018/1/17	宝鸡	1	
6	EC010205	酸酸乳	2018/1/19	成都	1	
7	EC010206	奶酪	2018/1/20	长沙	3	
8	EC010207	酸奶	2018/1/21	成都	2	
9	EC010208	蛋糕	2018/1/24	上海	3	
10	EC010209	饼干	2018/1/28	天津	6	
11	EC010210	面包	2018/1/31	武汉	3	
12						
13						

4.6.4 使用 ColumnWidth 和 RowHeight 属性分别调整列宽和行高

使用 Range 对象的 ColumnWidth 和 RowHeight 属性可以分别设置单元格的列宽和行高。ColumnWidth 属性用于返回或设置指定单元格区域中所有列的列宽（单位：磅），如果各列的列宽不同，则返回 Null。其语法格式如下。

表达式.ColumnWidth

RowHeight 属性用于返回或设置指定单元格区域中第一行的行高（单位：磅），如果各行的行高不同，则返回 Null。其语法格式如下。

表达式.RowHeight

 实例：精确调整产量记录表的单元格大小

下面以精确调整产量记录表的单元格大小为例，介绍 ColumnWidth 和 RowHeight 属性的具体应用。

 ◎ 原始文件：实例文件\第4章\原始文件\精确调整产量记录表的单元格大小.xlsx
◎ 最终文件：实例文件\第4章\最终文件\精确调整产量记录表的单元格大小.xlsm

步骤01 查看数据。打开原始文件，可看到工作表中的产品产量数据，如下图所示。现在要将各列的列宽设置为 15 磅，将第 2 行的行高设置为 21 磅。

步骤02 编写代码。打开 VBA 编辑器，在当前工作簿中插入模块，并在代码窗口中输入如下图所示的代码。

步骤 02 的代码解析

```
1   Sub 精确调整单元格大小()
2       Dim myrng As Range
3       Set myrng = Worksheets("Sheet1").UsedRange     '将工作表"Sheet1"
        的已使用区域赋给变量myrng
4       myrng.ColumnWidth = 15      '将已使用区域各列的列宽设置为15磅
5       myrng.Rows("2:2").RowHeight = 21      '将已使用区域第2行的行高设置为
        21磅
6   End Sub
```

步骤03 查看运行效果。按【F5】键运行代码，可看到表格的行高与列宽均被调整为指定的大小，如右图所示。

	产品编号	1月	2月	3月	4月	5月	6月
	AE010203	564	256	478	478	475	241
	AE010204	256	547	574	547	412	524
	AE010205	356	568	599	152	123	152
	AE010206	256	541	565	235	635	362
	AE010207	587	258	548	325	256	255
	AE010208	547	695	415	363	368	365
	AE010209	596	474	214	324	597	263
	AE010210	521	485	253	245	556	633
	AE010211	352	695	256	228	547	633
	AE010212	514	463	659	236	533	635
	AE010213	596	569	584	254	259	265
	AE010214	555	574	547	125	658	233
	AE010215	698	458	544	363	145	235
	AE010216	596	356	522	259	325	214
	AE010217	698	556	365	635	562	265

提示

ColumnWidth、RowHeight 属性用于精确调整单元格的大小，如果要自动调整单元格大小，可以使用 Range 对象的 AutoFit 方法，语法格式如下。

表达式.AutoFit

语法解析

表达式：一个代表 Range 对象的表达式。该 Range 对象必须为整行或整列，否则会产生错误。

例如，自动调整 A 列的列宽，代码如下。
Range("A1").Columns.AutoFit

实战演练 突出显示日期为周末的记录

下面以突出显示日期为周末的记录为例，对本章所学知识进行回顾。

◎ 原始文件：实例文件\第4章\原始文件\突出显示日期为周末的记录.xlsx
◎ 最终文件：实例文件\第4章\最终文件\突出显示日期为周末的记录.xlsm

步骤01 查看数据。打开原始文件，可看到工作表中的电话记录，如下图所示。现在要突出显示日期为周末的记录。

	A	B	C	D	E
1	电话记录				
2	日期	时间	电话号码		
3	2020-04-01	8:30	202-6654		
4	2020-04-02	11:30	202-4368		
5	2020-04-03	9:06	202-5615		
6	2020-04-04	20:30	202-8515		
7	2020-04-05	12:12	202-6654		
8	2020-04-06	15:45	202-3478		
9	2020-04-07	10:51	202-6654		
10	2020-04-08	15:08	202-2917		
11	2020-04-09	18:09	202-2183		
12	2020-04-10	8:33	202-4044		

步骤02 编写代码。打开 VBA 编辑器，在当前工作簿中插入模块，并在代码窗口中输入如下图所示的代码。

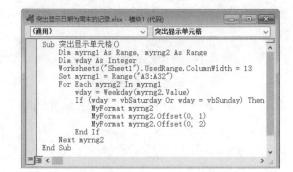

```vba
Sub 突出显示单元格()
    Dim myrng1 As Range, myrng2 As Range
    Dim vday As Integer
    Worksheets("Sheet1").UsedRange.ColumnWidth = 13
    Set myrng1 = Range("A3:A32")
    For Each myrng2 In myrng1
        vday = Weekday(myrng2.Value)
        If (vday = vbSaturday Or vday = vbSunday) Then
            MyFormat myrng2
            MyFormat myrng2.Offset(0, 1)
            MyFormat myrng2.Offset(0, 2)
        End If
    Next myrng2
End Sub
```

步骤 02 的代码解析

```
1   Sub 突出显示单元格()
2       Dim myrng1 As Range, myrng2 As Range
3       Dim wday As Integer
4       Worksheets("Sheet1").UsedRange.ColumnWidth = 13      '设置已使用区域
        各列的列宽为13磅
5       Set myrng1 = Range("A3:A32")      '将日期数据所在的单元格区域赋给变量
        myrng1
6       For Each myrng2 In myrng1      '遍历日期数据
7           wday = Weekday(myrng2.Value)      '计算日期为星期几
8           If (wday = vbSaturday Or wday = vbSunday) Then      '如果日期为
            周六或周日
9               MyFormat myrng2      '调用自定义子过程设置日期所在单元格的格式
10              MyFormat myrng2.Offset(0, 1)      '调用自定义子过程设置时间所
                在单元格的格式
11              MyFormat myrng2.Offset(0, 2)      '调用自定义子过程设置电话号
                码所在单元格的格式
12          End If
13      Next myrng2
14  End Sub
```

> 💡 **提示**
>
> 第 7 行代码中使用了 VBA 函数 Weekday() 计算一个日期是星期几。该函数的具体用法将在第 6 章详细讲解。

步骤 03 继续编写代码。继续在代码窗口中输入如右图所示的代码，用于创建一个自定义子过程，完成单元格格式的设置。

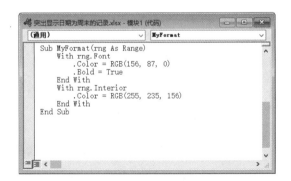

步骤 03 的代码解析

```
15  Sub MyFormat(rng As Range)      '定义一个名为MyFormat的子过程，其有一个类
    型为Range对象的参数rng，代表要设置格式的单元格
```

```
16        With rng.Font      '设置单元格的字体格式
17            .Color = RGB(156, 87, 0)     '设置字体颜色为深黄色
18            .Bold = True     '设置字体加粗
19        End With
20        With rng.Interior      '设置单元格的底纹格式
21            .Color = RGB(255, 235, 156)      '设置背景色为浅黄色
22        End With
23    End Sub
```

步骤04 显示运行结果。按【F5】键运行代码，可看到日期为周末的记录被突出显示了，如右图所示。

	日期	时间	电话号码		
1		电话记录			
2	日期	时间	电话号码		
3	2020-04-01	8:30	202-6654		
4	2020-04-02	11:30	202-4368		
5	2020-04-03	9:06	202-5615		
6	2020-04-04	20:30	202-8515		
7	2020-04-05	12:12	202-6654		
8	2020-04-06	15:45	202-3478		
9	2020-04-07	10:51	202-6654		
10	2020-04-08	15:08	202-2917		
11	2020-04-09	18:09	202-2183		
12	2020-04-10	8:33	202-4044		
13	2020-04-11	10:14	202-6654		
14	2020-04-12	13:19	202-7457		
15	2020-04-13	17:12	202-6654		
16	2020-04-14	17:16	202-6654		

第5章 使用 VBA 管理工作簿和工作表

学会了使用 VBA 管理单元格，就可以开始学习使用 VBA 管理比单元格更大的数据存储单位——工作簿和工作表。本章将讲解如何利用 VBA 中的工作簿对象和工作表对象管理工作簿和工作表。

5.1 认识工作簿和工作表对象

1. Application 对象

很多人以为 Application 对象代表一个工作簿窗口，这是不对的。Application 对象代表整个 Excel 应用程序。当打开多个工作簿时，就会有多个工作簿窗口，它们都是 Excel 应用程序的一部分，即它们都是 Application 对象的成员。

Application 对象在 Excel VBA 中处于对象层次结构的顶层，也就是说，要想访问 Workbook（工作簿）、Worksheet（工作表）等对象，首先需要访问 Application 对象。

例如，假设当前使用 Excel 打开了多个工作簿，那么访问第 1 个工作簿的代码如下。

```
1    Application.Workbooks(1)
```

访问名为 "12 月" 的工作簿的代码如下。

```
1    Application.Workbooks("12月")
```

2. Workbook 对象和 Workbooks 集合对象

Workbook 对象代表一个 Excel 工作簿。当打开多个工作簿时，用 Workbooks 集合对象来表示这些工作簿。要在 Workbooks 集合对象中指定某个 Workbook 对象，可以用 Workbooks(序号) 或 Workbooks("工作簿名") 的形式。

Workbook 对象和 Workbooks 集合对象提供了很多用于管理工作簿的属性和方法。例如，Workbooks 集合对象的 Add 方法用于新建工作簿，Open 方法用于打开工作簿；Workbook 对象的 Save 和 SaveAs 方法分别用于保存和另存工作簿，Close 方法用于关闭工作簿。

例如，打开 F 盘中的工作簿 "产品销售统计表.xlsx"，代码如下。

```
1   Sub 打开指定工作簿()
2       Workbooks.Open Filename:="F:\产品销售统计表.xlsx"
3   End Sub
```

又如，新建一个工作簿后进行保存，然后关闭，代码如下。

```
1   Sub 新建并保存工作簿()
2       Dim book As Workbook
3       Set book = Workbooks.Add
4       book.SaveAs Filename:="F:\销售统计表.xlsx"
5       book.Close
6   End Sub
```

运行上述代码，在 F 盘中可看到新建的工作簿"销售统计表.xlsx"。

3. Worksheet 对象和 Worksheets 集合对象

一个工作表用 Worksheet 对象来表示，一个工作簿中的多个工作表用 Worksheets 集合对象来表示。要在 Worksheets 集合对象中指定某个 Worksheet 对象，可以用 Worksheets(序号) 或 Worksheets("工作表名") 的形式。

Worksheet 对象和 Worksheets 集合对象提供了管理工作表的属性和方法。例如，Worksheets 集合对象的 Add 方法用于新建工作表；Worksheet 对象的 Copy 方法用于复制工作表，Delete 方法用于删除工作表，Name 属性用于重命名工作表。

例如，在工作簿中新建一个工作表，且放置在工作表"Sheet1"之前，代码如下。

```
1   Sub 新建工作表()
2       Worksheets.Add Before:=Worksheets("Sheet1")
3   End Sub
```

又如，依次将工作簿中的工作表重命名为"×月销售表"，代码如下。

```
1   Sub 重命名工作表()
2       Worksheets(1).Name = "1月销售表"
3       Worksheets(2).Name = "2月销售表"
4       Worksheets(3).Name = "3月销售表"
5   End Sub
```

运行代码后，工作簿中第 1 ～ 3 个工作表的名称会被依次更改为"1 月销售表""2 月销售表""3 月销售表"。

再如，复制工作表"1 月销售表"，然后删除工作表"3 月销售表"，代码如下。

```
1    Sub 复制和删除工作表()
2        Worksheets("1月销售表").Copy Before:=Worksheets("2月销售表")
3        Worksheets("3月销售表").Delete
4    End Sub
```

运行代码后，会弹出提示框，询问用户是否永久删除此工作表，单击"删除"按钮，即可发现工作表"3 月销售表"被删除，同时在工作表"2 月销售表"前新增了一个工作表"1 月销售表 (2)"，其内容与工作表"1 月销售表"的内容完全相同。

5.2　管理工作簿

本节讲解如何在 VBA 中利用 Workbook 对象和 Workbooks 集合对象的属性和方法来完成工作簿的各种操作，如打开、另存、共享工作簿等。

5.2.1　使用 Open 方法打开工作簿

使用 Workbooks 集合对象的 Open 方法可以打开指定工作簿。Open 方法的语法格式如下。

表达式.Open(FileName, UpdateLinks, ReadOnly, Format, Password, WriteResPassword, Ignore-ReadOnlyRecommended, Origin, Delimiter, Editable, Notify, Converter, AddToMru, Local, Corrupt-Load)

语法解析

表达式：一个代表 Workbooks 集合对象的表达式。

FileName：必选，要打开的工作簿的文件名。

UpdateLinks：可选，指定工作簿中的外部引用（链接）的更新方式。可取的值为 0 或 3，分别表示打开工作簿时不更新外部引用、打开工作簿时更新外部引用。

ReadOnly：可选，为 True 时表示以只读模式打开工作簿。

Format：可选，当打开文本文件时，用该参数指定分隔符。可取的值有 1（制表符）、2（逗号）、3（空格）、4（分号）、5（无）、6（自定义字符，由 Delimiter 参数指定）。

Password：可选，如果要打开的工作簿设置了打开密码，用该参数给出密码。如果省略该参数，则会弹出对话框提示用户输入密码。

WriteResPassword：可选，如果要打开的工作簿设置了保护结构的密码，用该参数给出密码。

IgnoreReadOnlyRecommended：可选，为 True 时表示不显示只读建议的消息。

Origin：可选，当打开文本文件时，用该参数指示该文件来源于何种操作系统，以正确处理代码页和回车 / 换行符。可取的值为常量 xlMacintosh、xlWindows、xlMSDOS。

Delimiter：可选，当打开文本文件时，如果 Format 参数设置为 6，则用该参数指定作为分隔符的字符（如果赋值为包含多个字符的字符串，则只使用字符串的第一个字符）。

Editable：可选，如果要打开的文件为 Excel 4.0 加载宏，则当该参数的值为 True 时，该加载宏为可见窗口；如果该参数的值为 False 或省略该参数，则该加载宏以隐藏方式打开，且无法设为可见。该参数不能应用于由 Excel 5.0 或更高版本的 Excel 创建的加载宏。

Notify：可选，当要打开的文件不能以可读写模式打开时，如果该参数的值为 True，则可将该文件添加到文件通知列表。Excel 将以只读模式打开该文件并轮询文件通知列表，当该文件可用时会通知用户。如果该参数的值为 False 或省略该参数，则不请求任何通知，并且不能打开任何不可用的文件。

Converter：可选，打开文件时首先尝试使用的文件转换器的索引号。如果指定的文件转换器无法识别该文件，再尝试使用其他转换器。

AddToMru：可选，如果该参数的值为 True，则将该工作簿添加到最近使用的文件列表中。默认值为 False。

Local：可选，如果该参数的值为 True，则以 Excel（包括控制面板设置）的语言保存文件。如果该参数的值为 False（默认值），则以 VBA 的语言保存文件。

CorruptLoad：可选，可取的值为常量 xlNormalLoad、xlRepairFile、xlExtractData，分别表示正常打开工作簿、尝试修复工作簿、尝试恢复工作簿中的数据。默认值为 xlNormalLoad。

实例：自动打开同一文件夹下的指定工作簿

假设在查看一个工作簿中的销售人员档案时，需要结合查看另一个工作簿中的销售业绩统计数据。下面在销售人员档案工作簿中利用 Open 方法编写 VBA 代码，实现打开此工作簿时自动打开同一文件夹下的销售业绩统计工作簿。

◎ 原始文件：实例文件\第5章\原始文件\销售人员档案.xlsx、销售业绩统计.xlsx
◎ 最终文件：实例文件\第5章\最终文件\自动打开同一文件夹下的指定工作簿.xlsm、销售业绩统计.xlsx

步骤01 启动 VBA 编辑器。打开"销售人员档案.xlsx"，在"开发工具"选项卡下单击"代码"组中的"Visual Basic"按钮，如下图所示。

步骤02 打开"ThisWorkbook"的代码窗口。打开 VBA 编辑器，在工程资源管理器中双击"ThisWorkbook"选项，如下图所示。

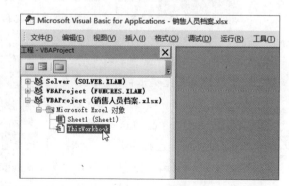

步骤 03 选择对象和事件。在打开的代码窗口中，❶在顶部左侧的下拉列表框中选择"Workbook"对象，❷在右侧的下拉列表框中会默认选择"Open"事件，如下图所示。该事件在工作簿被打开时会被触发。

步骤 04 编写代码。在代码编辑区会自动生成 Open 事件的响应程序的初始代码。在 Sub 和 End Sub 语句之间添加如下图所示的代码，用于在打开当前工作簿时自动打开同一文件夹下的指定工作簿。

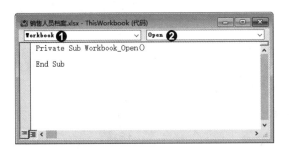

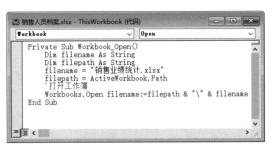

步骤 04 的代码解析

```
1   Private Sub Workbook_Open()
2       Dim filename As String
3       Dim filepath As String
4       filename = "销售业绩统计.xlsx"        '指定要同时打开的工作簿文件名
5       filepath = ActiveWorkbook.Path        '获取活动工作簿的完整路径
6       Workbooks.Open filename:=filepath & "\" & filename        '打开工作簿
7   End Sub
```

提 示

第 5 行代码中的 ActiveWorkbook 是 Application 对象的一个属性，用于返回活动工作簿。Path 是 Workbook 对象的一个属性，用于返回工作簿所在的文件夹路径。

步骤 05 保存工作簿。完成代码的编写后，按快捷键【Ctrl+S】保存工作簿，在弹出的提示框中单击"否"按钮，如下图所示。

步骤 06 另存工作簿。弹出"另存为"对话框，❶在地址栏中选择另存的路径，❷设置文件名和保存类型，❸单击"保存"按钮，如下图所示。

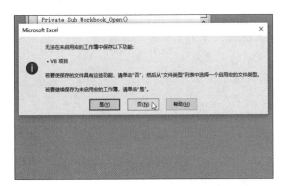

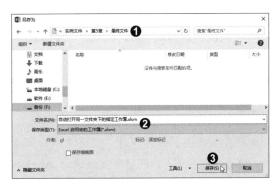

步骤07 打开工作簿。将原始文件中的"销售业绩统计.xlsx"复制到另存工作簿所在的文件夹，然后双击工作簿"自动打开同一文件夹下的指定工作簿.xlsm"，将会自动打开"销售业绩统计.xlsx"，如右图所示。

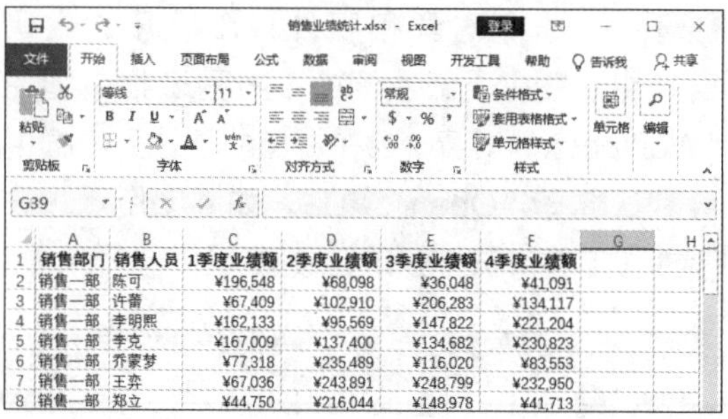

5.2.2 使用 SaveAs 方法保存工作簿

编辑完工作簿之后，为了保留编辑结果，需要保存工作簿。在 Excel VBA 中，保存工作簿的方法有两种：一种是使用 Workbook 对象的 Save 方法直接保存当前工作簿；另一种是使用 Workbook 对象的 SaveAs 方法另存工作簿。Save 方法的用法比较简单，它没有参数，可直接调用。下面主要讲解使用 SaveAs 方法另存工作簿，该方法的语法格式如下。

表 达 式.SaveAs(FileName, FileFormat, Password, WriteResPassword, ReadOnlyRecommended, CreateBackup, AccessMode, ConflictResolution, AddToMru, TextCodepage, TextVisualLayout, Local)

语法解析

Filename：可选，另存工作簿时使用的文件名，可包含完整路径。如果不指定路径，则另存到当前工作簿所在的文件夹。

FileFormat：可选，另存时使用的文件格式。对于已有文件，默认使用上一次指定的文件格式；对于新文件，默认使用当前所用的 Excel 版本的默认格式。

Password：可选，用于指定文件的打开密码（最长不超过 15 个字符，区分大小写）。

WriteResPassword：可选，用于指定文件的结构保护密码。如果文件保存时带有此密码，但打开文件时不输入此密码，则该文件以只读方式打开。

ReadOnlyRecommended：可选，如果该参数的值为 True，则在打开文件时显示一条信息，提示该文件以只读方式打开。

CreateBackup：可选，如果该参数的值为 True，则创建备份文件。

AccessMode：可选，指定工作簿的访问模式。可取的值为常量 xlExclusive、xlNoChange（默认值）、xlShared，分别表示独占模式、不更改访问模式、共享列表模式。

ConflictResolution：可选，指定解决工作簿共享冲突的方式。可取的值为常量 xlUserResolution（默认值）、xlLocalSessionChanges、xlOtherSessionChanges，分别表示弹出对话框让用户选择解决方式、总是接受本地用户的更改、总是拒绝本地用户的更改。

AddToMru：可选，如果该参数的值为 True，则将该工作簿添加到最近使用的文件列表中。默认值为 False。

TextCodePage：可选，设置文本的代码页。

TextVisualLayout：可选，设置文本的阅读方向（从左到右或从右到左）。

Local：可选，如果该参数的值为 True，则以 Excel（包括控制面板设置）的语言保存文件。如果该参数的值为 False（默认值），则以 VBA 的语言保存文件。

FileFormat 参数可取的常见值如下表所示。

常量名称	值	文件格式	扩展名
xlAddIn 或 xlAddIn8	18	Excel 97-2003 加载项	*.xla
xlCSV	6	CSV	*.csv
xlCSVMac	22	Macintosh CSV	*.csv
xlCSVMSDOS	24	MSDOS CSV	*.csv
xlCSVUTF8	62	UTF8 CSV	*.csv
xlCSVWindows	23	Windows CSV	*.csv
xlCurrentPlatformText	-4158	当前平台文本文件	*.txt
xlDBF2	7	Dbase II 格式	*.dbf
xlDBF3	8	Dbase III 格式	*.dbf
xlDBF4	11	Dbase IV 格式	*.dbf
xlExcel8	56	Excel 97-2003 工作簿	*.xls
xlHtml	44	HTML 网页	*.htm 或 *.html
xlOpenDocumentSpreadsheet	60	OpenDocument 电子表格	*.ods
xlOpenXMLAddIn	55	Open XML 加载项	*.xlam
xlOpenXMLStrictWorkbook	61	Strict Open XML	*.xlsx
xlOpenXMLTemplate	54	Open XML 模板	*.xltx
xlOpenXMLTemplateMac-roEnabled	53	启用宏的 Open XML 模板	*.xltm
xlOpenXMLWorkbook	51	Open XML 工作簿	*.xlsx
xlOpenXMLWorkbookMac-roEnabled	52	启用宏的 Open XML 工作簿	*.xlsm
xlTemplate	17	Excel 97-2003 模板	*.xlt
xlTextMac	19	Macintosh 文本文件	*.txt
xlTextMSDOS	21	MSDOS 文本文件	*.txt
xlTextPrinter	36	打印机文本文件	*.prn
xlTextWindows	20	Windows 文本文件	*.txt
xlUnicodeText	42	Unicode 文本文件	无或 *.txt
xlWebArchive	45	单个文件网页	*.mht 或 *.mhtml
xlWorkbookDefault	51	Excel 工作簿	*.xlsx
xlXMLSpreadsheet	46	XML 电子表格	*.xml

实例：另存销售业绩统计工作簿

下面以另存销售业绩统计工作簿为例，介绍 SaveAs 方法的具体应用。

◎ 原始文件：实例文件\第5章\原始文件\销售业绩统计.xlsx
◎ 最终文件：实例文件\第5章\最终文件\另存销售业绩统计工作簿.xlsm、另存销售业绩统计工作簿.xlsx

步骤01 查看数据。打开原始文件，可看到工作簿中的销售业绩统计数据，如下图所示。

步骤02 编写代码。打开 VBA 编辑器，在当前工作簿中插入模块，并在代码窗口中输入如下图所示的代码。

步骤 02 的代码解析

1	`Sub 另存为工作簿()` `    '声明变量存放工作簿名称与文件路径`
2	`    Dim oldname As String`
3	`    Dim newname As String`
4	`    Dim foldername As String`
5	`    Dim fname As String`
6	`    oldname = ActiveWorkbook.Name` `'将活动工作簿的名称赋给变量oldname`
7	`    newname = "另存销售业绩统计工作簿.xlsx"` `'将工作簿的新名称赋给变量 newname`
8	`    MsgBox "将<" & oldname & ">以<" & newname & ">的名称保存"` `'使用提示框显示将要进行的操作`
9	`    foldername = ActiveWorkbook.Path` `'获取活动工作簿所在的文件夹`
10	`    fname = foldername & "\" & newname` `'拼接出另存工作簿的完整路径`
11	`    ActiveWorkbook.SaveAs Filename:=fname, _` `        FileFormat:=xlWorkbookDefault` `'以".xlsx"格式另存活动工作簿`
12	`End Sub`

步骤03　运行代码。按【F5】键运行代码，此时会弹出提示框，显示将要进行的操作，单击"确定"按钮，如下图所示。

步骤04　确认保存类型。弹出提示框，询问是否确认保存文件为未启用宏的工作簿，单击"是"按钮，如下图所示。

步骤05　查看最终效果。随后在原始文件所在的文件夹下可以看到名为"另存销售业绩统计工作簿.xlsx"的工作簿，将其打开，数据内容与原始文件相同，如右图所示。

5.2.3　使用 SaveCopyAs 方法保存工作簿副本

使用 Workbook 对象的 SaveCopyAs 方法可以为当前工作簿保存一个副本。SaveCopyAs 方法的语法格式如下。

表达式.SaveCopyAs(Filename)

 语法解析

Filename：必选，指定副本的文件名。

 实例：指定名称另存市场反馈数据工作簿

下面利用 SaveCopyAs 方法编写 VBA 代码，将扩展名为".xlsx"的工作簿另存为同一文件夹下扩展名为".bak"的备份文件。

◎ 原始文件：实例文件\第5章\原始文件\市场反馈数据.xlsx
◎ 最终文件：实例文件\第5章\最终文件\市场反馈数据.xlsm、市场反馈数据.bak

步骤01 查看数据。打开原始文件，可看到工作表中的数据，如下图所示。

步骤02 编写代码。打开 VBA 编辑器，在当前工作簿中插入模块，并在代码窗口中输入如下图所示的代码。

	A	B	C	D	E	F	G
1		商品A与商品B的销售分析					
2		商品A	商品B	平均气温			
3	1月	17700	30200	9.2			
4	2月	19300	29300	10.6			
5	3月	20300	19200	13.1			
6	4月	28100	18400	18.3			
7	5月	33000	14000	23.2			
8	6月	34800	9800	25.9			
9	7月	43900	8300	29.3			
10	8月	48200	11400	31.7			
11	9月	44400	14900	27.3			
12	10月	25100	24800	26.5			
13	11月	36500	31500	13.2			
14	12月	22150	7890	10.1			
15							

步骤 02 的代码解析

```
1  Sub 另存为工作簿副本()
2      Dim bkfile As String
3      Dim i As Integer
4      bkfile = ActiveWorkbook.FullName      '获取活动工作簿的完整路径
5      i = InStrRev(bkfile, ".")      '在完整路径中查找文件扩展名的标志"."
       字符所在的位置
6      bkfile = Left(bkfile, i - 1)      '在完整路径中截取"."字符左侧的部分
7      bkfile = bkfile & ".bak"      '拼接上新的扩展名".bak"，得到工作簿副
       本的完整路径
8      Application.StatusBar = "正在另存工作簿副本..."      '在状态栏中显示操
       作信息
9      ActiveWorkbook.SaveCopyAs Filename:=bkfile      '用前面生成的完整路
       径另存工作簿副本
10     Application.StatusBar = False      '将状态栏文本恢复为默认状态
11  End Sub
```

步骤03 查看运行结果。按【F5】键运行代码，打开当前工作簿所在的文件夹，可以看到保存的工作簿副本，它的主名与当前工作簿的主名相同，只是扩展名不同，如右图所示。

> **提示**
>
> 第 8 行和第 10 行代码中的 StatusBar 是 Application 对象的属性，用于获取或者设置状态栏中显示的文本。

提 示

第 5 行代码中使用的 InStrRev() 函数用于查找一个字符串在另一个字符串中首次出现的位置，查找的方向为从右到左。VBA 中还有一个与它功能类似的 InStr() 函数，区别在于查找方向为从左到右。下面分别介绍这两个函数的用法。

InStr() 函数的语法格式如下。

InStr(Start, String1, String2, Compare)

语法解析

Start：可选，指定查找的起始位置。如果省略，则从第一个字符开始查找。如果指定了 Compare 参数的值，则必须指定 Start 参数的值。

String1：必选，指定要在其中进行查找操作的字符串。

String2：必选，指定要在 String1 中查找的字符串。

Compare：可选，指定查找字符串时使用的比较方式。用法同 3.1.1 节中介绍的 Replace() 函数的 Compare 参数。

InStrRev() 函数的语法格式如下。

InStrRev(String1, String2, Start, Compare)

语法解析

String1：必选，指定要在其中进行查找操作的字符串。

String2：必选，指定要在 String1 中查找的字符串。

Start：可选，指定查找的起始位置。如果省略，则从最后一个字符开始查找。

Compare：可选，指定查找字符串时使用的比较方式。用法同 3.1.1 节中介绍的 Replace() 函数的 Compare 参数。

需要注意的是，尽管这两个函数的查找方向不同，但是 Start 参数的位置值和返回的位置值都是在 String1 参数中按从左往右的顺序数出来的。

5.2.4 使用 SendMail 方法共享工作簿

使用 Workbook 对象的 SendMail 方法可以通过系统中安装的电子邮件客户端来发送工作簿。SendMail 方法的语法格式如下。

表达式.SendMail(Recipients, Subject, ReturnReceipt)

语法解析

Recipients：必选，以字符串形式指定收件人的电子邮件地址，如果有多个收件人，则以字符串数组的形式指定。至少要指定一个电子邮件地址。

Subject：可选，指定邮件主题。如果省略，则使用文档名称作为邮件主题。

133

ReturnReceipt：可选，设置是否发送已读回执。如果为 True，则请求收件人在查收电子邮件时发送已读回执；如果为 False（默认值），则不发送已读回执。

 实例：将员工工资条以电子邮件附件寄出

下面利用 SendMail 方法编写 VBA 代码，将员工工资条以电子邮件附件的形式寄出。

◎ 原始文件：实例文件\第5章\原始文件\将员工工资条以电子邮件附件寄出.xlsx
◎ 最终文件：实例文件\第5章\最终文件\将员工工资条以电子邮件附件寄出.xlsm

步骤01 查看数据。打开原始文件，可看到工作表中的工资条信息，如下图所示。

步骤02 编写代码。打开 VBA 编辑器，在当前工作簿中插入模块，并在代码窗口中输入如下图所示的代码。

步骤 02 的代码解析

```
1    Sub 将工资条以电子邮件附件寄出()
2        Dim mlist(1 To 2) As String      '声明一个字符串型数组用于存放多个收件
         人的电子邮件地址
3        mlist(1) = "abc@yeah.net"        '指定第1个收件人的电子邮件地址
4        mlist(2) = "xyz@126.com"         '指定第2个收件人的电子邮件地址
5        ActiveWorkbook.SendMail Recipients:=mlist       '将活动工作簿以电子邮
         件附件的形式发送给上面指定的收件人
6    End Sub
```

步骤03 显示运行结果。按【F5】键运行代码，假设系统中的默认电子邮件客户端是 Outlook，则会弹出如右图所示的提示框，将工作簿以电子邮件附件的形式寄出。

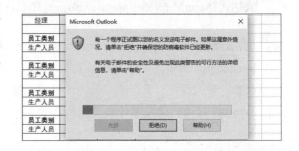

5.3　管理工作表

本节将讲解如何在 VBA 中利用 Worksheet 对象和 Worksheets 集合对象的属性、方法和事件来完成工作表的各种常用操作，如新建、隐藏、复制工作表，以及禁止在工作表中输入相同数据等。

5.3.1　使用 Add 方法新建工作表

使用 Worksheets 集合对象的 Add 方法可以在工作簿中新建工作表。Add 方法的语法格式如下。

表达式.Add(Before, After, Count, Type)

 语法解析

表达式：一个代表 Worksheets 集合对象的表达式。

Before：可选，指定一个工作表对象，新建的工作表将置于此工作表之前。

After：可选，指定一个工作表对象，新建的工作表将置于此工作表之后。

Count：可选，要添加的工作表个数。默认值为 1。

Type：可选，指定工作表类型。

如果 Before 和 After 参数都被省略，则新建的工作表将被放置于活动工作表之前。

实例：批量新建员工月度销售表

下面以批量新建员工月度销售表为例，介绍 Add 方法的具体应用。

◎ 原始文件：实例文件\第5章\原始文件\批量新建员工月度销售表.xlsx
◎ 最终文件：实例文件\第5章\最终文件\批量新建员工月度销售表.xlsm

步骤01 查看数据。打开原始文件，可看到工作表"Sheet1"中的员工销售表模板，如下图所示。现在要基于此模板新建 12 个月度销售表。

步骤02 编写代码。打开 VBA 编辑器，在当前工作簿中插入模块，并在代码窗口中输入如下图所示的代码。

```
Sub 批量新建工作表()
    Dim Smp As Worksheet
    Set Smp = Worksheets("Sheet1")
    Dim Sht As Worksheet
    For i = 1 To 12 Step 1
        Set Sht = Worksheets.Add
        Sht.Name = i & "月"
        Smp.Cells.Copy Sht.Range("A1")
        Sht.Range("A1") = i & "月员工销售表"
    Next i
End Sub
```

步骤 02 的代码解析

```
1    Sub 批量新建工作表()
2        Dim Smp As Worksheet
3        Set Smp = Worksheets("Sheet1")      '将工作表 "Sheet1" 赋给变量Smp
4        Dim Sht As Worksheet
5        For i = 1 To 12 Step 1        '从1循环至12
6            Set Sht = Worksheets.Add      '新建工作表
7            Sht.Name = i & "月"      '重命名新工作表
8            Smp.Cells.Copy Sht.Range("A1")      '将工作表 "Sheet1" 中的内容
                 复制到新工作表
9            Sht.Range("A1") = i & "月员工销售表"      '更改新工作表的表格标题
10       Next i       '执行下一轮循环
11   End Sub
```

步骤 03 显示运行结果。按【F5】键运行代码，可看到新建了 12 个工作表，每个工作表以月份命名，每个工作表的单元格 A1 中的表格标题也是对应的月份，如右图所示。

5.3.2 使用 Visible 属性隐藏工作表

在实际工作中，为防止泄密，常使用 Excel 的隐藏功能隐藏工作表。但是，如果工作表不处于保护状态，其仍然可以被其他用户通过右击工作表标签后出现的快捷菜单取消隐藏。要达到更好的保密效果，可以在 Excel VBA 中使用 Worksheet 对象的 Visible 属性隐藏工作表，这样右击工作表标签后出现的快捷菜单就无法进行取消隐藏工作表的操作。Visible 属性的语法格式如下。

表达式.Visible

Visible 属性可返回或可设置的常量如下表所示。

常量名称	值	说明
xlSheetHidden	0	隐藏工作表，用户可以通过菜单取消隐藏
xlSheetVeryHidden	2	隐藏工作表，用户无法通过菜单取消隐藏，使工作表重新可见的唯一方法是将此属性设置为 True
xlSheetVisible	-1	显示工作表

实例：隐藏销售计划表

下面以隐藏销售计划表为例，介绍 Visible 属性的具体应用。

◎ 原始文件：实例文件\第5章\原始文件\隐藏销售计划表.xlsx
◎ 最终文件：实例文件\第5章\最终文件\隐藏销售计划表.xlsm

步骤 01 查看数据。打开原始文件，可看到工作簿中有多个工作表，如下图所示，现在要隐藏其中的"销售计划表"。

步骤 02 编写代码。打开 VBA 编辑器，在当前工作簿中插入模块，并在代码窗口中输入如下图所示的代码。

	A	B	C	D	E	F
1			产品基本信息			
2	产品种类	平台	品牌	产品型号	单价	
3	主板	AMD	映泰	TForce4	¥570	
4	主板	AMD	磐正	AF59	¥490	
5	主板	AMD	映泰	K8M800	¥620	
6	主板	AMD	映泰	Tforce	¥680	
7	主板	AMD	微星	K8T Neo	¥750	
8	主板	AMD	技嘉	GA-MA770-DS3	¥550	
9	主板	AMD	华硕	M3A78	¥590	
10	主板	AMD	华硕	M3N78 SE	¥460	
11	主板	AMD	昂达	A79GS/128M	¥560	
12	主板	AMD	映泰	TA790GXB A2+	¥580	
13	主板	AMD	华硕	M4N78 SE	¥499	
14	主板	AMD	微星	KA790GX-M	¥790	
15						

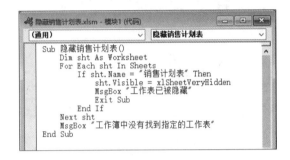

步骤 02 的代码解析

```
1   Sub 隐藏销售计划表()
2       Dim sht As Worksheet
3       For Each sht In Sheets        '在所有工作表中循环操作
4           If sht.Name = "销售计划表" Then      '如果工作表名为"销售计划表"
5               sht.Visible = xlSheetVeryHidden        '则隐藏工作表
6               MsgBox "工作表已被隐藏"        '并使用提示框显示操作结果
7               Exit Sub        '因为已完成所需操作，所以强制结束子过程
8           End If
9       Next sht
10      MsgBox "工作簿中没有找到指定的工作表"        '未找到指定工作表时弹出提示
11  End Sub
```

提 示

　　第 3 行代码中的 Sheets 集合对象是工作簿中所有类型的工作表对象的集合，包括 Worksheet 对象和 Chart 对象。其中 Worksheet 对象代表我们常用的标准工作表，Chart 对象则代表图表工作表。注意我们常说的图表与图表工作表是有区别的：前者实际上是嵌入式图表，它绘制在标准工作表中，可以与其他类型的数据内容共存；后者则是以独立的工作表形式存在的图表。

步骤 03 运行代码。按【F5】键运行代码，会弹出提示框，提示用户工作表已被隐藏，单击"确定"按钮，如下图所示。

步骤 04 查看运行结果。随后可看到工作表"销售计划表"被隐藏。右击工作表标签，在弹出的快捷菜单中可看到"取消隐藏"命令为不可用的灰色状态，如下图所示。

5.3.3 使用 Copy 方法复制工作表

使用 Worksheet 对象的 Copy 方法可以复制工作表。Copy 方法的语法格式如下。

表达式.Copy(Before, After)

 语法解析

Before：可选，指定一个工作表对象，复制的工作表将置于此工作表之前。

After：可选，指定一个工作表对象，复制的工作表将置于此工作表之后。

不可同时指定 Before 和 After 参数。如果 Before 和 After 参数都被省略，则会新建一个工作簿来放置复制的工作表。

 实例：批量制作员工工作证

下面以批量制作员工工作证为例，介绍 Copy 方法的具体应用。

◎ 原始文件：实例文件\第5章\原始文件\批量制作员工工作证.xlsx、员工照片（文件夹）
◎ 最终文件：实例文件\第5章\最终文件\批量制作员工工作证.xlsm

步骤 01 查看数据。打开原始文件中的工作簿，可看到"值班证件列表"和"工作证模板"两个工作表，如右图所示。现在要根据"值班证件列表"中的员工信息，套用"工作证模板"中的模板，为每个员工制作工作证。

	A	B	C	D	E
1	员工编号	姓名	部门	工作证编号	
2	010001	刘场	销售部	062619851	
3	010002	陈婷婷	秘书处	025016322	
4	010003	邓怡明	人事部	033214582	
5	010004	黄艳	生产部	059515271	
6					
7					
8					
9					
10					

值班证件列表　工作证模板

步骤 02　编写制作工作证的代码。打开 VBA
编辑器，在当前工作簿中插入模块，并在代码
窗口中输入如右图所示的代码，以复制工作表
的方式制作工作证，并写入对应的员工信息。

步骤 02 的代码解析

```
1   Sub 批量制作员工工作证()
2       Dim list As Worksheet, rc As Integer
3       Set list = Worksheets("值班证件列表")
4       rc = list.UsedRange.Rows.Count        '获取工作表"值班证件列表"中已使
        用区域的行数
5       For i = 2 To rc        '从第2行循环至最后一行
6           Worksheets("工作证模板").Copy Before:=Worksheets(1)        '使用
            Copy方法复制工作表"工作证模板"，放置在第1个工作表之前
7           With Worksheets(1)        '此时第1个工作表变为复制的工作表，在其中进
            行操作
8               .Name = list.Cells(i, 2).Value        '用员工姓名重命名工作表
9               .Range("B2").Value = list.Cells(i, 3).Value        '填写部门
10              .Range("B3").Value = list.Cells(i, 2).Value        '填写姓名
11              .Range("B4").Value = list.Cells(i, 4).Value        '填写工作
            证编号
12              .Range("B2:B4").HorizontalAlignment = xlLeft        '设置员工
            信息的文本在水平方向左对齐
13          End With
14      Next i
```

💡 提 示

　　第 12 行代码中的 HorizontalAlignment 是 Range 对象的一个属性，用于返回或设置
单元格中文本的水平对齐方式。HorizontalAlignment 属性的语法格式如下。

表达式.HorizontalAlignment

该属性可取的值如下表所示。

常量名称	含义	常量名称	含义
xlGeneral	按数据类型对齐	xlLeft	左对齐

续表

常量名称	含义	常量名称	含义
xlCenter	居中对齐	xlJustify	两端对齐
xlRight	右对齐	xlCenterAcrossSelection	跨列居中
xlFill	填充	xlDistributed	分散对齐

如果要控制单元格中文本的垂直对齐方式，可使用 Range 对象的 VerticalAlignment 属性。限于篇幅，这里不做展开，感兴趣的读者可参考 Excel VBA 的官方帮助文档。

步骤 03 编写选择照片文件夹的代码。在该代码窗口中继续输入如右图所示的代码，用于弹出一个对话框让用户选择保存员工照片的文件夹。

步骤 03 的代码解析

```
15   Dim fs As FileDialog
16   Dim result As Integer, pfolder As String
17   Set fs = Application.FileDialog(msoFileDialogFolderPicker)    '定
     义一个用于选择文件夹的对话框
18   fs.AllowMultiSelect = False    '在对话框中禁用多选功能
19   result = fs.Show    '显示对话框，并返回用户的选择结果
20   If result <> 0 Then    '如果用户没有单击"取消"按钮
21       pfolder = fs.SelectedItems(1)    '则提取用户选择的文件夹路径
22   Else    '如果用户单击了"取消"按钮
23       MsgBox "未选择照片文件夹，制作流程中止！"    '则弹出提示框显示提
         示信息
24       Exit Sub    '并强制结束子过程
25   End If
```

提示

第 17 行代码中的 FileDialog 是 Application 对象的一个属性，用于创建一个文件对话框，供用户进行打开文件、保存文件、选择文件或文件夹等操作。该属性的详细用法将在 **10.2.2** 节讲解。

步骤04 编写代码插入员工照片。在该代码窗口中继续输入如右图所示的代码，将上一步骤中获取的文件夹路径下的照片分别插入对应员工的工作表中，照片需按员工姓名命名，文件格式为"*.jpg"。

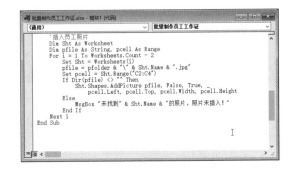

步骤 04 的代码解析

26	`Dim Sht As Worksheet`
27	`Dim pfile As String, pcell As Range`
28	`For i = 1 To Worksheets.Count - 2`　'从第1个工作表循环至倒数第3个工作表
29	`    Set Sht = Worksheets(i)`
30	`    pfile = pfolder & "\" & Sht.Name & ".jpg"`　'使用员工照片文件夹路径及工作表的名称（即员工姓名）拼接出员工照片的完整路径
31	`    Set pcell = Sht.Range("C2:C4")`
32	`    If Dir(pfile) <> "" Then`　'用Dir()函数检查员工照片是否存在，如果存在与工作表同名的员工照片
33	`        Sht.Shapes.AddPicture pfile, False, True, _` `            pcell.Left, pcell.Top, pcell.Width, pcell.Height`　'则在工作表中插入员工照片，与单元格区域C2:C4的左上角对齐，并按单元格区域的尺寸设置照片尺寸
34	`    Else`　'如果不存在与工作表同名的员工照片
35	`        MsgBox "未找到" & Sht.Name & "的照片，照片未插入！"`　'则弹出提示框显示提示信息
36	`    End If`
37	`Next i`
38	`End Sub`

提示

第 30 行代码中，员工照片文件的扩展名根据本实例的情况指定为".jpg"，读者可根据实际需求更改。所有员工照片文件的扩展名应保持一致。

第 32 行代码中的 Dir() 函数用于检查指定的文件或文件夹是否存在。该函数的详细用法将在 10.1.1 节讲解。

提 示

第 33 行代码中的 Shapes 是一个集合对象，它代表一个工作表中的所有 Shape 对象，Shape 对象则代表工作表中的一张图片或一个形状。使用 Shapes 集合对象的 AddPicture 方法可以在工作表中插入图片，该方法的语法格式如下。

表达式.AddPicture(FileName, LinkToFile, SaveWithDocument, Left, Top, Width, Height)

语法解析

表达式：一个代表 Shapes 集合对象的表达式。

FileName：必选，要插入的图片文件。

LinkToFile：必选，指定是否要在插入的图片与原始图片文件之间建立链接关系。如果为 True，则建立链接关系；如果为 False，则不建立链接关系。

SaveWithDocument：必选，指定是否将图片嵌入工作簿中一起保存。如果为 True，则一起保存；如果为 False，则工作簿中只保存图片的链接信息。如果 LinkToFile 参数的值为 False，则 SaveWithDocument 参数的值必须为 True。

Left：必选，指定图片的左边缘相对于工作表左边缘的距离（单位：磅）。

Top：必选，指定图片的上边缘相对于工作表上边缘的距离（单位：磅）。

Width：必选，指定图片的宽度（单位：磅）。如果要维持图片的原始宽度，则赋值为 -1。

Height：必选，指定图片的高度（单位：磅）。如果要维持图片的原始高度，则赋值为 -1。

需要注意的是，有些 VBA 的书籍或参考资料中会使用 Pictures 集合对象的 Insert 方法来插入图片。使用这种方法插入的图片是链接模式而不是嵌入模式，如果对应的图片文件被移动、重命名或删除，工作表中的图片将无法显示。

步骤 05 运行代码。按【F5】键运行代码，将会弹出"浏览"对话框，❶在对话框中找到并选中原始文件中的"员工照片"文件夹，❷然后单击"确定"按钮，如下图所示。

步骤 06 查看运行效果。代码运行完毕后，可看到工作簿中根据工作表"值班证件列表"中的员工信息新建了多个与工作证模板格式相同的工作表，且各个工作表中自动填写了员工信息，并插入了员工照片，如下图所示。

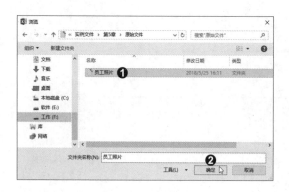

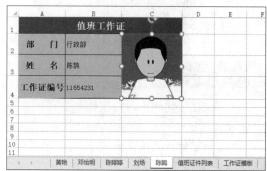

5.3.4　使用 Change 事件禁止输入相同数据

Worksheet 对象的 Change 事件在单元格发生改变时被触发，如在单元格中输入值、删除或插入了单元格等。Change 事件的语法格式如下。

表达式.Change(Target)

 语法解析

Target：必选，发生改变的单元格，可以为多个单元格。

 实例：在员工训练测验表中禁止输入相同姓名

下面结合使用 Change 事件与 If 语句，实现在员工训练测验表中禁止输入相同姓名的功能。

◎ 原始文件：实例文件\第5章\原始文件\员工训练测验表.xlsx
◎ 最终文件：实例文件\第5章\最终文件\员工训练测验表.xlsm

步骤01 查看数据。打开原始文件，可看到空白的员工训练测验表，如下图所示。现在要实现禁止在 B 列输入重复的员工姓名。

	A	B	C	D
1	员工训练测验表			
2	编号	姓名	分数	签到
3	1			
4	2			
5	3			
6	4			
7	5			
8	6			
9	7			
10	8			
11	9			
12	10			
13	11			
14	12			

步骤02 选择对象。打开 VBA 编辑器，在工程资源管理器中双击 "Sheet1（Sheet1）" 选项，如下图所示。

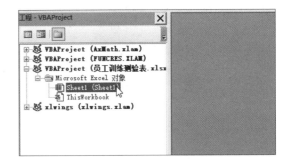

步骤03 选择事件。在打开的代码窗口中，在顶部右侧的下拉列表框中选择 "Change" 事件，在代码编辑区会自动生成事件的响应程序的初始代码如下图所示。

步骤04 编写代码。在代码编辑区删除自动生成的 SelectionChange 事件的响应程序代码，然后在 Change 事件响应程序代码的 Sub 语句下方添加如下图所示的代码。

```
Private Sub Worksheet_Change(ByVal Target As Range)
    Dim cn As Integer, rc As Integer, dp As Integer
    Dim names As Range
    cn = Target.Column
    If cn = 2 Then
        rc = ActiveSheet.UsedRange.Rows.Count
        Set names = ActiveSheet.Range(Range("B3"), Range("B" & rc))
        For Each c In names
            If c.Value <> "" Then
                dp = Application.WorksheetFunction.CountIf(names, c)
                If dp > 1 Then
                    MsgBox "存在重复的姓名,请重新输入!"
                    Target.Select
                    Exit For
                End If
            End If
        Next c
    End If
End Sub
```

步骤 04 的代码解析

```
1   Private Sub Worksheet_Change(ByVal Target As Range)
2       Dim cn As Integer, rc As Integer, dp As Integer
3       Dim names As Range
4       cn = Target.Column      '获取发生改变的单元格所在的列号
5       If cn = 2 Then          '如果发生改变的单元格是第2列（即B列）
6           rc = ActiveSheet.UsedRange.Rows.Count      '获取已使用区域的行数
7           Set names = ActiveSheet.Range(Range("B3"), _
                Range("B" & rc))      '选取B列的已使用单元格
8           For Each c In names      '遍历B列的已使用单元格
9               If c.Value <> "" Then
10                  dp = Application.WorksheetFunction. _
                        CountIf(names, c)    '调用工作表函数CountIf统计当前
                                             单元格的值在已使用单元格中的个数
11                  If dp > 1 Then    '如果值的个数大于1，说明存在重复值
12                      MsgBox "存在重复的姓名，请重新输入！"      '弹出提示框
13                      Target.Select      '选中发生改变的单元格
14                      Exit For    '因为已发现重复值，所以强制退出循环
15                  End If
16              End If
17          Next c
18      End If
19  End Sub
```

 提 示

第 10 行代码中的工作表函数 CountIf() 用于统计某个单元格区域中符合指定条件的单元格的个数，其语法格式如下。

CountIf(Range, Criteria)

语法解析

Range：必选，代表要操作的单元格区域。

Criteria：必选，用于指定条件。

例如，"=COUNTIF(A2:A5, "优")" 表示统计单元格区域 A2:A5 中值为"优"的单元格个数，"=COUNTIF(A2:A5, A4)" 表示统计单元格区域 A2:A5 中值与单元格 A4 的值相同的单元格个数，"=COUNTIF(A2:A5, ">60")" 表示统计单元格区域 A2:A5 中值大于 60 的单元格个数。

步骤 05　查看运行结果。返回工作表，❶在 B 列输入姓名，❷当输入已存在的姓名时，会弹出提示框，提示"存在重复的姓名，请重新输入！"，❸单击"确定"按钮，如右图所示。然后重新输入姓名即可。

实战演练　快速合并员工业绩表

下面以快速合并多个月份的员工业绩表为例，对本章所学知识进行回顾。

◎　原始文件：实例文件\第5章\原始文件\快速合并员工业绩表.xlsx
◎　最终文件：实例文件\第5章\最终文件\快速合并员工业绩表.xlsm

步骤 01　查看数据。打开原始文件，可看到 6 个月的销售业绩按月份分别存放在 6 个工作表中，如下图所示。现在要将它们合并在一起。

步骤 02　编写代码。打开 VBA 编辑器，在当前工作簿中插入模块，并在代码窗口中输入主控子过程的第一部分代码，如下图所示。

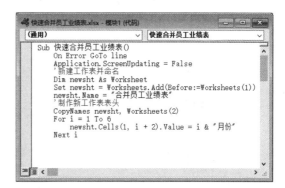

步骤 02 的代码解析

```
1   Sub 快速合并员工业绩表()
2       On Error GoTo line        '当代码出错时转到标签为line的行
3       Application.ScreenUpdating = False        '关闭Excel的屏幕更新
4       Dim newsht As Worksheet
5       Set newsht = Worksheets.Add(Before:=Worksheets(1))        '新建一个工
        作表，放在第1个工作表之前
6       newsht.Name = "合并员工业绩表"        '重命名新工作表
7       CopyNames newsht, Worksheets(2)        '调用自定义子过程CopyNames，将第
        2个工作表中的"姓名"和"员工编号"列复制到新工作表中
        '在新工作表的单元格区域C1:H1中依次输入6个月份的文本
```

145

```
8       For i = 1 To 6
9           newsht.Cells(1, i + 2).Value = i & "月份"
10      Next i
```

提 示

第 3 行代码中的 ScreenUpdating 是 Application 对象的一个属性。该属性的默认值为 True，使得 Excel 在调用每个方法后都会更新屏幕来显示执行结果，如果需要看到程序的执行过程，可以使用该默认值；但是更新屏幕会影响程序的执行效率，所以这里将该属性的值设置为 False 来关闭屏幕更新，这样可加快程序的执行速度。

步骤 03 继续编写代码。继续在该代码窗口中输入主控子过程的第二部分代码，如右图所示，完成主控子过程的编写。

步骤 03 的代码解析
11	`Dim colNum As Integer`
12	`colNum = 3`
13	`For i = 2 To Worksheets.Count`　　'在除新工作表之外的其他工作表中循环操作
14	`    CopyData newsht, Worksheets(i), colNum`　　'调用自定义子过程 CopyData，将各月份工作表中的销售额数据复制到新工作表
15	`    colNum = colNum + 1`　　'移往下一列
16	`Next i`
17	`newsht.Range("A1").CurrentRegion.Columns.AutoFit`　　'自动调整新工作表中各列的列宽
18	`Application.ScreenUpdating = True`　　'恢复Excel的屏幕更新
19	`Exit Sub`
20	`line:`　　'错误处理代码段
21	`Application.DisplayAlerts = False`　　'不显示警告信息
22	`newsht.Delete`　　'删除新工作表
23	`Application.DisplayAlerts = True`　　'恢复显示警告信息

| 24 | MsgBox "已有名为"合并员工业绩表"的工作表存在！"　　'用提示框显示错误原因 |
| 25 | End Sub |

提示

第 21 行和第 23 行代码中的 DisplayAlerts 是 Application 对象的一个属性。如果将该属性设置为 True，则在 VBA 代码运行时显示特定的警告和提示消息；如果设置为 False，则不显示。

步骤04 继续编写代码。继续在该代码窗口中输入在主控子过程中调用的自定义子过程 CopyNames 和 CopyData 的代码，如下图所示。

步骤05 查看运行结果。按【F5】键运行代码，可看到工作簿中新建了一个名为"合并员工业绩表"的工作表，其中汇总了 1 ～ 6 月的员工销售业绩数据，如下图所示。

步骤 04 的代码解析

26	Sub CopyNames(aim As Worksheet, source As Worksheet)　　'aim参数和source参数分别代表复制操作的目标工作表和来源工作表
27	Dim rownum As Integer
28	rownum = source.Range("A1").CurrentRegion.Rows.Count　　'获取来源工作表中数据的行数
29	Dim area As Range
30	With source
31	Set area = .Range(.Cells(3, 1), .Cells(rownum, 2))　　'选取来源工作表中的"姓名"和"员工编号"列
32	End With
33	area.Copy aim.Range("A1")　　'将选取的列内容复制到目标工作表
34	End Sub

```
35   Sub CopyData(aim As Worksheet, source As Worksheet, colNum As _
     Integer)      'aim参数和source参数分别代表复制操作的目标工作表和来源工作
     表，colNum参数代表目标工作表中放置不同月份销售额数据的列号
36       Dim rownum As Integer
37       rownum = source.Range("A1").CurrentRegion.Rows.Count     '获取来源
         工作表中数据的行数
38       Dim area As Range
39       With source
40           Set area = .Range(.Cells(4, 3), .Cells(rownum, 3))      '选取来
             源工作表中的销售额数据
41       End With
42       area.Copy aim.Cells(2, colNum)      '将选取的数据复制到目标工作表中对
         应月份的列上
43   End Sub
```

第 6 章　使用 VBA 处理日期和货币数据

Excel 在财务和数据处理工作中的应用非常广泛，而在这些工作中会经常需要处理日期和货币数据。本章就来讲解如何使用 VBA 中的日期函数和数学函数处理工作中遇到的日期和货币数据。

6.1　日期和时间函数

Excel VBA 中的日期和时间函数有很多。本节先介绍一些基本的日期和时间函数，主要用于完成调取系统当前日期和时间、分解日期和时间信息等工作。

1. Now()、Date()、Time() 函数

Now() 函数用于返回当前的系统日期和时间，包括年、月、日、时、分、秒的完整信息，相当于工作表函数 Today()。该函数为无参数函数，如果强行添加参数值，会产生错误。

如果只想获取当前日期，可以使用 Date() 函数，获取的日期只包含年、月、日信息。类似地，使用 Time() 函数可以获取当前时间。这两个函数同样为无参数函数。

例如，要在单元格中输入系统当前的日期和时间，代码如下。

```
1    Sub 获取当前日期和时间()
2        Range("A1").Value = Now
3        Range("A2").Value = Date
4        Range("A3").Value = Time
5    End Sub
```

运行代码后，在工作表的单元格 A1、A2、A3 中会分别输入 "2020/3/20 9:24" "2020/3/20" "9:24:21 AM"（日期和时间不断在变化，读者看到的实际运行效果会有所不同）。

2. Year()、Month()、Day() 函数

Year()、Month() 和 Day() 函数分别用于将一个日期数据中的年、月、日信息提取出来。其中，Year() 函数用于提取日期的年份，返回值是一个整数；Month() 函数用于提取日期的月份，返回值是 1 ～ 12 之间的整数；Day() 用于提取日期的某一天，返回值是 1 ～ 31 之间的整数。

Year()、Month() 和 Day() 函数的语法格式分别如下。

Year(Date)

Month(Date)

Day(Date)

 语法解析

Date：必选，代表要提取年、月、日信息的日期数据。

例如，要提取日期"2020/3/20"的年、月、日信息并写入单元格，代码如下。

```
1   Sub 提取日期的年、月、日()
2       Range("B1").Value = Year("2020/3/20")
3       Range("B2").Value = Month("2020/3/20")
4       Range("B3").Value = Day("2020/3/20")
5   End Sub
```

运行代码后，在工作表的单元格 B1、B2、B3 中会分别输入"2020""3""20"。上面代码中的日期"2020/3/20"也可以写为"2020 年 3 月 20 日"或"2020-3-20"这样的格式。

3．Hour()、Minute()、Second() 函数

Hour()、Minute()、Second() 函数分别用于提取时间数据的时、分、秒信息。这三个函数的语法格式如下。

Hour(Time)

Minute(Time)

Second(Time)

 语法解析

Time：必选，代表要提取时、分、秒信息的时间数据。

例如，要提取时间"12:30:20"的时、分、秒信息并写入单元格，代码如下。

```
1   Sub 提取时间的时、分、秒()
2       Range("C1").Value = Hour("12:30:20")
3       Range("C2").Value = Minute("12:30:20")
4       Range("C3").Value = Second("12:30:20")
5   End Sub
```

运行代码后，在工作表的单元格 C1、C2、C3 中会分别输入"12""30""20"。

4. Weekday()、WeekdayName() 函数

Weekday() 函数返回一个整数，代表某个日期是一个星期中的第几天。该函数的语法格式如下。

Weekday(Date, Firstdayofweek)

 语法解析

Date：必选，代表要处理的日期数据。

Firstdayofweek：可选，指定一周的第一天是星期几，可取的值如下表所示。其中"使用 NIS API 设置"表示根据当前操作系统的区域和语言设置决定一周的第一天是星期几。

常量名称	值	说明	常量名称	值	说明
vbUseSystem	0	使用 NIS API 设置	vbWednesday	4	星期三
vbSunday	1	星期日（默认值）	vbThursday	5	星期四
vbMonday	2	星期一	vbFriday	6	星期五
vbTuesday	3	星期二	vbSaturday	7	星期六

以 2020/3/1 至 2020/3/7 的日期为例，为 Firstdayofweek 参数指定 1 ~ 7 的不同值时，Weekday() 函数的返回值如下表所示。

日期	对应星期	Firstdayofweek 参数值						
		1	2	3	4	5	6	7
2020/3/1	星期日	1	7	6	5	4	3	2
2020/3/2	星期一	2	1	7	6	5	4	3
2020/3/3	星期二	3	2	1	7	6	5	4
2020/3/4	星期三	4	3	2	1	7	6	5
2020/3/5	星期四	5	4	3	2	1	7	6
2020/3/6	星期五	6	5	4	3	2	1	7
2020/3/7	星期六	7	6	5	4	3	2	1

WeekdayName() 函数用于将一个整数转换为对应的星期名称，如 1 转换为"星期一"、3 转换为"星期三"等。该函数的语法格式如下。

WeekdayName(Weekday, Abbreviate, Firstdayofweek)

 语法解析

Weekday：必选，表示一周中的某天，取值范围为 1 ~ 7 的整数。

Abbreviate：可选，表示是否返回星期的简称。为 False 或省略时返回全称，为 True 时返回简称。

Firstdayofweek：可选，与 Weekday() 函数的 Firstdayofweek 参数含义相同。

例如，要在单元格中输入日期"2020/3/20"的星期名称，代码如下。

```
1   Sub 获取日期的星期数()
2       Range("D1").Value = Weekday("2020/3/20", 2)
3       Range("D2").Value = WeekdayName(Weekday("2020/3/20", 2), True, 2)
4       Range("D3").Value = WeekdayName(Weekday("2020/3/20", 2), False, 2)
5   End Sub
```

日期"2020/3/20"是星期五，因此，运行代码后，在工作表的单元格D1、D2、D3中会分别输入数据"5""周五""星期五"。需要注意的是，在第2～4行代码中，为两个函数的Firstdayofweek参数指定了相同的值，这样才能得到正确的结果。

实例：分解考勤记录打卡时间

下面以分解考勤记录中的打卡时间为例，介绍 VBA 中日期和时间函数的具体应用。

◎ 原始文件：实例文件\第6章\原始文件\考勤记录.xlsx
◎ 最终文件：实例文件\第6章\最终文件\分解考勤记录打卡时间.xlsm

步骤01 查看数据。打开原始文件，可看到工作表中记录的考勤数据，如下图所示。

步骤02 编写代码。打开 VBA 编辑器，在当前工作簿中插入模块，并在代码窗口中输入如下图所示的代码。

	A	B	C	D	E	F
1	员工编号	打卡记录		时	分	秒
2	923564	8:43:22				
3	923565	8:45:33				
4	923566	8:43:11				
5	923567	8:37:25				
6	923568	8:30:25				
7	923569	8:45:58				
8	923570	8:57:56				
9	923571	8:59:11				
10	923572	9:05:14				
11	923573	8:43:22				
12	923574	8:45:22				
13	923575	8:44:33				
14	923576	8:37:22				
15	923577	8:43:22				

```
考勤记录.xlsx - 模块1 (代码)
(通用)                          分解时间
Sub 分解时间()
    Dim Sht As Worksheet
    Set Sht = Worksheets("Sheet1")
    Dim I As Integer
    I = 2
    Do
        '使用函数提取打卡记录时间的时、分、秒
        Sht.Cells(I, 4).Value = Hour(Sht.Cells(I, 2))
        Sht.Cells(I, 5).Value = Minute(Sht.Cells(I, 2))
        Sht.Cells(I, 6).Value = Second(Sht.Cells(I, 2))
        I = I + 1
    Loop Until Sht.Cells(I, 1).Value = ""
End Sub
```

步骤02 的代码解析

```
1   Sub 分解时间()
2       Dim Sht As Worksheet
3       Set Sht = Worksheets("Sheet1")
4       Dim I As Integer
5       I = 2
6       Do
```

```
7              Sht.Cells(I, 4).Value = Hour(Sht.Cells(I, 2))      '获取时
8              Sht.Cells(I, 5).Value = Minute(Sht.Cells(I, 2))       '获取分
9              Sht.Cells(I, 6).Value = Second(Sht.Cells(I, 2))       '获取秒
10             I = I + 1
11         Loop Until Sht.Cells(I, 1).Value = ""        '遇到空单元格时结束循环
12     End Sub
```

步骤03　查看运行结果。按【F5】键运行代码，可以看到工作表中的"时""分""秒"列中分别填入了打卡记录对应的时、分、秒信息，如右图所示。

	A	B	C	D	E	F
1	员工编号	打卡记录		时	分	秒
2	923564	8:43:22		8	43	22
3	923565	8:45:33		8	45	33
4	923566	8:43:11		8	43	11
5	923567	8:37:25		8	37	25
6	923568	8:30:25		8	30	25
7	923569	8:45:58		8	45	58
8	923570	8:57:56		8	57	56
9	923571	8:59:11		8	59	11
10	923572	9:05:14		9	5	14
11	923573	8:43:22		8	43	22
12	923574	8:45:22		8	45	22
13	923575	8:44:33		8	44	33
14	923576	8:37:22		8	37	22
15	923577	8:43:22		8	43	22

6.2　日期数据的处理

在实际工作中，经常需要处理日期型数据，如转换日期格式、计算工作进度日期等，此时就可以使用 VBA 中处理日期型数据的日期和时间函数，如 FormatDateTime() 函数、DateAdd() 函数、DateDiff() 函数、DatePart() 函数。本节将分别介绍这些函数的功能以及在实际工作中的应用。

6.2.1　使用 FormatDateTime() 函数转换日期和时间格式

在 Excel 中，可以通过单元格格式设置日期和时间数据的显示格式。在 Excel VBA 中，也可以通过 FormatDateTime() 函数设置日期和时间数据的显示格式。该函数的语法格式如下。

FormatDateTime(Date, NamedFormat)

 语法解析

Date：必选，指定要转换格式的日期。

NamedFormat：可选，指定显示格式。可取的值如下表所示。

常量名称	值	说明
VbGeneralDate	0	默认值，以短日期格式显示日期，以长时间格式显示时间，如 2020/3/19 20:25:05
vbLongDate	1	用计算机区域设置中指定的长日期格式显示日期，如 2020 年 3 月 19 日

续表

常量名称	值	说明
vbShortDate	2	用计算机区域设置中指定的短日期格式显示日期，如 2020/3/19
vbLongTime	3	用计算机区域设置中指定的长时间格式显示时间，如 20:25:05
vbShortTime	4	用短时间格式（hh:mm）显示时间，如 20:25

 实例：转换购物券发票日期的格式

下面以转换购物券发票日期的格式为例，介绍 FormatDateTime() 函数的具体应用。

◎ 原始文件：实例文件\第6章\原始文件\购物券有效期记录.xlsx
◎ 最终文件：实例文件\第6章\最终文件\转换购物券发票日期的格式.xlsm

步骤01 查看数据。打开原始文件，可看到工作表中 B 列的发票日期以短日期格式显示，如下图所示。现在要改为长日期格式显示。

步骤02 编写代码。打开 VBA 编辑器，在当前工作簿中插入模块，并在代码窗口中输入如下图所示的代码。

步骤 02 的代码解析

```
1   Sub 日期格式转换()
2       Dim Sht As Worksheet
3       Set Sht = Worksheets("Sheet1")
4       Dim I As Integer
5       I = 2
6       Do
7           Sht.Cells(I, 2).Value = _
                FormatDateTime(Sht.Cells(I, 2).Value, vbLongDate)    '将
                发票日期转换为长日期格式
8           I = I + 1
9       Loop Until Sht.Cells(I, 2).Value = ""    '遇到空单元格时结束循环
10  End Sub
```

步骤 03　显示运行结果。按【F5】键运行代码，可看到 B 列中的日期数据变为以长日期格式显示，如右图所示。

	A	B	C	D	E
1	购物券编号	发票日期	有效期（月）	到期日期	剩余天数
2	93265414547	2019年10月2日	6		
3	93265414548	2019年10月3日	9		
4	93265414565	2019年10月25日	3		
5	93265754550	2019年10月26日	6		
6	93265414551	2019年10月27日	9		
7	93265414552	2019年11月28日	6		
8	93265463511	2019年12月2日	3		
9	93265414554	2019年12月21日	6		
10	93265635241	2019年12月25日	3		
11	93265414556	2019年12月26日	6		
12	93269685847	2019年12月27日	12		
13	93265414558	2019年12月28日	18		
14					

6.2.2　使用 DateAdd() 函数计算项目的进度日期

使用 Excel VBA 中的 DateAdd() 函数可以以一个日期为基点，增减指定的时间间隔，得到未来或过去的日期。该函数的语法格式如下。

DateAdd(Interval, Number, Date)

 语法解析

Interval：必选，表示要增减的时间间隔类型。可取的值为特定的字符串，如下表所示。

值	说明	值	说明	值	说明
yyyy	年	d	天	n	分钟
q	季度	w	一周的第几天	s	秒
m	月	ww	周	—	—
y	一年的第几天	h	小时	—	—

Number：必选，表示要增减的时间间隔数量。为正数时得到未来的日期，为负数时得到过去的日期。

Date：必选，表示作为时间基点的日期。

 实例：计算工作项目预计完成日期

下面以计算工作项目的预计完成日期为例，介绍 DateAdd() 函数的具体应用。

◎　原始文件：实例文件\第6章\原始文件\工作计划表.xlsx
◎　最终文件：实例文件\第6章\最终文件\计算工作项目预计完成日期.xlsm

步骤 01　查看数据。打开原始文件，可看到工作表中的工作计划数据，如右图所示。现在要根据每个项目的开始日期和预计耗时，计算预计完成日期。

	A	B	C	D	E	F	G	H
1			工作计划表					
2	序号	项目名称	开始日期	预计耗时				预计完成日期
3				年	季	月	日	
4	1	项目1	2017/11/22	1				
5	2	项目2	2017/11/28		2			
6	3	项目3	2017/12/5	2				
7	4	项目4	2017/12/25			1		
8	5	项目5	2018/1/25				25	
9	6	项目6	2018/1/28	4				
10	7	项目7	2018/2/4		3			
11	8	项目8	2018/2/6			2		
12	9	项目9	2018/2/15				20	
13	10	项目10	2018/2/18			5		
14								

步骤 02 编写代码。打开 VBA 编辑器，在当前工作簿中插入模块，并在代码窗口中输入如右图所示的代码。

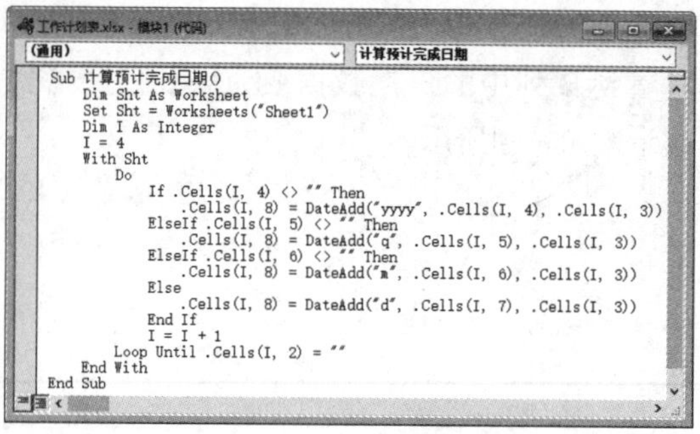

	步骤 02 的代码解析
1	Sub 计算预计完成日期()
2	Dim Sht As Worksheet
3	Set Sht = Worksheets("Sheet1")
4	Dim I As Integer
5	I = 4
6	With Sht
7	Do
8	If .Cells(I, 4) <> "" Then '如果预计耗时中年的值不为空
9	.Cells(I, 8) = DateAdd("yyyy", .Cells(I, 4), _ .Cells(I, 3)) '以开始日期为基点增加年数，得到预计完成日期
10	ElseIf .Cells(I, 5) <> "" Then '如果预计耗时中季的值不为空
11	.Cells(I, 8) = DateAdd("q", .Cells(I, 5), _ .Cells(I, 3)) '以开始日期为基点增加季度数，得到预计完成日期
12	ElseIf .Cells(I, 6) <> "" Then '如果预计耗时中月的值不为空
13	.Cells(I, 8) = DateAdd("m", .Cells(I, 6), _ .Cells(I, 3)) '以开始日期为基点增加月数，得到预计完成日期
14	Else '如果预计耗时中日的值不为空
15	.Cells(I, 8) = DateAdd("d", .Cells(I, 7), _ .Cells(I, 3)) '以开始日期为基点增加天数，得到预计完成日期
16	End If
17	I = I + 1
18	Loop Until .Cells(I, 2) = ""
19	End With
20	End Sub

提 示

本实例的代码中，不管是获取单元格的值还是在单元格中写入值，都没有调用 Range 对象的 Value 属性。这是因为 Value 属性是 Range 对象的默认属性，可以省略。

步骤03 显示运行结果。按【F5】键运行代码，可看到在 H 列中计算出了各项目的预计完成日期，如右图所示。

序号	项目名称	开始日期	预计耗时				预计完成日期
			年	季	月	日	
1	项目1	2017/11/22	1				2018/11/22
2	项目2	2017/11/28		2			2018/5/28
3	项目3	2017/12/5	2				2019/12/5
4	项目4	2017/12/25			1		2018/1/25
5	项目5	2018/1/25				25	2018/2/19
6	项目6	2018/1/28	4				2022/1/28
7	项目7	2018/2/4		3			2018/11/4
8	项目8	2018/2/6			2		2018/4/6
9	项目9	2018/2/15				20	2018/3/7
10	项目10	2018/2/18			5		2018/7/18

表格标题：工作计划表

6.2.3　使用 DateDiff() 函数计算日期间隔数

要计算两个指定日期之间的间隔数，可使用 Excel VBA 中的 DateDiff() 函数。该函数的语法格式如下。

DateDiff(Interval, Date1, Date2, Firstdayofweek, Firstweekofyear)

语法解析

Interval：必选，要返回的间隔数类型。可取的值与 DateAdd() 函数的同名参数相同。

Date1, Date2：必选，要计算间隔数的两个日期。如果 Date2 在 Date1 之前，则返回值为负数。

Firstdayofweek：可选，指定一周的第一天是星期几。可取的值与 Weekday() 函数的同名参数相同。

Firstweekofyear：可选，指定一年的第一周。可取的值如下表所示。

常量名称	值	说明
vbUseSystem	0	使用 NLS API 设置
vbFirstJan1	1	以包含 1 月 1 日的周作为一年的第一周（默认值）
vbFirstFourDays	2	以第一个至少有 4 天在新的年度中的周作为第一周
vbFirstFullWeek	3	以第一个不跨年度的周作为第一周

实例：计算购物券到期日期及剩余天数

下面以计算购物券到期日期和剩余天数为例，介绍 DateDiff() 函数的具体应用。

◎ 原始文件：实例文件\第6章\原始文件\购物券有效期记录.xlsx
◎ 最终文件：实例文件\第6章\最终文件\计算购物券到期日期及剩余天数.xlsm

步骤 01 查看数据。打开原始文件，可看到工作表中的购物券编号、发票日期和有效期等数据，如下图所示。

	A	B	C	D	E
1	购物券编号	发票日期	有效期（月）	到期日期	剩余天数
2	93265414547	2019/10/2	6		
3	93265414548	2019/10/3	9		
4	93265414565	2019/10/25	3		
5	93265754550	2019/10/26	6		
6	93265414551	2019/10/27	9		
7	93265414552	2019/11/28	6		
8	93265463511	2019/12/2	3		
9	93265414554	2019/12/21	6		
10	93265635241	2019/12/25	3		
11	93265414556	2019/12/26	6		
12	93269685847	2019/12/27	12		
13	93265414558	2019/12/28	18		
14					
15					
16					

步骤 02 编写代码。打开 VBA 编辑器，在当前工作簿中插入模块，并在代码窗口中输入如下图所示的代码。

步骤 02 的代码解析

```
1   Sub 计算到期日期及剩余天数()
2       Dim Sht As Worksheet
3       Set Sht = Worksheets("Sheet1")
4       Dim I As Integer
5       I = 2
6       Do
            '使用DateAdd()函数计算到期日期
7           Sht.Cells(I, 4) = DateAdd("M", Sht.Cells(I, 3), Sht.Cells(I, 2))
            '使用DateDiff()函数计算剩余天数
8           Sht.Cells(I, 5) = DateDiff("D", Date, Sht.Cells(I, 4))
9           I = I + 1
10      Loop Until Sht.Cells(I, 1) = ""
11  End Sub
```

步骤 03 显示运行结果。按【F5】键运行代码，可看到在 D 列和 E 列中计算出了购物券的到期日期和剩余天数，如右图所示。

	A	B	C	D	E
1	购物券编号	发票日期	有效期（月）	到期日期	剩余天数
2	93265414547	2019/10/2	6	2020/4/2	14
3	93265414548	2019/10/3	9	2020/7/3	106
4	93265414565	2019/10/25	3	2020/1/25	-54
5	93265754550	2019/10/26	6	2020/4/26	38
6	93265414551	2019/10/27	9	2020/7/27	130
7	93265414552	2019/11/28	6	2020/5/28	70
8	93265463511	2019/12/2	3	2020/3/2	-17
9	93265414554	2019/12/21	6	2020/6/21	94
10	93265635241	2019/12/25	3	2020/3/25	6
11	93265414556	2019/12/26	6	2020/6/26	99
12	93269685847	2019/12/27	12	2020/12/27	283
13	93265414558	2019/12/28	18	2021/6/28	466

6.2.4 使用 DatePart() 函数获取指定日期的特定部分

如果需要查看指定日期是当年的第几天、第几周、第几个月或第几季度，可用 DatePart() 函数来实现。该函数的语法格式如下。

DatePart(Interval, Date, Firstdayofweek, Firstweekofyear)

语法解析

Interval：必选，含义与 DateAdd() 函数的同名参数相同。

Date：必选，指定的日期。

Firstdayofweek：可选，含义与 Weekday() 函数的同名参数相同。

Firstweekofyear：可选，含义与 DateDiff() 函数的同名参数相同。

 实例：计算项目的预计完成日期是第几季度

下面以计算用户输入的项目预计完成日期是该年的第几季度为例，介绍 DatePart() 函数的具体应用。

◎ 原始文件：实例文件\第6章\原始文件\项目计划表.xlsx
◎ 最终文件：实例文件\第6章\最终文件\计算项目的预计完成日期是第几季度.xlsm

步骤01 查看数据。打开原始文件，可看到工作表中的项目计划数据，如下图所示。

步骤02 编写代码。打开 VBA 编辑器，在当前工作簿中插入模块，并在代码窗口中输入如下图所示的代码。

步骤 02 的代码解析

```
1  Sub 获取日期的季度()
2      Dim thedate As Date
3      Dim msg As String
4      thedate = InputBox("请输入日期：")      '使用对话框提示用户输入日期，并将其赋给变量thedate
5      msg = "季度：" & DatePart("q", thedate)      '计算用户输入的日期属于哪个季度
6      MsgBox msg      '用提示框显示计算结果
7  End Sub
```

步骤03 输入日期。按【F5】键运行代码，弹出对话框，❶在该对话框中的文本框中输入任意项目的预计完成日期，如 "2018/10/28"，❷单击 "确定" 按钮，如下图所示。

步骤04 查看计算结果。随后会弹出提示框，显示用户输入的日期为该年的第几季度，如显示 "4"，则表示输入的日期为该年的第 4 季度，如下图所示。最后单击 "确定" 按钮。

6.3 使用 Round() 函数自动生成大写金额

在财会工作中，常常需要用到金额的大写形式。虽然 Excel VBA 中没有可以直接转换金额大小写形式的函数，但是可以通过 Round() 函数间接达到目的。该函数可以将指定的数值按照指定的小数位数进行四舍五入，其语法格式如下。

Round(Expression, Numdecimalplaces)

 语法解析

Expression：必选，要进行四舍五入的数值表达式。

Numdecimalplaces：可选，用于设定小数点后要保留的位数。如果省略，则返回一个整数。

需要注意的是，Round() 函数使用的四舍五入规则与我们常用的四舍五入规则不同，是一种称为 "银行家舍入" 的规则，具体如下。

★ 当拟舍弃数字的最左一位数字小于或等于 4，则直接舍去拟舍弃数字。

★ 当拟舍弃数字的最左一位数字大于或等于 6，舍去后向前进一位。

★ 当拟舍弃数字的最左一位数字等于 5，且 5 后面的数字不是 0，则舍去后向前进一位。例如：Round(14.73517, 2) → 14.74

★ 当拟舍弃数字的最左一位数字等于 5，且 5 后面的数字是 0，如果 5 前面的数字是偶数则直接舍去拟舍弃数字，如果 5 前面的数字是奇数则舍去后向前进一位。例如：

Round(12.6850, 2) → 12.68   Round(18.2350, 2) → 18.24

上述规则可以概括为："四舍六入五判断，五后非零就进一，五后为零看奇偶，五前为偶应舍去，五前为奇要进一。"

在实际工作中，如果要使用 Round() 函数实现我们常用的四舍五入，可以将尾数的后一位强制增加 1，让其不可能为 0，即：如果要对 A 进行四舍五入，保留 B 位小数，则写为 Round(A + 0.1 ^ (B+2), B)。

实例: 生成人民币大写金额

下面以将销售金额转换为大写为例，介绍 Round() 函数的具体应用。

◎ 原始文件：实例文件\第6章\原始文件\商场销售表.xlsx
◎ 最终文件：实例文件\第6章\最终文件\生成人民币大写金额.xlsm

步骤01 **查看数据**。打开原始文件，可看到工作表中的销售数据，如下图所示。下面通过编写一个自定义函数将销售金额转换成大写。

步骤02 **编写代码**。打开 VBA 编辑器，在当前工作簿中插入模块，并在代码窗口中输入自定义函数的第一部分代码，如下图所示。

▲	A	B	C	D
1	虹洁商场销售表			
2	员工编号	销售日期	销售金额	人民币大写金额
3	1001	2018/5/1	¥2,978.80	
4	1002	2018/5/2	¥2,452.70	
5	1003	2018/5/3	¥8,751.68	
6	1004	2018/5/4	¥1,278.10	
7	1005	2018/5/5	¥7,889.70	
8	1006	2018/5/6	¥5,902.05	
9	1007	2018/5/7	¥789.40	
10	1008	2018/5/8	¥678.90	
11	1009	2018/5/9	¥453.00	
12	1010	2018/5/10	¥782.90	
13	1011	2018/5/11	¥469.30	
14	1012	2018/5/12	¥7,425.40	
15	1013	2018/5/13	¥1,254.10	

```
商场销售表.xlsx - 模块1 (代码)
(通用)                                    DXZH
Function DXZH(m As Double)
    Dim ybb As Long, y As Long, j As Integer, f As Integer
    Dim y_cn As String, j_cn As String, f_cn As String
    If Not Application.WorksheetFunction.IsNumber(m) Then
        DXZH = m
        Exit Function
    End If
    ybb = Round(Abs(m) * 100 + 0.01)
    y = Int(ybb / 100)
    j = Int(ybb / 10) - y * 10
    f = ybb - y * 100 - j * 10
    y_cn = Application.WorksheetFunction.Text(y, "[dbnum2]")
    j_cn = Application.WorksheetFunction.Text(j, "[dbnum2]")
    f_cn = Application.WorksheetFunction.Text(f, "[dbnum2]")
```

步骤 02 的代码解析

```
1   Function DXZH(m As Double)

2       Dim ybb As Long, y As Long, j As Integer, f As Integer

3       Dim y_cn As String, j_cn As String, f_cn As String

4       If Not Application.WorksheetFunction.IsNumber(m) Then    '如果参
        数不是数值

5           DXZH = m      '原样返回参数值

6           Exit Function    '强制退出函数

7       End If

8       ybb = Round(Abs(m) * 100 + 0.01)      '将金额的绝对值放大100倍后做四
        舍五入取整
        '分别提取金额中元、角、分部分的值

9       y = Int(ybb / 100)

10      j = Int(ybb / 10) - y * 10

11      f = ybb - y * 100 - j * 10
        '分别将元、角、分部分的值转换为中文大写形式

12      y_cn = Application.WorksheetFunction.Text(y, "[dbnum2]")

13      j_cn = Application.WorksheetFunction.Text(j, "[dbnum2]")

14      f_cn = Application.WorksheetFunction.Text(f, "[dbnum2]")
```

💥 **提 示**

第 8 行代码中的 Abs() 是 VBA 中的一个数学函数，用于返回数值的绝对值。

第 12 ～ 14 行代码中的 Text() 是 Excel 的工作表函数，用于将数值转化为指定的文本格式。这里的参数 "[dbnum2]" 表示中文大写数字格式。

步骤 03 继续编写代码。在该代码窗口中继续输入自定义函数的第二部分代码，如右图所示。前 4 组 If 语句用于根据元、角、分的值是否为 0 拼接出相应的中文金额表达，最后一组 If 语句用于处理负数。

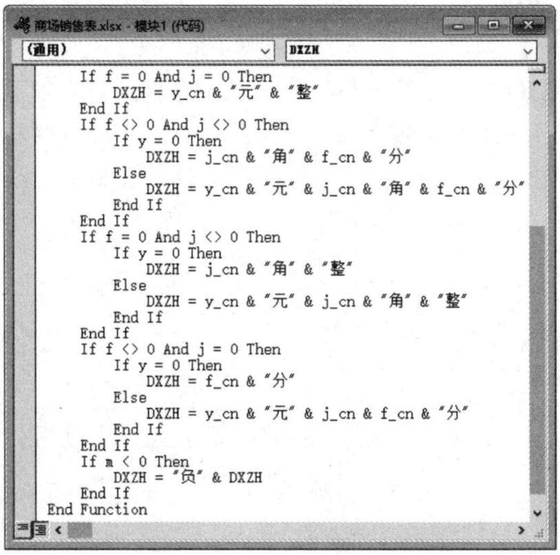

```
                    If f = 0 And j = 0 Then
                        DXZH = y_cn & "元" & "整"
                    End If
                    If f <> 0 And j <> 0 Then
                        If y = 0 Then
                            DXZH = j_cn & "角" & f_cn & "分"
                        Else
                            DXZH = y_cn & "元" & j_cn & "角" & f_cn & "分"
                        End If
                    End If
                    If f = 0 And j <> 0 Then
                        If y = 0 Then
                            DXZH = j_cn & "角" & "整"
                        Else
                            DXZH = y_cn & "元" & j_cn & "角" & "整"
                        End If
                    End If
                    If f <> 0 And j = 0 Then
                        If y = 0 Then
                            DXZH = f_cn & "分"
                        Else
                            DXZH = y_cn & "元" & j_cn & f_cn & "分"
                        End If
                    End If
                    If m < 0 Then
                        DXZH = "负" & DXZH
                    End If
                End Function
```

步骤 03 的代码解析

```
15    If f = 0 And j = 0 Then
16        DXZH = y_cn & "元" & "整"
17    End If
18    If f <> 0 And j <> 0 Then
19        If y = 0 Then
20            DXZH = j_cn & "角" & f_cn & "分"
21        Else
22            DXZH = y_cn & "元" & j_cn & "角" & f_cn & "分"
23        End If
24    End If
25    If f = 0 And j <> 0 Then
26        If y = 0 Then
27            DXZH = j_cn & "角" & "整"
28        Else
29            DXZH = y_cn & "元" & j_cn & "角" & "整"
30        End If
31    End If
```

```
32        If f <> 0 And j = 0 Then
33            If y = 0 Then
34                DXZH = f_cn & "分"
35            Else
36                DXZH = y_cn & "元" & j_cn & f_cn & "分"
37            End If
38        End If
39        If m < 0 Then
40            DXZH = "负" & DXZH
41        End If
42   End Function
```

步骤04 输入公式。完成代码的编写后，返回工作表中，在单元格 D3 中输入公式"=DXZH(C3)"，如下图所示。按【Enter】键确认。

步骤05 复制公式。向下拖动复制公式，即可看到在"人民币大写金额"列中以中文大写形式显示了"销售金额"列中的金额，如下图所示。

	SUM	▼	:	×	✓	fx	=DXZH(C3)	

⚏	A	B	C	D
1		虹洁商场销售表		
2	员工编号	销售日期	销售金额	人民币大写金额
3	1001	2018/5/1	¥2,978.80	=DXZH(C3)
4	1002	2018/5/2	¥2,452.70	
5	1003	2018/5/3	¥8,751.68	
6	1004	2018/5/4	¥1,278.10	
7	1005	2018/5/5	¥7,889.70	
8	1006	2018/5/6	¥5,902.05	
9	1007	2018/5/7	¥789.40	
10	1008	2018/5/8	¥678.90	
11	1009	2018/5/9	¥453.00	
12	1010	2018/5/10	¥782.90	
13	1011	2018/5/11	¥469.30	

⚏	A	B	C	D
1		虹洁商场销售表		
2	员工编号	销售日期	销售金额	人民币大写金额
3	1001	2018/5/1	¥2,978.80	贰仟玖佰柒拾捌元捌角整
4	1002	2018/5/2	¥2,452.70	贰仟肆佰伍拾贰元柒角整
5	1003	2018/5/3	¥8,751.68	捌仟柒佰伍拾壹元陆角捌分
6	1004	2018/5/4	¥1,278.10	壹仟贰佰柒拾捌元壹角整
7	1005	2018/5/5	¥7,889.70	柒仟捌佰捌拾玖元柒角整
8	1006	2018/5/6	¥5,902.05	伍仟玖佰零贰元零伍分
9	1007	2018/5/7	¥789.40	柒佰捌拾玖元肆角整
10	1008	2018/5/8	¥678.90	陆佰柒拾捌元玖角整
11	1009	2018/5/9	¥453.00	肆佰伍拾叁元整
12	1010	2018/5/10	¥782.90	柒佰捌拾贰元玖角整
13	1011	2018/5/11	¥469.30	肆佰陆拾玖元叁角整

实战演练 根据入职年数计算提成额

下面以根据入职年数计算提成额为例，对本章所学知识进行回顾。

◎ 原始文件：实例文件\第6章\原始文件\根据入职年数计算提成额.xlsx
◎ 最终文件：实例文件\第6章\最终文件\根据入职年数计算提成额.xlsm

步骤01 查看数据。打开原始文件，查看工作表中已有的数据，如右图所示。员工编号的前 8 位为员工的转正日期。

⚏	A	B	C	D	E	F	G
1	员工编号	姓名	转正日期	入职年数	销售额(万元)	提成率	提成额(元)
2	2007042501	罗洋			¥24.78		
3	2007061502	向阳			¥13.58		
4	2007072003	贺语霏			¥26.74		
5	2007092004	陈静			¥24.13		
6	2007112005	余明玫			¥16.95		
7	2007112006	霍霆			¥25.10		
8	2010062701	杨熙瑗			¥24.00		
9	2011051201	史明宇			¥15.60		
10	2012072001	陈甫云			¥24.50		
11	2012082902	刘澜			¥25.47		
12	2014010501	何菁菁			¥25.30		
13	2014021002	李浩			¥24.92		

◀	▶	2019年8月提成计算表	⊕

步骤02 编写代码。打开 VBA 编辑器，在当前工作簿中插入模块，并在代码窗口中输入如右图所示的代码。

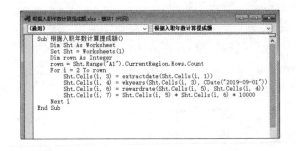

步骤 02 的代码解析
1   Sub 根据入职年数计算提成额()
2   Dim Sht As Worksheet
3   Set Sht = Worksheets(1)
4   Dim rown As Integer
5   rown = Sht.Range("A1").CurrentRegion.Rows.Count   '获取工作表中数据区域的行数
6   For i = 2 To rown   '从第2行遍历至最后一行
7   Sht.Cells(i, 3) = extractdate(Sht.Cells(i, 1))   '调用自定义函数extractdate()从员工编号中提取转正日期，并写入相应单元格
8   Sht.Cells(i, 4) = wkyears(Sht.Cells(i, 3), _   CDate("2019-09-01"))   '调用自定义函数wkyears()根据转正日期和统计截止日期计算入职年数，并写入相应单元格
9   Sht.Cells(i, 6) = rewardrate(Sht.Cells(i, 5), _   Sht.Cells(i, 4))   '调用自定义函数rewardrate()根据销售额和入职年数计算提成率，并写入相应单元格
10   Sht.Cells(i, 7) = Sht.Cells(i, 5) * Sht.Cells(i, 6) * _   10000   '根据销售额和提成率计算提成额，并写入相应单元格
11   Next i
12   End Sub

> 🏃 提 示
>
> 第 8 行代码中的 **CDate()** 函数可将有效的日期和时间表达式转换成日期型（**Date**）数据。例如，字符串 **"Dec 03 2020"** 经 **CDate()** 函数转换后可得到 2020/12/03。

步骤03 继续编写代码。继续在代码窗口中输入自定义函数 extractdate() 的代码，用于从员工编号中提取转正日期，如右图所示。

```
Function extractdate(str As String) As Date
    Dim y As Integer, m As Integer, d As Integer
    y = CInt(Mid(str, 1, 4))
    m = CInt(Mid(str, 5, 2))
    d = CInt(Mid(str, 7, 2))
    extractdate = DateSerial(y, m, d)
End Function
```

步骤 03 的代码解析

```
13  Function extractdate(str As String) As Date
14      Dim y As Integer, m As Integer, d As Integer
15      y = CInt(Mid(str, 1, 4))        '提取员工编号的第1～4位字符并转换为整
        数，得到转正日期的年
16      m = CInt(Mid(str, 5, 2))        '提取员工编号的第5～6位字符并转换为整
        数，得到转正日期的月
17      d = CInt(Mid(str, 7, 2))        '提取员工编号的第7～8位字符并转换为整
        数，得到转正日期的日
18      extractdate = DateSerial(y, m, d)     '将年、月、日的整数组合成日期
        型数据，作为函数的返回值
19  End Function
```

> **提示**
>
> 第 18 行代码中的 DateSerial() 函数可将年、月、日组合为日期。该函数的语法格式如下。
>
> **DateSerial(Year, Month, Day)**
>
> **语法解析**
>
> Year：必选，代表年的整数，取值范围为 100～9999。
>
> Month：必选，代表月的整数。
>
> Day：必选，代表日的整数。
>
> 如果参数 Month 和 Day 的取值超出了正常的范围，则 DateSerial() 函数会自动向前或向后推算日期。例如：DateSerial(2021, 3, -1) 会得到 2021/2/27，DateSerial(2021, 7, 36) 会得到 2021/8/5，DateSerial(2021, 13, 15) 会得到 2022/1/15。

步骤 04　继续编写代码。继续在代码窗口中输入自定义函数 wkyears() 的代码，用于计算入职年数，如右图所示。每满 365 天计为 1 年。

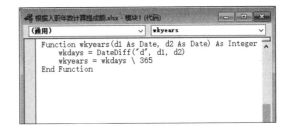

步骤 04 的代码解析

```
20  Function wkyears(d1 As Date, d2 As Date) As Integer
21      wkdays = DateDiff("d", d1, d2)        '计算两个日期之间的天数
22      wkyears = wkdays \ 365        '计算天数除以365的整数部分，作为入职年数
23  End Function
```

步骤05 继续编写代码。继续在代码窗口中输入自定义函数 rewardrate() 的代码，用于计算提成率，如右图所示。销售额小于 15 万元，提成率为 1%；销售额在 15 万元～25 万元之间，提成率为 2%；销售额大于 25 万元，提成率为 3%。入职每满 1 年，提成率上浮 1 个百分点，最多不超过 3 个百分点。

步骤 05 的代码解析

```
24   Function rewardrate(sales As Single, wkyears As Integer) As Single
25       Dim rate1 As Single, rate2 As Single
26       Select Case sales        '根据销售额的等级计算相应的提成率
27           Case Is < 15:
28               rate1 = 0.01
29           Case 15 To 25:
30               rate1 = 0.02
31           Case Is > 25:
32               rate1 = 0.03
33       End Select
34       rate2 = wkyears * 0.01        '根据入职年数计算上浮数
35       If rate2 > 0.03 Then        '当上浮数超过3个百分点时进行限制
36           rate2 = 0.03
37       End If
38       rewardrate = rate1 + rate2        '将两部分相加，得到最终的提成率
39   End Function
```

步骤06 运行代码完成计算。按【F5】键运行代码，返回工作表，可看到如右图所示的计算结果。

	A	B	C	D	E	F	G
1	员工编号	姓名	转正日期	入职年数	销售额（万元）	提成率	提成额（元）
2	2007042501	罗洋	2007/4/25	12	¥24.78	5.00%	¥12,390.00
3	2007061502	向阳	2007/6/15	12	¥13.58	4.00%	¥5,432.00
4	2007072003	贺语霏	2007/7/20	12	¥26.74	6.00%	¥16,044.00
5	2007092004	陈静	2007/9/20	11	¥24.13	5.00%	¥12,065.00
6	2007112005	余明玫	2007/11/20	11	¥16.95	5.00%	¥8,475.00
7	2007112006	雷霆	2007/11/20	11	¥25.10	6.00%	¥15,060.00
8	2010062701	杨熙瑷	2010/6/27	9	¥24.00	5.00%	¥12,000.00
9	2011051201	史明宇	2011/5/12	8	¥15.60	5.00%	¥7,800.00
10	2012072001	陈甫云	2012/7/20	7	¥24.50	5.00%	¥12,250.00
11	2012082902	刘澜	2012/8/29	7	¥25.47	6.00%	¥15,282.00
12	2014010601	何菁菁	2014/1/5	5	¥25.30	6.00%	¥15,180.00
13	2014021002	李浩	2014/2/10	5	¥24.92	5.00%	¥12,460.00
14	2014090403	黄宏源	2014/9/4	4	¥17.46	5.00%	¥8,730.00
15	2015072501	郝祥韵	2015/7/25	4	¥24.00	5.00%	¥12,000.00
16	2015101802	谢铬浩	2015/10/18	3	¥15.31	5.00%	¥7,655.00

2019年8月提成计算表

步骤 07 **使用公式完成计算。** 我们也可以在工作表中使用 VBA 代码中定义的函数来完成计算。复制工作表，删除步骤 06 的计算结果，在单元格 C2 中输入公式 "=extractdate(A2)"，然后向下拖动复制公式，如下图所示。

步骤 08 **继续输入公式完成计算。** 用相同的方法在相应单元格中输入并向下复制公式，可以得到和步骤 06 相同的计算结果，如下图所示。

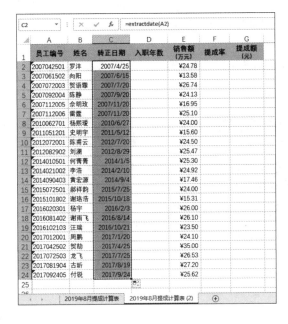

第 7 章 使用VBA统计和分析数据

在编写 VBA 程序时，除了直接使用 VBA 中的函数处理数据，还可以调用 Excel 中丰富的工作表函数，让程序的数据处理功能变得更加强大。本章将通过实例介绍如何在 Excel VBA 中调用工作表函数进行数据的统计和分析。

7.1 在 VBA 中调用工作表函数的方法

在 Excel VBA 中，通过 Application 对象的 WorksheetFunction 属性可以调用大部分工作表函数。WorksheetFunction 属性可以理解为 VBA 提供的一个工作表函数的容器，所有可用的工作表函数都封装在其中，要调用容器中的函数，就要先引用容器。相应的语法格式如下。

Application . WorksheetFunction . 工作表函数名 (参数值)

例如，要在 VBA 中调用工作表函数 Sum()，代码如下。

```
1    Sub 求和()
2        Set myRange = Worksheets("Sheet1").Range("B2:B17")
3        answer = Application.WorksheetFunction.Sum(myRange)
4        MsgBox answer
5    End Sub
```

上述代码在 VBA 中调用工作表函数 Sum() 对工作表"Sheet1"中单元格区域 B2:B17 的值进行求和。

下面介绍一些常用的工作表函数在 VBA 数据统计和分析中的应用。

7.2 调用工作表函数统计数据

工作表函数中有大量的数据统计函数，如用于求和的 Sum() 函数、用于求平均值的 Average() 函数、用于统计排名的 Rank() 函数等，在 VBA 中也可以调用这些函数完成大量数据的统计。本节将介绍 Sum()、Average() 和 Rank() 函数在工作中的应用。

7.2.1 调用 Average() 和 Sum() 函数统计数据

如果要对指定单元格区域中的数据求和，可以调用 Sum() 函数；如果要对指定单元格区域中的数据求平均值，可以调用 Average() 函数。

Sum() 函数和 Average() 函数的语法格式如下。

Sum/Average(Number1, Number2, ...)

语法解析

Number1：必选，要求和或求平均值的第 1 个值。可以为单个数字或单元格区域。

Number2，…：可选，要求和或求平均值的第 2 ～ n 个值。可以为单个数字或单元格区域。

实例：统计各分店销售情况

下面以统计各分店销售情况为例，介绍 Sum() 函数和 Average() 函数的具体应用。

◎ 原始文件：实例文件\第7章\原始文件\统计各分店销售情况.xlsx
◎ 最终文件：实例文件\第7章\最终文件\统计各分店销售情况.xlsm

步骤01 查看数据。打开原始文件，可看到工作表"Sheet1"中的各分店销售金额数据及待统计的合计值和平均值，如下图所示。

步骤02 编写代码。打开 VBA 编辑器，在当前工作簿中插入模块，并在代码窗口中输入如下图所示的代码。

```
Sub 统计各分店销售情况()
    Dim sht As Worksheet, rng_data As Range
    Dim rng_row As Integer, rng_col As Integer
    Dim max_aver As Single, min_aver As Single
    Set sht = Worksheets("Sheet1")
    Set rng_data = sht.Range("B3:G22")
    With rng_data
        rng_row = .Rows.Count
        rng_col = .Columns.Count
        For i = 1 To rng_row
            .Cells(i, rng_col + 1) = Application.WorksheetFunction.sum(.Rows(i))
            .Cells(i, rng_col + 2) = Application.WorksheetFunction.Average(.Rows(i))
        Next i
        For i = 1 To rng_col
            .Cells(rng_row + 1, i) = Application.WorksheetFunction.sum(.Columns(i))
            .Cells(rng_row + 2, i) = Application.WorksheetFunction.Average(.Columns(i))
        Next i
```

步骤 02 的代码解析

```
1   Sub 统计各分店销售情况()
2       Dim sht As Worksheet, rng_data As Range
3       Dim rng_row As Integer, rng_col As Integer
4       Dim max_aver As Single, min_aver As Single
5       Set sht = Worksheets("Sheet1")
6       Set rng_data = sht.Range("B3:G22")        '定义数据区域
7       With rng_data          '在数据区域中操作
8           rng_row = .Rows.Count          '统计数据区域的行数
9           rng_col = .Columns.Count          '统计数据区域的列数
10          For i = 1 To rng_row          '按行遍历数据区域
```

```
11        .Cells(i, rng_col + 1) = Application. _
              WorksheetFunction.sum(.Rows(i))        '按行求和
12        .Cells(i, rng_col + 2) = Application. _
              WorksheetFunction.Average(.Rows(i))        '按行求平均值
13    Next i
14    For i = 1 To rng_col        '按列遍历数据区域
15        .Cells(rng_row + 1, i) = Application. _
              WorksheetFunction.sum(.Columns(i))        '按列求和
16        .Cells(rng_row + 2, i) = Application. _
              WorksheetFunction.Average(.Columns(i))        '按列求平均值
17    Next i
```

步骤03 继续输入代码。在该代码窗口中继续输入如右图所示的代码，对平均月销售额最高和最低的分店用颜色进行标记。

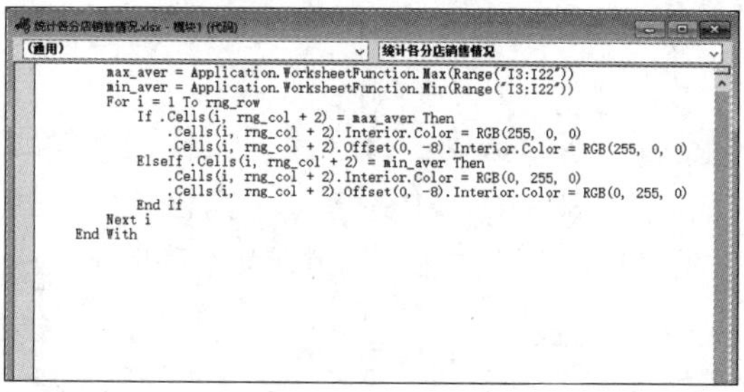

步骤 03 的代码解析

```
18    max_aver = Application. _
          WorksheetFunction.Max(Range("I3:I22"))        '统计"各店月
          均"列的最大值
19    min_aver = Application. _
          WorksheetFunction.Min(Range("I3:I22"))        '统计"各店月
          均"列的最小值
20    For i = 1 To rng_row
          '为最大值及对应的分店名所在单元格填充红色
21        If .Cells(i, rng_col + 2) = max_aver Then
22            .Cells(i, rng_col + 2). _
                  Interior.Color = RGB(255, 0, 0)
23            .Cells(i, rng_col + 2).Offset(0, -8). _
                  Interior.Color = RGB(255, 0, 0)
          '为最小值及对应的分店名所在单元格填充绿色
24        ElseIf .Cells(i, rng_col + 2) = min_aver Then
25            .Cells(i, rng_col + 2). _
                  Interior.Color = RGB(0, 255, 0)
```

```
26                        .Cells(i, rng_col + 2).Offset(0, -8). _
                            Interior.Color = RGB(0, 255, 0)
27            End If
28        Next i
29    End With
```

> **提 示**
>
> 　　第 18 行和第 19 行代码分别调用工作表函数 Max() 和 Min() 统计指定单元格区域的最大值和最小值。这两个函数的用法比较简单，这里不做详细介绍。

步骤04 继续输入代码。继续在代码窗口中输入如右图所示的代码，用于统计"半年合计"值和"半年月均"值。

步骤 04 的代码解析

```
30    sht.Range("I23") = Application.WorksheetFunction. _
          sum(sht.Range("B23:G23"))
31    sht.Range("I24") = Application.WorksheetFunction. _
          Average(sht.Range("B23:G23"))
32  End Sub
```

步骤05 查看运行结果。按【F5】键运行代码，可在工作表中看到运行结果，如右图所示。

7.2.2　调用 Rank() 函数排序数据

Rank() 函数常用来获取某个数值在某一组数值内的排名。该函数的语法格式如下。

Rank(Number, Ref, Order)

语法解析

Number：必选，要获取其排名的数值。

Ref：必选，指定一组数值，非数值会被忽略。

Order：可选，用于指定排序方式。如果为 0 或省略，对 Ref 做降序排列再返回 Number 的排名；如果不为 0，对 Ref 做升序排列再返回 Number 的排名。

 实例：按销售额的高低排序和定位

下面以在各分店销售金额表中对用户所选单元格区域中的销售额按从高到低排序为例，介绍 Rank() 函数的具体应用。

◎ 原始文件：实例文件\第7章\原始文件\按销售额的高低排序和定位.xlsx
◎ 最终文件：实例文件\第7章\最终文件\按销售额的高低排序和定位.xlsm

步骤01 查看数据。打开原始文件，可看到工作表中各分店的月度销售金额数据，如下图所示。

步骤02 编写代码。打开 VBA 编辑器，在当前工作簿中插入模块，并在代码窗口中输入如下图所示的代码。

步骤 02 的代码解析

```
1   Sub 数据排序()
2       Dim myrange As Range
3       On Error GoTo er      '当代码出错时转到标签为er的行
4       Set myrange = Application.InputBox(Prompt:="请选择需要排序的区域", _
            Type:=8)      '弹出对话框让用户选择一个数据区域，将选择结果赋给变量
            myrange
5       Dim mycount As Integer
6       mycount = myrange.Count
7       Dim i As Integer
8       i = 1
```

```
9        For Each one In myrange        '遍历所选区域中的单元格
10           If Not Application.WorksheetFunction.IsNumber(one.Value) _
                 Then     '如果遇到内容不是数值的单元格
11               MsgBox "所选区域包含非数字信息"       '则使用提示框进行提示
12               GoTo er        '转到标签为er的行
13           End If
14        Next one
          '获取所选区域以及所选区域的单元格个数
15        Dim index() As Integer
16        ReDim index(mycount)
17        Dim myrow As Integer
18        Dim mycolumn As Integer
```

步骤03 使用 Rank() 函数排序。继续在该代码窗口中输入如右图所示的代码，用于循环调用 Rank() 函数对销售额进行排序，并使用提示框显示排序结果。

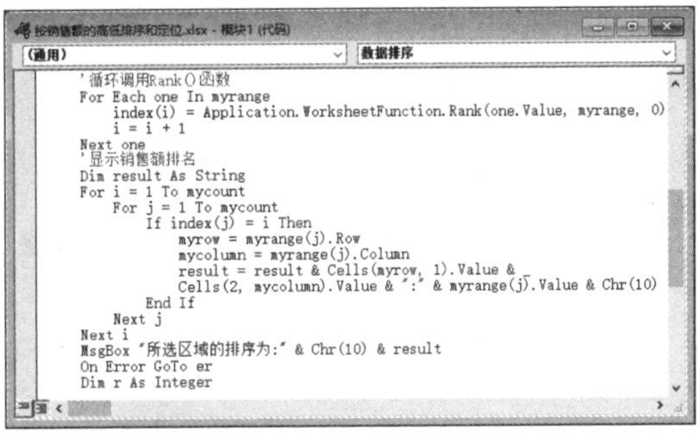

```
'循环调用Rank()函数
For Each one In myrange
    index(i) = Application.WorksheetFunction.Rank(one.Value, myrange, 0)
    i = i + 1
Next one
'显示销售额排名
Dim result As String
For i = 1 To mycount
    For j = 1 To mycount
        If index(j) = i Then
            myrow = myrange(j).Row
            mycoluan = myrange(j).Coluan
            result = result & Cells(myrow, 1).Value &
            Cells(2, mycoluan).Value & ":" & myrange(j).Value & Chr(10)
        End If
    Next j
Next i
MsgBox "所选区域的排序为:" & Chr(10) & result
On Error GoTo er
Dim r As Integer
```

步骤03 的代码解析

```
19        For Each one In myrange        '遍历用户所选区域中的单元格
20           index(i) = Application.WorksheetFunction.Rank(one.Value, _
                 myrange, 0)     '调用Rank()函数获取降序排序时各单元格的值的排
                 名，将得到的排名存储到数组index()中
21           i = i + 1
22        Next one
23        Dim result As String
24        For i = 1 To mycount
25           For j = 1 To mycount
26               If index(j) = i Then
27                   myrow = myrange(j).Row
28                   mycolumn = myrange(j).Column
29                   result = result & Cells(myrow, 1).Value & _
                         Cells(2, mycolumn).Value & ":" & _
                         myrange(j).Value & Chr(10)        '拼接字符串得到排序结果
```

```
                      End If
31          Next j
32      Next i
33      MsgBox "所选区域的排序为:" & Chr(10) & result        '使用提示框显示排序
        结果
34      On Error GoTo er      '当代码出错时转到标签为er的行
35      Dim r As Integer
```

步骤04 获取需要定位的单元格。继续在该
代码窗口中输入如右图所示的代码，用于定位
单元格的名次。

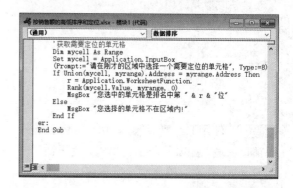

步骤 04 的代码解析

```
36      Dim mycell As Range
37      Set mycell = Application.InputBox(Prompt:="请在刚才的区域中选择一
            个需要定位的单元格", Type:=8)        '弹出对话框让用户选择一个单元
            格，将选择结果赋给变量mycell
38      If Union(mycell, myrange).Address = myrange.Address Then        '若所
        选单元格是之前所选区域中的单元格
39          r = Application.WorksheetFunction.Rank(mycell.Value, _
                myrange, 0)        '则获取该单元格的值的排名
40          MsgBox "您选中的单元格是排名中第 " & r & "位"        '用提示框显示
            排名
41      Else        '反之
42          MsgBox "您选择的单元格不在区域内!"        '用提示框进行提示
43      End If
44  er:
45  End Sub
```

步骤05 执行宏。返回工作表中，按快捷键【Alt+F8】，❶在弹出的"宏"对话框中单击宏"数据排序"，❷然后单击"执行"按钮，如下图所示。

步骤06 选择需要排序的数据区域。弹出"输入"对话框，❶在工作表中选择要排序的数据区域，如"$B$3:$B$22"，❷单击"确定"按钮，如下图所示。

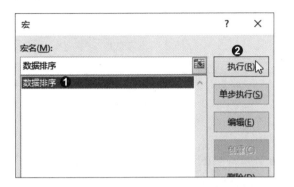

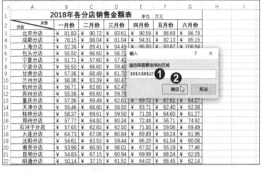

步骤07 查看排序结果。随后会弹出提示框，显示所选数据区域的销售额从高到低排序的结果，单击"确定"按钮，如下图所示。

步骤08 定位单元格。再次弹出"输入"对话框，❶在工作表中选择要定位的单元格，如"$B$5"，❷单击"确定"按钮，如下图所示。

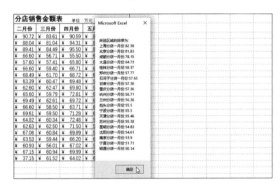

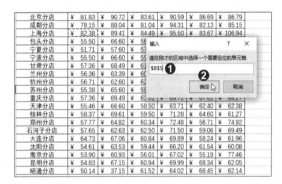

步骤09 显示所选单元格的排名。此时会弹出提示框，显示所选单元格在步骤06所选数据区域中的排名，查看完毕后，单击"确定"按钮，如右图所示。

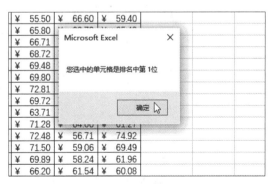

7.3 调用工作表函数分析数据

除了数据统计函数，工作表函数中还有大量的数据分析函数。本节将介绍如何在 VBA 中调用工作表函数中的数据分析函数来计算折旧值和预测未来值。

7.3.1 调用 Db() 函数计算折旧值

工作表函数中有多个用于计算折旧值的函数，如 Db()、Sln()、Ddb() 等。下面以较为常用的 Db() 函数为例，介绍在 VBA 中计算折旧值的方法。Db() 函数使用的算法是固定余额递减，也就是计算一笔资产在一个给定的时间内的折旧值。其语法格式如下。

Db(Cost, Salvage, Life, Period, Month)

 语法解析

Cost：必选，资产原值。

Salvage：必选，折旧期末尾时的值（又称资产残值）。

Life：必选，资产的折旧期数（又称资产使用期限）。

Period：必选，要计算折旧的时期。Period 参数必须与 Life 参数使用相同的单位。

Month：可选，第一年的月份数。默认值为 12。

 实例：计算固定资产折旧

下面以计算公司物品资产折旧为例，介绍 Db() 函数的具体应用。

◎ 原始文件：实例文件\第7章\原始文件\计算固定资产折旧.xlsx
◎ 最终文件：实例文件\第7章\最终文件\计算固定资产折旧.xlsm

步骤01 插入滚动条。打开原始文件，❶在"开发工具"选项卡下的"控件"组中单击"插入"按钮，❷在展开的列表中单击"ActiveX 控件"中的"滚动条"按钮，如下图所示。

步骤02 打开"属性"对话框。❶在工作表的空白处绘制滚动条，绘制完毕后右击该滚动条，❷在弹出的快捷菜单中单击"属性"命令，如下图所示。

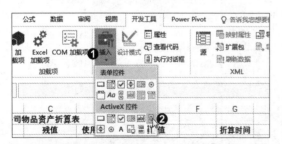

步骤03 设置滚动条颜色。弹出"属性"对话框，❶单击"BackColor"右侧的下三角按钮，❷在展开的"调色板"选项卡下选择合适的颜色，如右图所示。

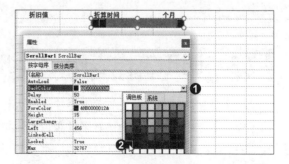

步骤 04 设置"Max"值。设置"Max"的值为"60",如下图所示。设置完毕后返回工作表中,单击"开发工具"选项卡下"控件"组中的"设计模式"按钮,退出设计模式。

步骤 05 编写代码。打开 VBA 编辑器,在工程资源管理器中双击"Sheet1",打开其代码窗口,在窗口中输入如下图所示的代码。

	步骤 05 的代码解析
1	`Public rownum As Integer`　　'保存当前工作表中数据区域行数的变量 '当单元格内容改变时执行的响应程序
2	`Private Sub worksheet_change(ByVal target As Range)`　　'编辑单元格时触发事件
3	`    If target.row = 2 And target.Column = 8 Then`　　'如果发生改变的单元格位于第2行第8列
4	`        On Error GoTo er`　　'当代码出错时转到标签为er的行
5	`        ScrollBar1.Value = CInt(target.Value)`　　'将滚动条的值(代表折旧时间)设置为发生改变的单元格的值
6	`    End If`
7	`    If target.Column <> 5 Then`　　'如果发生改变的单元格不在第5列
8	`        forrows`　　'调用自定义子过程,重新计算所有折旧值
9	`        rownum = Range("A1").CurrentRegion.Rows.Count`　　'获取数据区域的行数
10	`    End If`
11	`    Exit Sub`
12	`er: MsgBox "输入的折旧时间不能识别"`　　'弹出提示框进行提示
13	`    target.Value = ScrollBar1.Value`　　'将滚动条的值(代表折旧时间)写入发生改变的单元格
14	`End Sub`

步骤06 继续编写代码。继续在该代码窗口中输入如右图所示的代码，分别为滚动条变化时执行的响应程序，以及访问各行数据计算折旧值的子过程。

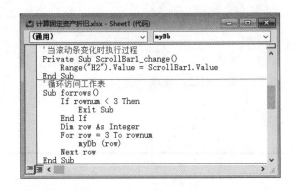

步骤 06 的代码解析

```
'当滚动条变化时执行的响应程序
15  Private Sub ScrollBar1_change()
16      Range("H2").Value = ScrollBar1.Value      '将滚动条的值写入单元格H2
17  End Sub
'访问各行数据计算折旧值的子过程
18  Sub forrows()
19      If rownum < 3 Then      '如果数据区域行数小于3
20          Exit Sub      '退出该子过程
21      End If
22      Dim row As Integer
23      For row = 3 To rownum      '遍历各行数据
24          myDb (row)      '调用自定义子过程myDb计算当前行的折旧值
25      Next row
26  End Sub
```

步骤07 继续编写代码。继续在该代码窗口中输入如右图所示的代码，自定义一个名为 myDb 的子过程，调用 Db() 函数计算折旧值。

步骤 07 的代码解析

```
'计算折旧值的子过程
27  Sub myDb(row As Integer)
28      On Error GoTo er      '当代码出错时转到标签为er的行
```

```
29        Dim cost As Single
30        Dim salvage As Single
31        Dim life As Integer
32        Dim period As Integer
33        cost = CSng(Cells(row, 2).Value)      '将资产原值转换数据类型并赋给变
          量cost
34        salvage = CSng(Cells(row, 3).Value)      '将资产残值转换数据类型并赋
          给变量salvage
35        life = CSng(Cells(row, 4).Value)      '将资产使用期限转换数据类型并赋
          给变量life
36        period = ScrollBar1.Value      '将滚动条的值（代表折旧时间）赋给变量
          period
37        If period > life Then      '如果折旧时间大于使用期限
38            period = life      '使用使用期限作为折旧时间
39        End If
          '计算折旧值
40        Dim result As Single
41        result = 0
42        Dim month As Integer
43        For month = 1 To period      '用折旧时间作为循环次数
44            result = result + CSng(Application.WorksheetFunction. _
                  Db(cost, salvage, life, month))      '调用Db()函数计算折旧值
45        Next month
46        If (cost - result) <> 0 Then      '如果资产原值与折旧值之差不为0
47            Cells(row, 5).Value = CStr(cost - result)      '将折旧值写入E列
48        End If
49    er:
50    End Sub
```

提 示

　　第 33 ~ 35 行代码中的 CSng() 和第 47 行代码中的 CStr() 是 VBA 中的类型转换函数，
前者可将数据类型转换为单精度浮点型（Single），后者可将数据类型转换为字符串型（String）。

步骤08　初始化工作表"Sheet1"中的控件。
在工程资源管理器中双击"ThisWorkbook"，
打开其代码窗口，输入如右图所示的代码。

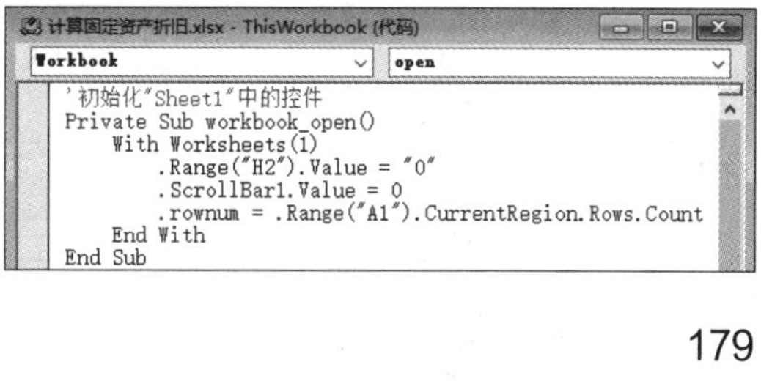

计算固定资产折旧.xlsx - ThisWorkbook (代码)

Workbook　　　　　　　　　　open

```
'初始化"Sheet1"中的控件
Private Sub workbook_open()
    With Worksheets(1)
        .Range("H2").Value = "0"
        .ScrollBar1.Value = 0
        .rownum = .Range("A1").CurrentRegion.Rows.Count
    End With
End Sub
```

步骤 08 的代码解析
'初始化"Sheet1"中的控件

```
1    Private Sub workbook_open()    '工作簿被打开时触发的事件
2        With Worksheets(1)    '在工作簿的第一个工作表中进行操作
3            .Range("H2").Value = "0"    '设置单元格H2的值为0
4            . ScrollBar1.Value = 0    '设置滚动条的值为0
5            .rownum = .Range("A1").CurrentRegion.Rows.Count    '获取数据
         区域的行数
6        End With
7    End Sub
```

步骤09 输入数据。返回工作表中，输入需要折旧的物品数据，如下图所示。

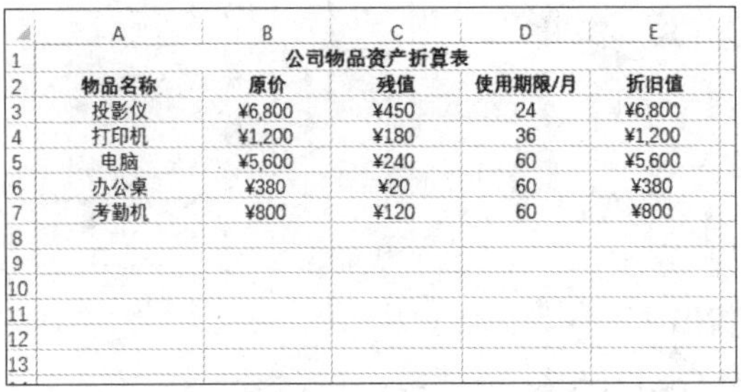

步骤10 查看结果。拖动滚动条中的滑块至需要的月数，可看到左侧的"折旧值"数据发生了相应变化，如下图所示。

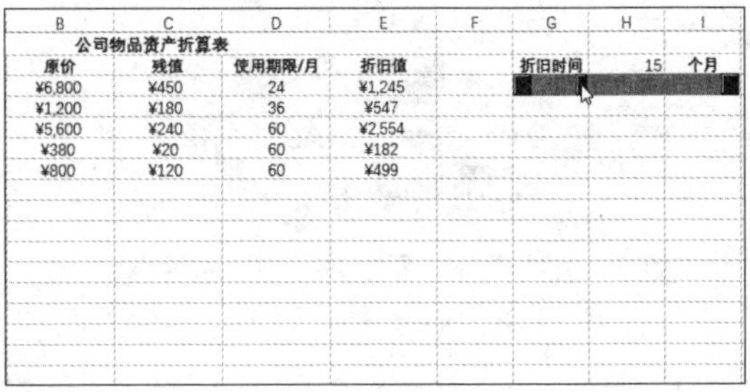

	A	B	C	D	E
1			公司物品资产折算表		
2	物品名称	原价	残值	使用期限/月	折旧值
3	投影仪	¥6,800	¥450	24	¥6,800
4	打印机	¥1,200	¥180	36	¥1,200
5	电脑	¥5,600	¥240	60	¥5,600
6	办公桌	¥380	¥20	60	¥380
7	考勤机	¥800	¥120	60	¥800
8					
9					
10					
11					
12					
13					

B	C	D	E	F	G	H	I
	公司物品资产折算表						
原价	残值	使用期限/月	折旧值		折旧时间	15	个月
¥6,800	¥450	24	¥1,245				
¥1,200	¥180	36	¥547				
¥5,600	¥240	60	¥2,554				
¥380	¥20	60	¥182				
¥800	¥120	60	¥499				

7.3.2　调用 LinEst() 函数计算预测值

LinEst() 函数使用最小二乘法对已知数据进行最佳的直线拟合，并返回拟合后的直线，在实际工作中常用于计算预测值。该函数的语法格式如下。

LinEst(Known_y's, Known_x's, Const, Stats)

语法解析

Known_y's：必选，关系表达式 $y = mx + b$ 中已知的 y 值集合。如果 Known_y's 对应的单元格区域在单独一列中，则 Known_x's 的每一列被视为一个独立的变量。如果 Known_y's 对应的单元格区域在单独一行中，则 Known_x's 的每一行被视为一个独立的变量。

Known_x's：可选，关系表达式 $y = mx + b$ 中已知的 x 值集合。Known_x's 对应的单元格区域可以包含一组或多组变量。如果仅使用一个变量，那么只要 Known_x's 和 Known_y's 具有相同的维数，则它们可以是任何形状的区域。如果用到多个变量，则 Known_y's 必须为向量（即必须为一行或一列）。

Const：可选，一个逻辑值。为 True 时正常计算常量 b，为 False 时强制将常量 b 设为 0。

Stats：可选，一个逻辑值，用于指定是否返回附加回归统计值。

实例：预测商品销量

下面以预测商品下个月的销量为例，介绍 LinEst() 函数的具体应用。需要说明的是，对具备线性相关性的数据使用 LinEst() 函数进行预测得到的结果才比较准确，而本实例主要是为了讲解 VBA 编程，所用数据为随机生成，并不一定具备线性相关性，预测结果的误差可能较大。

◎ 原始文件：实例文件\第7章\原始文件\预测商品销量.xlsx
◎ 最终文件：实例文件\第7章\最终文件\预测商品销量.xlsm

步骤01　查看数据。打开原始文件，可看到工作表中各种商品在 12 个月的销量数据，如下图所示。现在要实现选中任意一种商品在 m 月至 n 月的销量，即可预测 n+1 月的销量。

步骤02　判断并获取所选区域。打开 VBA 编辑器，在当前工作簿中插入模块，并在代码窗口中输入如下图所示的代码，用于获取所选区域的范围，并对不符合要求的情况进行处理。

步骤02 的代码解析

```
1   Sub 预测销售量()
2       On Error GoTo esc      '当代码出错时转到标签为esc的行
3       Dim myrange As Range
4       Set myrange = Application.InputBox("请选择需要预测的行", _
            Type:=8)      '弹出对话框让用户选择单元格区域，并赋给变量myrange
        '当所选区域不为1行时进行处理
5       If myrange.Rows.Count <> 1 Then      '如果所选区域的行数不等于1
6           GoTo esc      '则转到标签为esc的行
7       End If
        '获取所选区域的范围
8       Dim rownum As Integer
9       Dim colbegin As Integer
10      Dim colover As Integer
11      rownum = myrange.Row      '将所选区域的行号赋给变量rownum
12      colbegin = myrange.Column      '将所选区域开始列的列号赋给变量colbegin
```

13	`colover = colbegin + myrange.Columns.Count - 1` '计算所选区域结束列的列号并赋给变量colover
14	`Dim tablecol As Integer`
15	`tablecol = Range("B2").CurrentRegion.Columns.Count` '获取销量数据区域的列数并赋给变量tablecol
16	`If (colbegin = 1) And (colover > tablecol) Then` '如果所选区域从表格的第1列开始并超出了表格的最后一列
17	`    GoTo esc` '则转到标签为esc的行
18	`End If`

步骤03 继续输入代码。继续在该代码窗口中输入如右图所示的代码,用于将所选区域中的销量数据和对应的月份数字分别存入动态数组,并调用工作表函数进行预测。

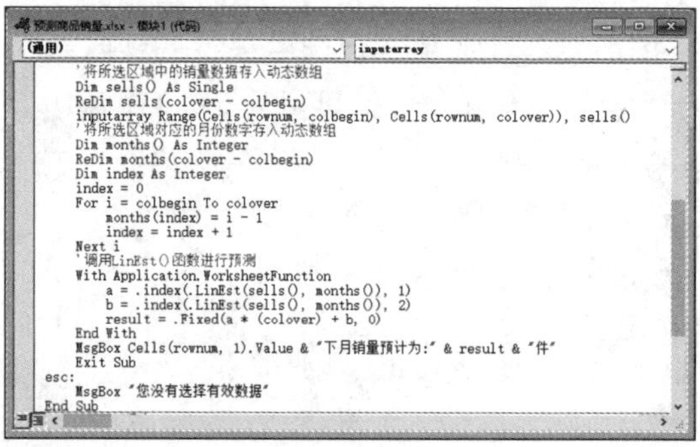

	步骤 03 的代码解析
19	`Dim sells() As Single` '声明动态数组sells(),用于存储销量数据
20	`ReDim sells(colover - colbegin)` '将动态数组sells()的长度调整到与所选区域的列数一致
21	`inputarray Range(Cells(rownum, colbegin), Cells(rownum, colover)), _` `    sells()` '调用自定义子过程inputarray将销量数据写入数组sells()
22	`Dim months() As Integer` '声明动态数组months(),用于存储月份数字
23	`ReDim months(colover - colbegin)` '将动态数组months()的长度调整到与所选区域的列数一致
24	`Dim index As Integer`
25	`index = 0`
26	`For i = colbegin To colover`
27	`    months(index) = i - 1` '将月份数字写入数组months()
28	`    index = index + 1`
29	`Next i`
30	`With Application.WorksheetFunction` '调用工作表函数进行预测
31	`    a = .index(.LinEst(sells(), months()), 1)` '先用LinEst()函数拟合线性方程,再用Index()函数取出拟合结果的第1个值,即斜率

```
32          b = .index(.LinEst(sells(), months()), 2)      '先用LinEst()函数
        拟合线性方程, 再用Index()函数取出拟合结果的第2个值, 即截距
33          result = .Fixed(a * (colover) + b, 0)      '利用线性方程计算预测
        结果, 并对结果取整
34      End With
35      MsgBox Cells(rownum, 1).Value & "下月销量预计为:" & result _
        & "件"      '用提示框显示结果
36      Exit Sub
37  esc:      '错误处理代码段
38      MsgBox "您没有选择有效数据"      '用提示框进行提示
39  End Sub
```

📢 提示

　　第 31 行和第 32 行代码中的 Index() 是 Excel 的一个工作表函数，它有两种工作模式：数组模式和引用模式。这里使用的是数组模式，其功能是根据指定的行号和列号提取数组中的元素，语法格式如下。

Index(Array, Row_num, Column_num)

 语法解析 ————————————————————————————

Array：要提取元素的数组。

Row_num：要提取的元素所在的行号。如果省略 Row_num，则必须有 Column_num。

Column_num：要提取的元素所在的列号。如果省略 Column_num，则必须有 Row_num。

如果数组只有一行或一列，则相对应的参数 Row_num 或 Column_num 为可选参数。

如果数组有多行和多列，但只使用 Row_num 或 Column_num，则函数返回数组中的整行或整列，且返回值也为数组。

📢 提示

　　第 33 行代码中的 Fixed() 是 Excel 的一个工作表函数，用于将数值四舍五入到指定的位数，并以文本形式返回。Fixed() 函数的语法格式如下。

Fixed(Number, Decimals, No_commas)

 语法解析 ————————————————————————————

Number：必选，表示要四舍五入并转换为文本的数值。最大有效位数不超过 15 位。

Decimals：可选，表示小数点右边要保留的小数位数。如果省略，则取默认值 2；如果为负数，则在参数 Number 的小数点左边进行舍入。

No_commas：可选，一个逻辑值。如果为 True，函数的返回值不包含逗号（千位分隔符）；如果为 False 或省略，函数的返回值包含逗号（千位分隔符）。

步骤 04　继续输入代码。继续在该代码窗口中输入如右图所示的代码，用于定义一个子过程，将所选区域中的销量数据写入指定的数组。

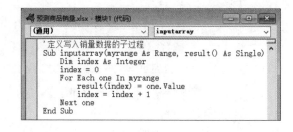

步骤 04 的代码解析

```
    '定义写入销量数据的子过程
40  Sub inputarray(myrange As Range, result() As Single)        '将单元格的内
    容写入指定数组
41      Dim index As Integer
42      index = 0
43      For Each one In myrange       '在所选区域中循环操作
44          result(index) = one.Value
45          index = index + 1         '更新循环变量
46      Next one
47  End Sub
```

步骤 05　执行宏。返回工作表中，按快捷键【Alt+F8】，❶在弹出的"宏"对话框中单击宏"预测销量"，❷然后单击"执行"按钮，如下图所示。

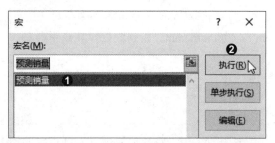

步骤 06　选择作为预测依据的数据。弹出"输入"对话框，❶在工作表中选择作为预测依据的商品销量数据，如"$B$7:$M$7"，❷单击"确定"按钮，如下图所示。

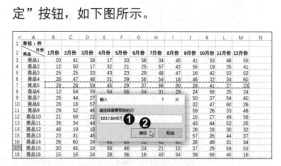

步骤 07　查看预测结果。此时会弹出提示框，显示根据步骤 06 所选数据进行预测的结果，如下图所示。

步骤 08　查看操作错误的结果。若在步骤 06 中没有选择一行数据，或直接单击"取消"按钮，则会弹出下图所示的提示框。

实战演练　对商场销售表进行分析与预测

下面以在商场销售表中查找畅销商品并预测销售额为例，对本章所学知识进行回顾。

◎ 原始文件：实例文件\第7章\原始文件\商场销售表.xlsx
◎ 最终文件：实例文件\第7章\最终文件\对商场销售表进行分析与预测.xlsm

步骤01 查看数据。打开原始文件，可看到工作表中的商场销售数据，如下图所示。

步骤02 编写查找畅销商品的代码。打开 VBA 编辑器，在当前工作簿中插入模块，并在代码窗口中输入如下图所示的代码，用于新建临时工作表并将所需数据复制到临时工作表。

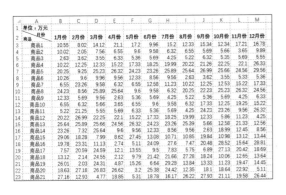

<table>
<tr><td colspan="2" align="center">步骤 02 的代码解析</td></tr>
<tr><td>1</td><td>Sub 分析商场销售表()</td></tr>
<tr><td>2</td><td>On Error GoTo proc　　'当代码出错时转到标签为proc的行
'新建一个临时工作表用于处理数据</td></tr>
<tr><td>3</td><td>Dim temptab As Worksheet</td></tr>
<tr><td>4</td><td>Dim strresult As String</td></tr>
<tr><td>5</td><td>Set temptab = Worksheets.Add(after:=Worksheets(Worksheets.count))
'选择数据并复制到剪贴板</td></tr>
<tr><td>6</td><td>Worksheets(1).Activate　　'设置第1个工作表为活动工作表</td></tr>
<tr><td>7</td><td>Dim irowcount As Integer</td></tr>
<tr><td>8</td><td>Dim icolcount As Integer</td></tr>
<tr><td>9</td><td>irowcount = ActiveSheet.Range("A3").CurrentRegion.Rows.count　　'获取不含表头的数据区域的行数</td></tr>
<tr><td>10</td><td>icolcount = 13　　'指定数据区域的列数</td></tr>
<tr><td>11</td><td>ActiveSheet.Range(Cells(3, 1), Cells(irowcount, 13)).Copy　　'将数据区域复制到剪贴板
'在临时工作表中粘贴数据</td></tr>
<tr><td>12</td><td>temptab.Activate　　'设置临时工作表为活动工作表</td></tr>
</table>

| 13 | ActiveSheet.Paste   '将剪贴板内容粘贴到活动工作表中 |

步骤03 继续输入代码。继续在该代码窗口中输入如右图所示的代码，用于查找畅销商品（至少有 10 个月销售额都高于 10 万元）。

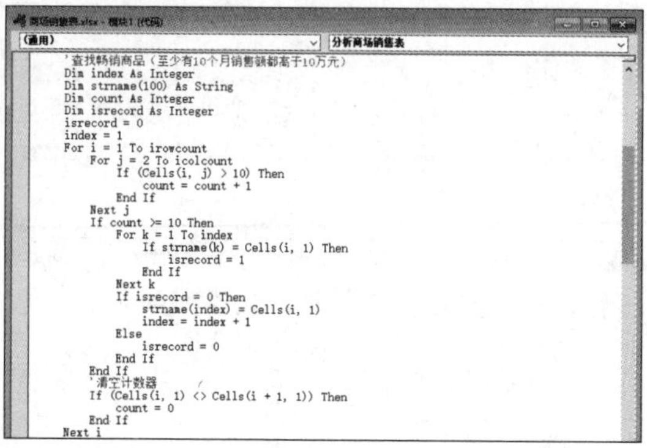

步骤 03 的代码解析

```
'查找畅销商品（至少有10个月销售额都高于10万元）
Dim index As Integer
Dim strname(100) As String
Dim count As Integer
Dim isrecord As Integer
isrecord = 0
index = 1
For i = 1 To irowcount        '逐行遍历临时工作表的已使用区域
    For j = 2 To icolcount        '逐列遍历当前行的销售额数据
        If (Cells(i, j) > 10) Then        '如果销售额大于10万元
            count = count + 1        '则进行计数
        End If
    Next j
    If count >= 10 Then        '如果销售额大于10万元的月份数大于等于10
        For k = 1 To index        '则在数组中查询是否已记录此商品的名称
            If strname(k) = Cells(i, 1) Then
                isrecord = 1
            End If
        Next k
        If isrecord = 0 Then        '如果变量isrecord为0
            strname(index) = Cells(i, 1)        '则在数组中记录商品名称
            index = index + 1        '增加记录数
        Else
            isrecord = 0
        End If
```

(行号: 14-37)

```
38        End If
39        '清空计数器
40        If (Cells(i, 1) <> Cells(i + 1, 1)) Then
41            count = 0
42        End If
43    Next i
```

步骤04 继续输入代码。继续在该代码窗口中输入如右图所示的代码，用于显示查找到的畅销商品名称列表，并在原工作表中标明。

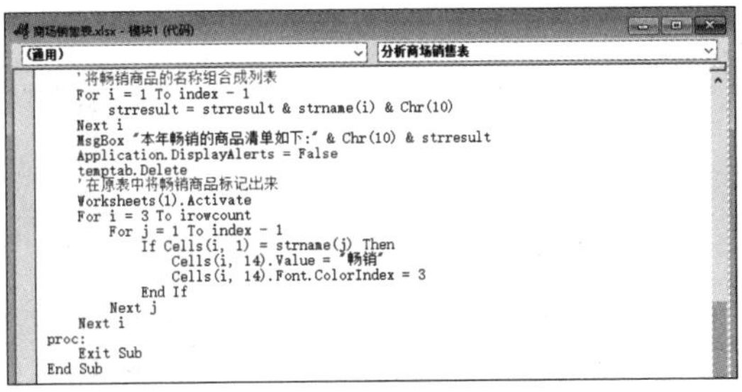

步骤04 的代码解析

```
   '将畅销商品的名称组合成列表
44 For i = 1 To index - 1        '遍历已记录的商品名称
45     strresult = strresult & strname(i) & Chr(10)        '将商品名称拼
       接成字符串
46 Next i
47 MsgBox "本年畅销的商品清单如下:" & Chr(10) & strresult        '用提示框
   显示结果
48 Application.DisplayAlerts = False        '禁用屏幕更新功能
49 temptab.Delete        '删除临时工作表
   '在原表中将畅销商品标记出来
50 Worksheets(1).Activate        '设置第1个工作表为活动工作表
51 For i = 3 To irowcount        '逐行遍历不含表头的数据区域
52     For j = 1 To index - 1
53         If Cells(i, 1) = strname(j) Then        '如果该商品为畅销商品
54             Cells(i, 14).Value = "畅销"        '则在N列中输入"畅销"
55             Cells(i, 14).Font.ColorIndex = 3        '设置字体颜色为红色
56         End If
57     Next j
58 Next i
59 proc:        '错误处理代码段
60     Exit Sub
61 End Sub
```

步骤 05　编写预测销售额的代码。在工作簿中插入第 2 个模块，并在代码窗口中输入如右图所示的代码，用于获取所选区域的范围，并对不符合要求的情况进行处理。

步骤 05 的代码解析
1　Sub 预测销售额()
2　　On Error GoTo esc
3　　Dim myinput As Range
4　　Set myinput = Application.InputBox("请选择需要预测的行", _ 　　　　Type:=8)　　'弹出对话框让用户选择单元格区域，并赋给变量myinput 　　'当所选区域不为1行时进行处理
5　　If myinput.Rows.count <> 1 Then　　'如果所选区域的行数不等于1
6　　　　GoTo esc　　'则转到标签为esc的行
7　　End If 　　'获取所选区域的范围
8　　Dim mynum As Integer
9　　Dim begincol As Integer
10　　Dim endcol As Integer
11　　mynum = myinput.Row　　'将所选区域的行号赋给变量mynum
12　　begincol = myinput.Column　　'将所选区域开始列的列号赋给变量begincol
13　　endcol = begincol + myinput.Columns.count - 1　　'计算所选区域结束列的列号并赋给变量endcol
14　　Dim tablecol As Integer
15　　tablecol = Range("B2").CurrentRegion.Columns.count　　'获取销售额数据区域的列数并赋给变量tablecol
16　　If (begincol = 1) And (endcol > tablecol) Then　　'如果所选区域从表格的第1列开始并超出了表格的最后一列
17　　　　GoTo esc　　'则转到标签为esc的行
18　　End If

步骤 06　继续输入代码。继续在该代码窗口中输入如右图所示的代码，用于将所选区域中的销售额数据和对应的月份数字分别存入动态数组，并调用工作表函数进行预测。

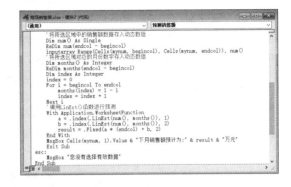

	步骤 06 的代码解析
19	`Dim num() As Single`　　'声明动态数组num()，用于存储销售额数据
20	`ReDim num(endcol - begincol)`　　'将动态数组num()的长度调整到与所选区域的列数一致
21	`inputarray Range(Cells(mynum, begincol), Cells(mynum, endcol)), _` 　　`num()`　　'调用自定义子过程inputarray将销售额数据写入数组num()
22	`Dim months() As Integer`　　'声明动态数组months()，用于存储月份数字
23	`ReDim months(endcol - begincol)`　　'将动态数组months()的长度调整到与所选区域的列数一致
24	`Dim index As Integer`
25	`index = 0`
26	`For i = begincol To endcol`　　'将月份数字写入数组months()
27	`    months(index) = i - 1`
28	`    index = index + 1`
29	`Next i`
30	`With Application.WorksheetFunction`　　'调用工作表函数进行预测
31	`    a = .index(.LinEst(num(), months()), 1)`　　'先用LinEst()函数拟合线性方程，再用Index()函数取出拟合结果的第1个值，即斜率
32	`    b = .index(.LinEst(num(), months()), 2)`　　'先用LinEst()函数拟合线性方程，再用Index()函数取出拟合结果的第2个值，即截距
33	`    result = .Fixed(a * (endcol) + b, 2)`　　'利用线性方程计算预测结果，并对结果保留2位小数
34	`End With`
35	`MsgBox Cells(mynum, 1).Value & "下月销售额预计为:" & result` 　　`& "万元"`　　'用提示框显示结果
36	`Exit Sub`
37	`esc:`　　'错误处理代码段
38	`    MsgBox "您没有选择有效数据"`　　'用提示框进行提示
39	`End Sub`

步骤07 继续输入代码。继续在该代码窗口中输入如右图所示的代码，用于定义一个子过程，将所选区域中的销售额数据写入指定的数组。

```
商场销售表.xlsx - 模块2 (代码)
(通用)                                    inputarray
'定义写入销售额数据的子过程
Sub inputarray(myinput As Range, result() As Single)
    Dim index As Integer
    index = 0
    For Each one In myinput
        result(index) = one.Value
        index = index + 1
    Next one
End Sub
```

步骤 07 的代码解析

```
   '定义写入销售额数据的子过程
40 Sub inputarray(myinput As Range, result() As Single)      '将单元格的内
   容写入指定数组
41     Dim index As Integer
42     index = 0
43     For Each one In myinput       '在所选区域中循环操作
44         result(index) = one.Value
45         index = index + 1
46     Next one
47 End Sub
```

步骤08 执行宏"分析商场销售表"。返回工作表中，按快捷键【Alt+F8】，❶在弹出的"宏"对话框中单击宏"分析商场销售表"，❷单击"执行"按钮，如下图所示。

步骤09 查看畅销商品清单。此时将弹出提示框，显示本年畅销的商品清单，查看完毕后单击"确定"按钮，如下图所示。

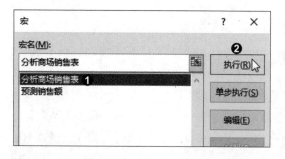

步骤10 查看标注畅销商品的效果。返回工作表中，可看到在所有畅销商品所在行的末尾都标注了红色的"畅销"字样，如右图所示。

步骤 11　执行宏"预测销售额"。再次按快捷键【Alt+F8】，❶在弹出的"宏"对话框中单击宏"预测销售额"，❷单击"执行"按钮，如下图所示。

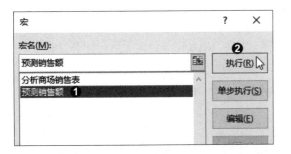

步骤 13　查看预测结果。随后会弹出提示框，显示所选商品下个月的预计销售额，查看完毕后单击"确定"按钮关闭提示框，如右图所示。

步骤 12　选择要预测销售额的商品。弹出"输入"对话框，❶在工作表中选择要预测销售额的商品的月度数据，如选择"商品8"的月度数据，❷单击"确定"按钮，如下图所示。

191

第**8**章 使用 VBA 制作图表

图表能把抽象和枯燥的数据用形象生动的可视化形式呈现出来，从而帮助我们更高效地分析数据。通过本章的学习，读者将能够通过编写 VBA 程序创建灵活、动态、美观的 Excel 图表。

8.1 图表的创建与设置

本节先讲解如何创建图表，然后讲解如何对图表的数据源、类型、格式等进行设置

8.1.1 创建图表

Excel 中的图表有两种存在形式：以独立的工作表形式存在的图表工作表和嵌入在普通工作表中的图表。下面分别介绍如何在 Excel VBA 中创建这两种形式的图表。

1. 创建图表工作表

Charts 集合对象代表一个工作簿中所有的图表工作表。而 Chart 对象既可以代表图表工作表，又可以代表普通工作表中的嵌入式图表。要创建一个图表工作表，通常先用 Charts 集合对象的 Add2 方法新建一个 Chart 对象（这里代表一个空白的图表工作表），然后使用这个 Chart 对象的 SetSourceData 方法指定图表的数据源。

Charts 集合对象的 Add2 方法的语法格式如下。

表达式.Add2(Before, After, Count, NewLayout)

语法解析

表达式：一个代表 Charts 集合对象的变量。

Before：可选，用于指定一个工作表，创建的图表工作表将置于该工作表之前。

After：可选，用于指定一个工作表，创建的图表工作表将置于该工作表之后。

Count：可选，要创建的图表工作表的数量，默认值为 1。

NewLayout：可选，一个逻辑值。如果为 True，则对图表工作表中的图表应用新的动态格式化规则，即显示图表标题，并且仅在有多个数据系列时才显示图例。

Chart 对象的 SetSourceData 方法的语法格式如下。

表达式.SetSourceData(Source, PlotBy)

192

语法解析

表达式：一个代表 Chart 对象的变量。

Source：必选，一个 Range 对象，代表包含数据源的单元格区域。

PlotBy：可选，可取的值为 xlColumns 和 xlRows，分别代表按列绘制和按行绘制。

2. 创建嵌入式图表

ChartObjects 集合对象代表一个普通工作表中所有的嵌入式图表。ChartObject 对象则可视为一个容器，其中存放着一个 Chart 对象。要创建一个嵌入式图表，通常先用 ChartObjects 集合对象的 Add 方法新建一个 ChartObject 对象，然后通过这个 ChartObject 对象的 Chart 属性访问容器中的 Chart 对象，再用这个 Chart 对象的 SetSourceData 方法指定图表的数据源。

ChartObjects 集合对象的 Add 方法的语法格式如下。

表达式.Add(Left, Top, Width, Height)

语法解析

表达式：一个代表 ChartObjects 集合对象的变量。

Left：必选，代表图表左侧与工作表左侧的距离。

Top：必选，代表图表顶部与工作表顶部的距离。

Width：必选，代表图表的宽度。

Height：必选，代表图表的高度。

ChartObject 对象的 Chart 属性的语法格式如下。

表达式.Chart

语法解析

表达式：一个代表 ChartObject 对象的变量。

实例：自动生成柱形图分析销量

下面使用前面介绍的方法在一个工作簿中创建两种形式的图表。需要说明的是，前面介绍的方法不涉及图表类型的设置，因此，Excel 会默认将图表创建为柱形图。设置图表类型的方法将在 8.1.3 节讲解。

◎ 原始文件：实例文件\第8章\原始文件\自动生成柱形图分析销量.xlsx
◎ 最终文件：实例文件\第8章\最终文件\自动生成柱形图分析销量.xlsm

步骤01 **查看数据**。打开原始文件，可在工作表"Sheet1"中看到两种产品的销量数据，如下图所示。

步骤02 **编写代码**。打开 VBA 编辑器，在当前工作簿中插入模块，并在代码窗口中输入如下图所示的代码。

	A	B	C	D	E
1	产品名称	产品A	产品B		
2	1月	58	48		
3	2月	74	65		
4	3月	88	80		
5	4月	72	76		
6	5月	65	89		
7	6月	55	98		
8	7月	45	87		
9	8月	60	84		
10	9月	58	75		
11	10月	70	83		
12	11月	80	92		
13	12月	62	55		

步骤 02 的代码解析

```
1  Sub 创建图表()
       '创建图表工作表
2      Dim Cht1 As Chart
3      Set Cht1 = ActiveWorkbook.Charts.Add2(After:= _
           Worksheets("Sheet1"))     '在工作表"Sheet1"之后插入一个空白的
           图表工作表
4      Cht1.SetSourceData Source:=Worksheets("Sheet1").Range("A1"). _
           CurrentRegion, PlotBy:=xlColumns     '设置图表的数据源
       '创建嵌入式图表
5      Dim ChtObj As ChartObject
6      Dim Cht2 As Chart
7      Set ChtObj = Worksheets("Sheet1").ChartObjects.Add(300, 0, _
           400, 300)     '在工作表"Sheet1"中插入一个图表容器
8      Set Cht2 = ChtObj.Chart     '获取图表容器中的图表
9      Cht2.SetSourceData Source:=Worksheets("Sheet1").Range("A1"). _
           CurrentRegion, PlotBy:=xlColumns     '设置图表的数据源
10 End Sub
```

步骤03 **查看创建的图表工作表**。完成代码的编写后，按【F5】键运行代码，可看到在工作表"Sheet1"后插入了一个图表工作表"Chart1"，其中有使用工作表"Sheet1"中的数据创建的图表，如右图所示。

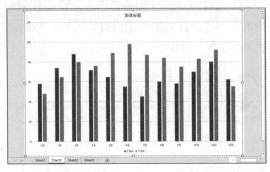

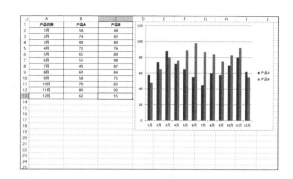

 步骤 04　查看创建的嵌入式图表。切换至工作表 "Sheet1" 中，可看到在数据右侧创建的图表，如右图所示。

8.1.2　使用 Location 方法移动图表

使用 Chart 对象的 Location 方法可以将图表工作表中的图表移动到已存在的工作表中成为嵌入式图表，也可以将嵌入式图表移动到一个新的图表工作表中。需要注意的是，完成移动后，原图表将被删除。

Location 方法的语法格式如下。

表达式.Location(Where, Name)

 语法解析

表达式：一个代表 Chart 对象的变量。

Where：必选，指定图表移动的目标位置。取值为 xlLocationAsNewSheet 时，表示将图表移动到新的图表工作表中；取值为 xlLocationAsObject 时，表示将图表移动到现有工作表中。

Name：可选。如果 Where 为 xlLocationAsObject，则该参数为图表要嵌入的工作表的名称；如果 Where 为 xlLocationAsNewSheet，则该参数为新的图表工作表的名称。

 实例：创建图表并移动位置

下面先创建一个图表工作表，再用 Location 方法将其移动到现有工作表中。

◎ 原始文件：实例文件\第8章\原始文件\创建图表并移动位置.xlsx
◎ 最终文件：实例文件\第8章\最终文件\创建图表并移动位置.xlsm

步骤 01　编写代码。打开原始文件，打开 VBA 编辑器，在当前工作簿中插入模块，并在代码窗口中输入如右图所示的代码，用于创建空白的图表工作表，然后移动图表并设置数据源。

	步骤 01 的代码解析
1	Sub 移动图表位置()
2	Dim Cht1 As Chart
3	Dim Cht2 As Chart
4	Set Cht1 = ActiveWorkbook.Charts.Add2 '创建一个空白的图表工作表
5	Set Cht2 = Cht1.Location(Where:=xlLocationAsObject, _ Name:="Sheet1") '将创建的图表移动到工作表"Sheet1"中
6	Cht2.SetSourceData Source:=Worksheets("Sheet1").Range("A1"). _ CurrentRegion, PlotBy:=xlColumns '设置图表的数据源
7	End Sub

步骤 02 显示运行结果。按【F5】键运行代码，可在工作表"Sheet1"中看到创建的图表，如右图所示。

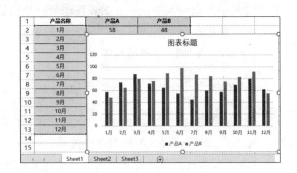

8.1.3 使用 ChartType 属性指定图表类型

使用 Chart 对象的 ChartType 属性可更改图表的类型。其语法格式如下。

表达式.ChartType

 语法解析

表达式：一个代表 Chart 对象的变量。

ChartType 属性可取的常用常量及对应的图表类型如下表所示。

常量名称	图表类型	常量名称	图表类型
xlColumnClustered	簇状柱形图	xlBarOfPie	复合条饼图
xlBarClustered	簇状条形图	xlArea	面积图
xlLine	折线图	xlAreaStacked	堆积面积图
xlXYScatter	散点图	xlRadar	雷达图
xlBubble	气泡图	xl3DColumn	三维柱形图
xlPie	饼图	xl3DLine	三维折线图
xlDoughnut	圆环图	xl3DPie	三维饼图
xlPieOfPie	复合饼图	—	—

实例：创建销售数量圆环图

下面以创建销售数量圆环图为例，介绍 ChartType 属性的具体应用。

◎ 原始文件：实例文件\第8章\原始文件\创建销售数量圆环图.xlsx
◎ 最终文件：实例文件\第8章\最终文件\创建销售数量圆环图.xlsm

步骤01　**查看数据。**打开原始文件，可看到工作表"Sheet1"中的商品名称、销售数量等数据，如下图所示。

	A	B	C	D	E
1	商品名称	销售数量	单价	总销售额	备注
2	足球	25	¥120	¥3,000	
3	篮球	40	¥105	¥4,200	
4	排球	28	¥80	¥2,240	
5	羽毛球	16	¥90	¥1,440	
6	网球	30	¥115	¥3,450	
7					
8					
9					
10					

步骤02　**编写代码。**打开 VBA 编辑器，在当前工作簿中插入模块，并在代码窗口中输入如下图所示的代码。

步骤02 的代码解析

```
1  Sub 更改图表类型()
2      Dim Cht As Chart
3      Set Cht = Worksheets("Sheet1").ChartObjects.Add(0, 100, 300, 225). _
           Chart        '在工作表"Sheet1"中创建一个空白的嵌入式图表
4      Cht.SetSourceData Source:=Worksheets("Sheet1").Range("A1:B6"), _
           PlotBy:=xlColumns      '设置图表的数据源
5      Cht.ChartType = xlDoughnut      '设置图表类型为圆环图
6  End Sub
```

步骤03　**查看运行结果。**按【F5】键运行代码，可看到在工作表"Sheet1"中创建的销售数量圆环图，如右图所示。

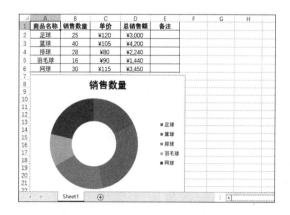

8.1.4 使用 ChartWizard 方法设置图表元素

使用 Chart 对象的 ChartWizard 方法可以根据需要快速修改图表的标题、图例、坐标轴标题等元素。其语法格式如下。

表达式.ChartWizard(Source, Gallery, Format, PlotBy, CategoryLabels, SeriesLabels, HasLegend, Title, CategoryTitle, ValueTitle, ExtraTitle)

 语法解析

表达式：一个代表 Chart 对象的变量。

Source：可选，指定图表的数据源。

Gallery：可选，指定图表类型，可取的值即 ChartType 属性可取的常量。

Format：可选，内置自动套用格式的选项编号，其值取决于图表类型。

PlotBy：可选，可取的值为 xlColumns 和 xlRows，分别代表按列绘制和按行绘制。

CategoryLabels：可选，在数据源区域中指定作为分类标签的行或列的序号（从 0 开始计数）。

SeriesLabels：可选，在数据源区域中指定作为系列标志的行或列的序号（从 0 开始计数）。

HasLegend：可选，指定是否显示图例。为 True 时表示显示图例，为 False 时表示不显示图例。

Title：可选，指定图表标题文本。

CategoryTitle：可选，指定分类轴标题文本。

ValueTitle：可选，指定数值轴标题文本。

ExtraTitle：可选，指定三维图表的系列轴标题文本或二维图表的次坐标轴标题文本。

 实例：更改销售数据柱形图的图表元素

下面以更改销售数据柱形图的图表元素为例，介绍 ChartWizard 方法的具体应用。

◎ 原始文件：实例文件\第8章\原始文件\更改销售数据柱形图的图表元素.xlsx
◎ 最终文件：实例文件\第8章\最终文件\更改销售数据柱形图的图表元素.xlsm

步骤01 查看数据和图表。打开原始文件，可看到工作表中的销售数据以及创建的柱形图，如下图所示。

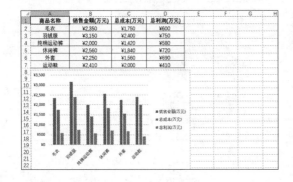

步骤02 编写代码。打开 VBA 编辑器，在当前工作簿中插入模块，并在代码窗口中输入如下图所示的代码。

步骤 02 的代码解析

```
1    Sub 更改图表元素()
2        Dim Sht As Worksheet
3        Dim Cht As Chart
4        Set Sht = Worksheets("Sheet1")
5        Set Cht = Sht.ChartObjects(1).Chart    '在工作表"Sheet1"的内嵌式
         图表中选择第1个图表
6        Cht.ChartWizard Source:=Sht.Range("A2:B7"), _
             Gallery:=xlBarClustered, PlotBy:=xlColumns, _
             HasLegend:=False, Title:="销售金额对比图", _
             CategoryTitle:="商品名称", ValueTitle:="销售金额"    '更改图表
             元素的设置：数据源为单元格区域A2:B7，类型为簇状条形图，按列绘制，
             不显示图例，标题为"销售金额对比图"，分类轴标题为"商品名称"，数
             值轴标题为"销售金额"
7    End Sub
```

步骤 03 查看运行结果。按【F5】键运行代码，可看到柱形图变为条形图，只展示销售金额数据，图例被隐藏，并添加了图表标题和坐标轴标题，如右图所示。

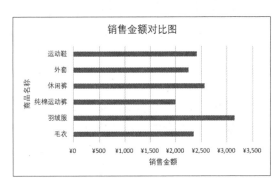

8.1.5 使用 SeriesCollection 方法设置数据系列格式

使用 Chart 对象的 SeriesCollection 方法可返回代表图表中所有数据系列的集合对象，还可通过指定数据系列的名称或编号来返回单个数据系列对象。其语法格式如下。

表达式.SeriesCollection(Index)

语法解析

表达式：一个代表 Chart 对象的变量。

Index：可选，数据系列的名称或编号。

使用 SeriesCollection 方法返回单个数据系列对象后，可进一步通过该对象的属性设置数据系列的格式，常用的有：Name，表示系列的名称；Values，表示系列的实际值；XValues，表示系列的 x 坐标的值。需要注意的是，Values 和 XValues 属性的值必须指定为 Range 对象。

Excel VBA 应用与技巧大全

实例：制作各分店营业额分析复合饼图

下面以制作各分店营业额分析复合饼图为例，介绍 SeriesCollection 方法的具体应用。

◎ 原始文件：实例文件\第8章\原始文件\制作各分店营业额分析复合饼图.xlsx
◎ 最终文件：实例文件\第8章\最终文件\制作各分店营业额分析复合饼图.xlsm

步骤01 查看数据。打开原始文件，可看到工作表"Sheet1"中的各地区分店营业额数据，如下图所示。

步骤02 编写代码。打开 VBA 编辑器，在当前工作簿中插入模块，并在代码窗口中输入如下图所示的代码，用于统计各地区的总营业额。

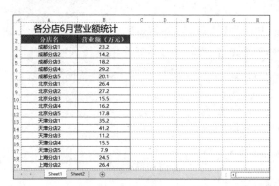

步骤 02 的代码解析

```
1   Sub 制作营业额复合饼图()
2       Dim Sht As Worksheet
3       Set Sht = Worksheets("Sheet1")
4       Dim temp As Worksheet
5       Set temp = Worksheets("Sheet2")
        '统计各地区的总营业额并写入temp表
6       temp.Range("A1") = "成都分店"      '在单元格A1中输入"成都分店"
7       temp.Range("A2") = "北京分店"      '与第6行类似
8       temp.Range("A3") = "天津分店"      '与第6行类似
9       temp.Range("A4") = "上海分店"      '与第6行类似
10      With Application.WorksheetFunction
11          temp.Range("B1") = .Sum(Sht.Range("B3:B7"))      '对工作表
            "Sheet1"的单元格区域B3:B7进行求和，将结果写入工作表"Sheet2"
            的单元格B1
12          temp.Range("B2") = .Sum(Sht.Range("B8:B12"))     '与第11行类似
13          temp.Range("B3") = .Sum(Sht.Range("B13:B17"))    '与第11行类似
14          temp.Range("B4") = .Sum(Sht.Range("B18:B22"))    '与第11行类似
15      End With
```

200

步骤 03 继续输入代码。继续在该代码窗口中输入如下图所示的代码，用于复制用户指定地区的详细数据。

步骤 04 继续输入代码。继续在该代码窗口中输入如下图所示的代码，用于创建复合饼图。

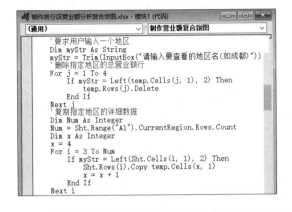

步骤 03 的代码解析

```
       '要求用户输入一个地区
16     Dim myStr As String
17     myStr = Trim(InputBox("请输入要查看的地区名(如成都)"))
       '删除指定地区的总营业额行
18     For j = 1 To 4      '在第1~4行中循环操作
19         If myStr = Left(temp.Cells(j, 1), 2) Then      '如果输入的地区与
                工作表"Sheet2"中的总营业额行对应的地区相同
20             temp.Rows(j).Delete      '则删除该总营业额行
21         End If
22     Next j
       '将指定地区的详细数据复制到工作表"Sheet2"
23     Dim Num As Integer
24     Num = Sht.Range("A1").CurrentRegion.Rows.Count      '获取工作表
           "Sheet1"中已使用区域的行数
25     Dim x As Integer
26     x = 4      '从工作表"Sheet2"的第4行开始存放详细数据
27     For i = 3 To Num      '遍历工作表"Sheet1"中已使用区域的第3行到最后一行
28         If myStr = Left(Sht.Cells(i, 1), 2) Then      '如果输入的地区与
                工作表"Sheet1"中详细数据所属地区相同
29             Sht.Rows(i).Copy temp.Cells(x, 1)      '则将详细数据复制到工
                作表"Sheet2"中
30             x = x + 1
31         End If
32     Next i
```

🗣️ **提 示**

第 17 行代码中的 Trim() 是 VBA 中的一个字符串函数，用于删除字符串开头和结尾的空格，这样可以在一定程度上减少用户误输入的多余空格导致的问题。如果只想删除字符串开头的空格，可以使用 LTrim() 函数；如果只想删除字符串结尾的空格，可以使用 RTrim() 函数。

步骤 04 的代码解析

```
       '创建复合饼图
33     Dim Cht As Chart
34     Set Cht = ActiveWorkbook.Charts.Add2(After:=Sht, _
           NewLayout:=False)        '在工作表 "Sheet1" 之后插入一个图表工作表
35     Cht.Name = "营业额分析复合饼图"      '设置图表工作表的名称
36     Cht.ChartWizard Source:=temp.Range("A1:B8"), _
           Gallery:=xlPieOfPie, HasLegend:=True      '设置图表的数据源、类
           型，并显示图例
       '设置数据系列坐标轴与实际值
37     Cht.SeriesCollection(1).XValues = temp.Range("A1:A8")
38     Cht.SeriesCollection(1).Values = temp.Range("B1:B8")
       '指定显示在右侧饼图中的区块数
39     Cht.ChartGroups(1).SplitType = xlSplitByPosition      '设置按位置划
           分要在右侧饼图中显示的数据系列
40     Cht.ChartGroups(1).SplitValue = 5      '在右侧饼图中显示最后5个系列
41     End Sub
```

步骤 05 输入地区名。按【F5】键运行代码，弹出提示框，提示用户输入要查看的地区名，❶如输入 "北京"，❷单击 "确定" 按钮，如下图所示。

步骤 06 显示创建的复合饼图。代码运行完毕后，可看到在工作簿中创建了图表工作表 "营业额分析复合饼图"，其中有一个复合饼图，如下图所示。

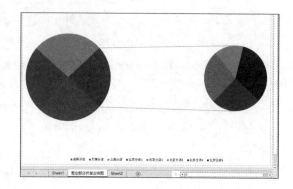

8.1.6　使用 Axes 方法调整图表坐标轴格式

使用 Chart 对象的 Axes 方法可以控制图表坐标轴的相关属性，如坐标轴的标题、刻度等。其语法格式如下。

表达式.Axes(Type, AxisGroup)

 语法解析

表达式：一个代表 Chart 对象的变量。

Type：可选，指定返回的坐标轴类型。可取的值有：xlValue，表示数值轴，即 y 轴；xlCategory，表示分类轴，即 x 轴；xlSeriesAxis，表示系列坐标轴，只能用于三维图表。

AxisGroup：可选，可取的值为常量 xlPrimary 或 xlSecondary，分别表示返回主坐标轴和次坐标轴。如果省略，则默认值为 xlPrimary。

 实例：设置产品同期销量分析柱形图坐标轴

下面以设置产品同期销量分析柱形图坐标轴为例，介绍 Axes 方法的具体应用。

◎ 原始文件：实例文件\第8章\原始文件\设置产品同期销量分析柱形图坐标轴.xlsx
◎ 最终文件：实例文件\第8章\最终文件\设置产品同期销量分析柱形图坐标轴.xlsm

步骤01 查看数据。打开原始文件，可看到工作表"Sheet1"中的产品同期销量分析数据和创建的柱形图，如下图所示。

步骤02 编写代码。打开 VBA 编辑器，在当前工作簿中插入模块，并在代码窗口中输入如下图所示的代码。

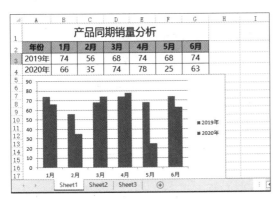

步骤 02 的代码解析

```
1    Sub 设置数值轴刻度()
2        Dim Cht As Chart
3        Set Cht = Worksheets("Sheet1").ChartObjects(1).Chart
```

```
4        With Cht.Axes(xlValue)       '针对数值轴进行设置
5            .MajorUnit = 5        '设置主要刻度单位为5
6            .MaximumScale = 80       '设置刻度的最大值为80
7            .MinimumScale = 20       '设置刻度的最小值为20
8        End With
9    End Sub
```

步骤 03 显示运行结果。按【F5】键运行代码，可看到柱形图数值轴的主要刻度单位、刻度的最大值和最小值都变了，如右图所示。

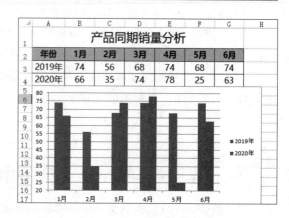

8.2 为图表添加辅助线

ChartGroup 对象代表图表中用同一格式绘制的一个或多个数据系列，ChartGroups 对象则是 ChartGroup 对象的集合。通过 ChartGroup 对象的一些属性可以为图表添加辅助线，如 HasUpDownBars、HasHiLoLines、HasSeriesLines、HasDropLines 等。

8.2.1 使用 HasUpDownBars 属性添加涨跌柱线

为了突出显示图表数据之间的差异，可使用 ChartGroup 对象的 HasUpDownBars 属性添加涨跌柱线，并对其颜色进行设置。需要注意的是，这个属性只能用于折线图，其语法格式如下。

表达式.HasUpDownBars

 语法解析

表达式：一个代表 ChartGroup 对象的变量。

 实例：添加涨跌柱线分析产品销量

下面将产品同期销量分析三维柱形图更改为折线图，并利用 HasUpDownBars 属性为折线图添加涨跌柱线。

◎ 原始文件：实例文件\第8章\原始文件\添加涨跌柱线分析产品销量.xlsx
◎ 最终文件：实例文件\第8章\最终文件\添加涨跌柱线分析产品销量.xlsm

步骤01　查看数据。打开原始文件，可看到工作表中记录的数据和创建的三维柱形图，如下图所示。

步骤02　编写代码。打开 VBA 编辑器，在当前工作簿中插入模块，并在代码窗口中输入如下图所示的代码。

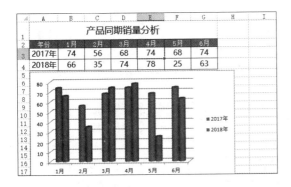

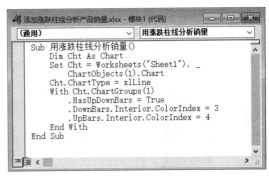

步骤 02 的代码解析

```
1  Sub 用涨跌柱线分析销量()
2      Dim Cht As Chart
3      Set Cht = Worksheets("Sheet1").ChartObjects(1).Chart    '选择工作
   表"Sheet1"中的第1个嵌入式图表
4      Cht.ChartType = xlLine      '更改图表类型为折线图
5      With Cht.ChartGroups(1)       '针对第1组数据系列进行设置
6          .HasUpDownBars = True       '显示涨跌柱线
7          .DownBars.Interior.ColorIndex = 3      '设置跌柱线的填充颜色
8          .UpBars.Interior.ColorIndex = 4      '设置涨柱线的填充颜色
9      End With
10 End Sub
```

步骤03　显示运行结果。按【F5】键运行代码，返回工作表中，可看到三维柱形图变为折线图，并添加了涨跌柱线，更便于分析同期销量的涨跌情况，如右图所示。

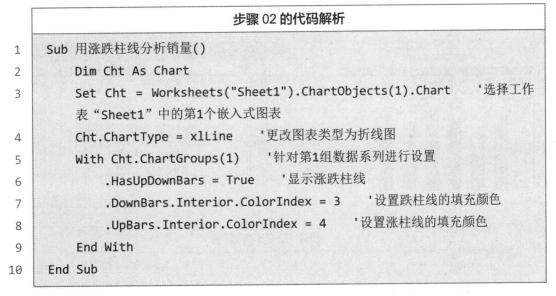

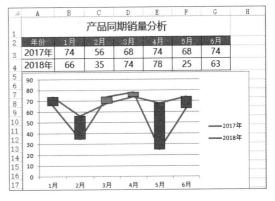

205

8.2.2　使用 HasHiLoLines 属性添加高低点连线

使用 ChartGroup 对象的 HasHiLoLines 属性可为折线图的数据系列添加高低点连线，从而使图表中高点和低点的数据差值更加直观。该属性的语法格式如下。

表达式.HasHiLoLines

实例：添加高低点连线分析产品销量

下面利用 HasHiLoLines 属性为产品同期销量分析图表添加高低点连线。

◎ 原始文件：实例文件\第8章\原始文件\添加高低点连线分析产品销量.xlsx
◎ 最终文件：实例文件\第8章\最终文件\添加高低点连线分析产品销量.xlsm

步骤01　查看数据。打开原始文件，可看到工作表中记录的数据和创建的三维柱形图，如下图所示。

步骤02　编写代码。打开 VBA 编辑器，在当前工作簿中插入模块，并在代码窗口中输入如下图所示的代码。

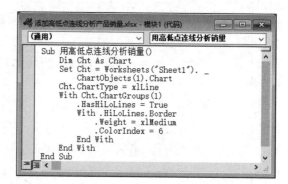

步骤 02 的代码解析

```
1   Sub 用高低点连线分析销量()
2       Dim Cht As Chart
3       Set Cht = Worksheets("Sheet1").ChartObjects(1).Chart
4       Cht.ChartType = xlLine
5       With Cht.ChartGroups(1)
6           .HasHiLoLines = True        '显示高低点连线
7           With .HiLoLines.Border      '设置高低点连线的边框
8               .Weight = xlMedium      '设置边框粗细
9               .ColorIndex = 6         '设置边框颜色
10          End With
11      End With
12  End Sub
```

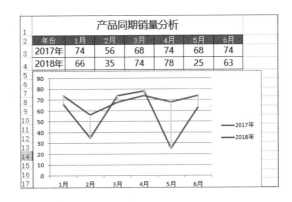

步骤 03 显示运行结果。按【F5】键运行代码，返回工作表中，可看到三维柱形图变为折线图，并添加了高低点连线，如右图所示。

8.2.3 使用 HasSeriesLines 属性添加系列线

使用 ChartGroup 对象的 HasSeriesLines 属性可为堆积图表添加系列线，对不同部分进行划分，从而让各个部分的数据展示效果更加直观。该属性的语法格式如下。

表达式.HasSeriesLines

实例：添加系列线分析产品销量

下面利用 HasSeriesLines 属性为产品同期销量分析图表添加系列线。

◎ 原始文件：实例文件\第8章\原始文件\添加系列线分析产品销量.xlsx
◎ 最终文件：实例文件\第8章\最终文件\添加系列线分析产品销量.xlsm

步骤 01 查看数据。打开原始文件，可看到工作表中记录的数据和创建的三维柱形图，如下图所示。

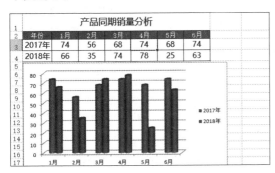

步骤 02 编写代码。打开 VBA 编辑器，在当前工作簿中插入模块，并在代码窗口中输入如下图所示的代码。

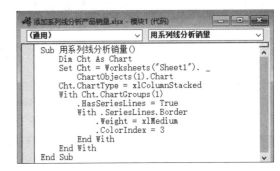

步骤 02 的代码解析
1	Sub 用系列线分析销量()
2	Dim Cht As Chart
3	Set Cht = Worksheets("Sheet1").ChartObjects(1).Chart

```
4        Cht.ChartType = xlColumnStacked      '更改图表类型为堆积柱形图
5        With Cht.ChartGroups(1)
6            .HasSeriesLines = True      '显示堆积柱形图的系列线
7             With .SeriesLines.Border      '设置系列线的边框
8                 .Weight = xlMedium        '设置边框粗细
9                 .ColorIndex = 3       '设置边框颜色
10            End With
11        End With
12    End Sub
```

步骤03 **显示运行结果。**按【F5】键运行代码，返回工作表中，可看到三维柱形图变为堆积柱形图，并添加了系列线，如右图所示。

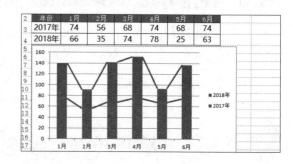

8.2.4 使用 HasDropLines 属性添加垂直线

使用 ChartGroup 对象的 HasDropLines 属性可为折线图或面积图的数据系列添加垂直线，从而方便比较数据。该属性的语法格式如下。

表达式.HasDropLines

实例：添加垂直线分析产品销量

下面利用 HasDropLines 属性为产品同期销量分析图表添加垂直线。

◎ 原始文件：实例文件\第8章\原始文件\添加垂直线分析产品销量.xlsx
◎ 最终文件：实例文件\第8章\最终文件\添加垂直线分析产品销量.xlsm

步骤01 **查看数据。**打开原始文件，可看到工作表中记录的数据和创建的三维柱形图，如右图所示。

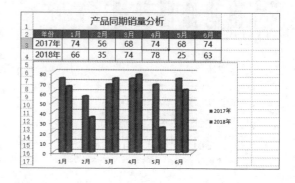

步骤02　编写代码。打开 VBA 编辑器，在当前工作簿中插入模块，并在代码窗口中输入如下图所示的代码。

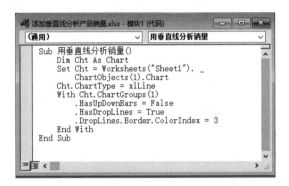

步骤03　显示运行结果。按【F5】键运行代码，返回工作表中，可看到三维柱形图变为折线图，并添加了垂直线，如下图所示。

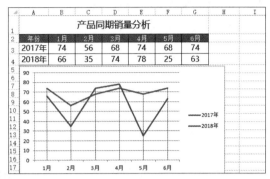

步骤 02 的代码解析

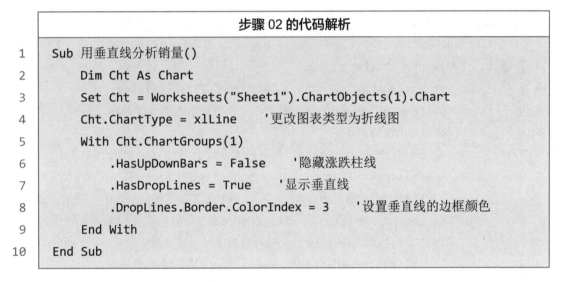

```
1    Sub 用垂直线分析销量()
2        Dim Cht As Chart
3        Set Cht = Worksheets("Sheet1").ChartObjects(1).Chart
4        Cht.ChartType = xlLine        '更改图表类型为折线图
5        With Cht.ChartGroups(1)
6            .HasUpDownBars = False     '隐藏涨跌柱线
7            .HasDropLines = True       '显示垂直线
8            .DropLines.Border.ColorIndex = 3      '设置垂直线的边框颜色
9        End With
10   End Sub
```

实战演练　制作业务能力分析图

下面通过制作业务能力分析图，对本章所学知识进行回顾。

◎ 原始文件：实例文件\第8章\原始文件\制作业务能力分析图.xlsx
◎ 最终文件：实例文件\第8章\最终文件\制作业务能力分析图.xlsm

步骤01　查看数据。打开原始文件，可看到工作表"业务能力分析表"中的各部门业务能力分析数据，如右图所示。现在要制作一个雷达图对数据进行分析。

	A	B	C	D	E	F	G
1		生产部门业务能力分析表					
2		严守生产计划	人员分配	材料管理	安全管理	品质生产	严守交货期限
3	部门1	95	84	84	93	74	65
4	部门2	74	83	75	92	84	73
5	部门3	65	74	84	93	72	83
6	部门4	83	94	95	94	84	74
7	部门5	64	85	83	74	85	94
8	部门6	94	84	94	83	75	85
9	部门7	84	73	63	73	72	73
10	部门8	63	85	74	64	64	64
11	部门9	74	84	95	84	75	64
12							
13							
14							

步骤 02 编写创建雷达图的代码。打开 VBA
编辑器，在当前工作簿中插入模块，并在代码
窗口中输入如右图所示的代码，第一部分用于
创建雷达图，第二部分用于判断当前工作簿中
是否已有指定名称的图表工作表。

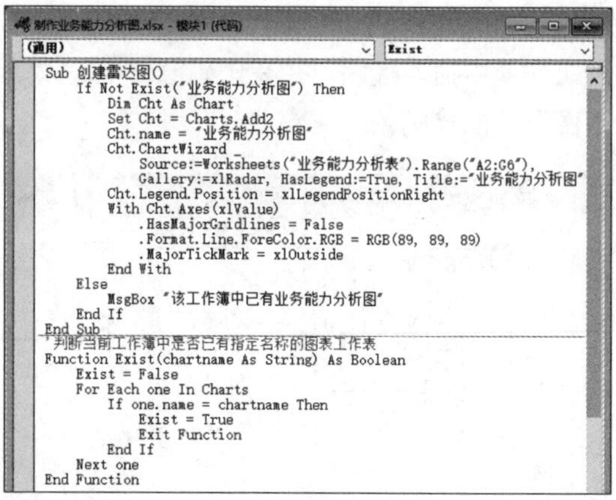

步骤 02 的代码解析

```vba
1    Sub 创建雷达图()
2        If Not Exist("业务能力分析图") Then        '如果不存在指定名称的图表工作表
3            Dim Cht As Chart
4            Set Cht = Charts.Add2            '创建一个空白的图表工作表
5            Cht.name = "业务能力分析图"         '设置图表工作表的名称
6            Cht.ChartWizard _
                 Source:=Worksheets("业务能力分析表").Range("A2:G6"), _
                 Gallery:=xlRadar, HasLegend:=True, _
                 Title:="业务能力分析图"         '设置图表的数据源、类型、图例、标题
7            Cht.Legend.Position = xlLegendPositionRight        '将图例置于右侧
8            With Cht.Axes(xlValue)        '针对数值轴进行设置
9                .HasMajorGridlines = False        '不显示主网格线
10               .Format.Line.ForeColor.RGB = RGB(89, 89, 89)        '轴的颜色
11               .MajorTickMark = xlOutside        '主要刻度线显示在外侧
12           End With
13       Else        '如果已存在指定名称的图表工作表
14           MsgBox "该工作簿中已有业务能力分析图"        '用提示框进行提示
15       End If
16   End Sub
17   '判断当前工作簿中是否已有指定名称的图表工作表
18   Function Exist(chartname As String) As Boolean        '自定义函数Exist()
19       Exist = False        '设置函数的默认返回值为False
20       For Each one In Charts        '遍历工作簿中的所有图表工作表
21           If one.name = chartname Then        '如果名称相符
22               Exist = True        '则设置函数的返回值为True
23               Exit Function
```

```
24          End If
25      Next one
26  End Function
```

步骤03 创建"创建雷达图"窗体按钮。返回工作表中，在合适的位置插入窗体按钮并指定宏为"创建雷达图"，随后更改按钮文本为"创建雷达图"，如下图所示。

	A	B	C	D	E	F
1		生产部门业务能力分析表				
2		严守生产计划	人数分配	材料管理	安全管理	品质生产
3	部门1	95	84	84	93	74
4	部门2	74	83	75	92	84
5	部门3	65	74	84	93	72
6	部门4	83	94	95	94	84
7	部门5	64	85	83	74	85
8	部门6	94	84	94	83	75
9	部门7	84	73	63	73	72
10	部门8	63	85	74	64	64
11	部门9	74	84	95	84	75
12						
13	创建雷达图					
14						
15						

步骤04 编写添加部门的代码。返回 VBA 编辑器，在当前工作簿中再次插入模块，在代码窗口中输入如下图所示的代码，用于在图表中添加部门数据。

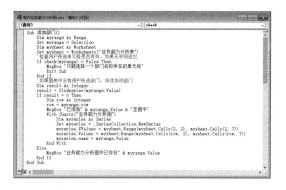

步骤 04 的代码解析

```
1   Sub 添加部门()
2       Dim myrange As Range
3       Set myrange = Selection
4       Dim mysheet As Worksheet
5       Set mysheet = Worksheets("业务能力分析表")
6       If check(myrange) = False Then      '如果用户所选单元格无效
7           MsgBox "只能选择一个部门名称所在的单元格"      '用提示框进行提示
8           Exit Sub      '强制退出子过程
9       End If
10      Dim result As Integer
11      result = findseries(myrange.Value)      '调用自定义函数findseries()
            在图表中查找用户所选部门的名称，将查找结果赋给变量result
12      If result = 0 Then      '如果该部门不在图表中，则将相关数据添加至图表
13          Dim row As Integer
14          row = myrange.row      '获取用户所选单元格的行号
15          MsgBox "已添加" & myrange.Value & "至图中"
16          With Charts("业务能力分析图")
17              Dim myseries As Series
18              Set myseries = .SeriesCollection.NewSeries      '新建数据系列
```

```
19        myseries.XValues = mysheet.Range(mysheet.Cells(2, 2), _
              mysheet.Cells(2, 7))      '设置数据系列分类轴的值
20        myseries.Values = mysheet.Range(mysheet.Cells(row, 2), _
              mysheet.Cells(row, 7))      '设置数据系列数值轴的值
21        myseries.name = myrange.Value        '设置数据系列的名称
22      End With
23    Else
24      MsgBox "业务能力分析图中已存在" & myrange.Value
25    End If
26  End Sub
```

步骤05 继续编写删除部门的代码。继续在该代码窗口中输入如右图所示的代码，用于在图表中删除部门数据。

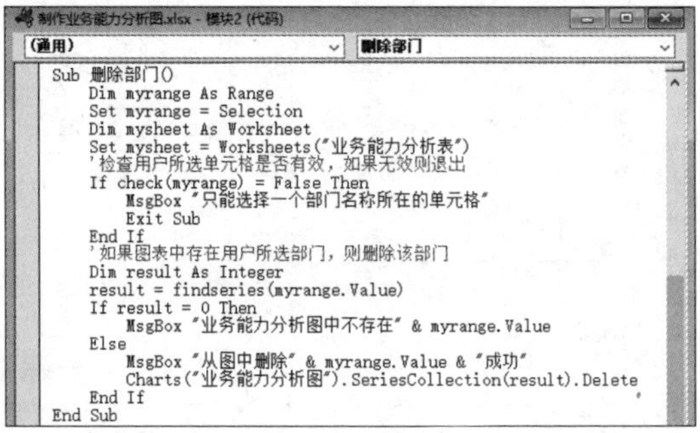

步骤 05 的代码解析

```
27  Sub 删除部门()
28    Dim myrange As Range
29    Set myrange = Selection
30    Dim mysheet As Worksheet
31    Set mysheet = Worksheets("业务能力分析表")
32    If check(myrange) = False Then      '如果用户所选单元格无效
33      MsgBox "只能选择一个部门名称所在的单元格"      '用提示框进行提示
34      Exit Sub      '强制退出子过程
35    End If
36    Dim result As Integer
37    result = findseries(myrange.Value)      '调用自定义函数findseries()
      在图表中查找用户所选部门的名称，将查找结果赋给变量result
38    If result = 0 Then      '如果该部门不在图表中
39      MsgBox "业务能力分析图中不存在" & myrange.Value      '用提示框进行提示
40    Else      '如果该部门在图表中
41      MsgBox "从图中删除" & myrange.Value & "成功"
42      Charts("业务能力分析图").SeriesCollection(result).Delete      '从
```

	图表中删除该部门的数据系列
43	End If
44	End Sub

步骤 06 继续编写检查指定部门是否存在的代码。继续在该代码窗口中输入如右图所示的代码，用于查找指定部门是否已存在于图表中。

	步骤 06 的代码解析
	'查找指定部门是否已存在于图表中
45	Function findseries(name As String) As Integer　　'自定义函数findseries()
46	If Charts("业务能力分析图").SeriesCollection.Count < 1 Then　　'如果"业务能力分析图"图表中的数据系列数量小于1
47	findseries = 0　　'则设置函数的返回值为0
48	Exit Function
49	End If
50	Dim index As Integer
51	For index = 1 To Charts("业务能力分析图").SeriesCollection. _ Count　　'遍历所有数据系列的集合
52	If Charts("业务能力分析图").SeriesCollection(index).name = _ name Then　　'如果当前数据系列与指定部门同名
53	findseries = index　　'则设置函数的返回值为数据系列的索引值
54	Exit Function
55	End If
56	Next index
57	findseries = 0
58	End Function

步骤 07 继续编写检查用户所选单元格是否有效的代码。继续在该代码窗口中输入如右图所示的代码，用于检查用户所选单元格是否有效。

步骤07 的代码解析

```
     '检查用户所选单元格是否有效
59   Function check(myrange As Range) As Boolean     '自定义函数check()
60       check = True     '设置函数的默认返回值为True
61       If myrange.Count <> 1 Or myrange.Column <> 1 Or _
             myrange.row = 1 Then     '如果所选单元格不是包含部门名称的单个单元格
62           check = False     '则设置函数的返回值为False
63       End If
64   End Function
```

步骤08 创建"添加部门"和"删除部门"窗体按钮。返回工作表中，在合适的位置插入两个窗体按钮，分别指定宏为"添加部门"和"删除部门"，并相应更改按钮文本，如右图所示。

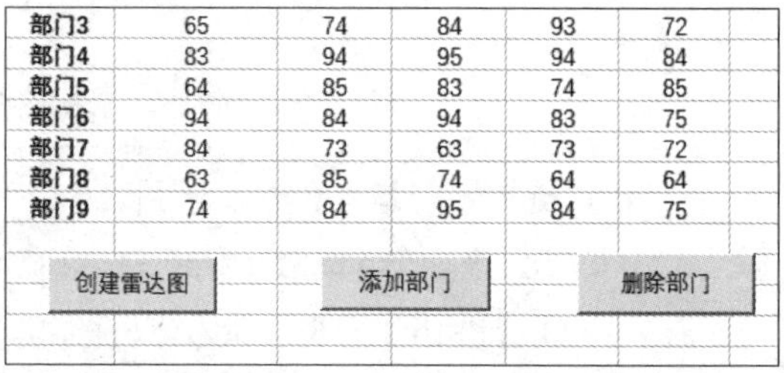

部门3	65	74	84	93	72
部门4	83	94	95	94	84
部门5	64	85	83	74	85
部门6	94	84	94	83	75
部门7	84	73	63	73	72
部门8	63	85	74	64	64
部门9	74	84	95	84	75

创建雷达图　　添加部门　　删除部门

步骤09 创建雷达图。单击"创建雷达图"按钮，此时会新建一个图表工作表"业务能力分析图"，其中有一张雷达图，如下图所示。

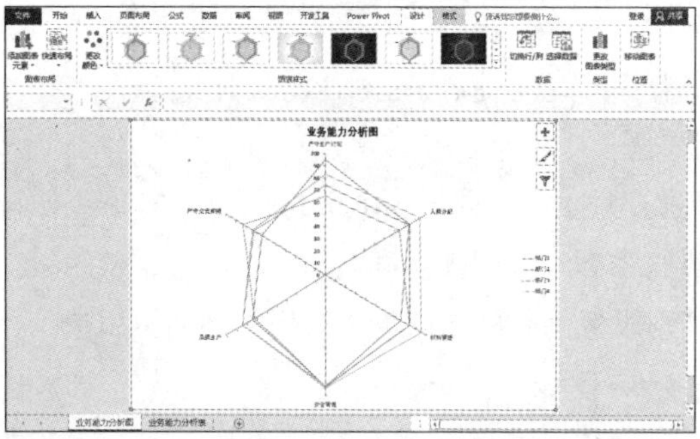

步骤10 添加多个部门。❶在工作表"业务能力分析表"中选中单元格区域A9:A11，❷单击"添加部门"按钮，如下图所示。

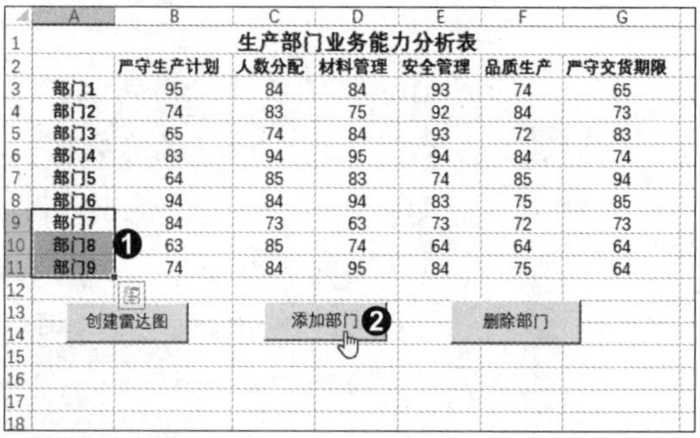

步骤11 提示只能选择一个部门。此时会弹出提示框，提示用户只能选择一个部门名称所在的单元格，单击"确定"按钮，如下图所示。

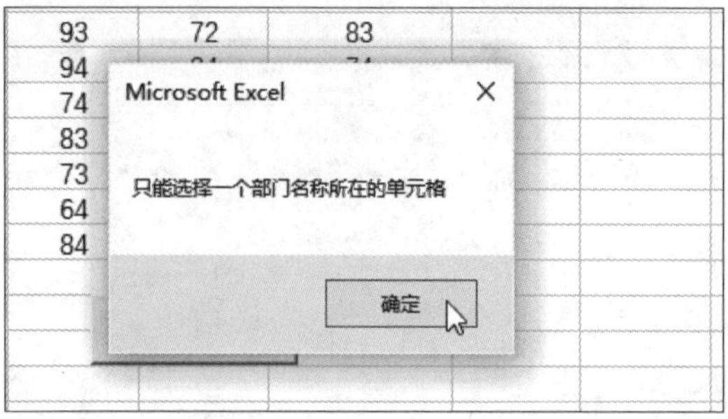

步骤12 添加单个部门。❶在工作表中选中单元格A8，❷单击"添加部门"按钮，如下图所示。

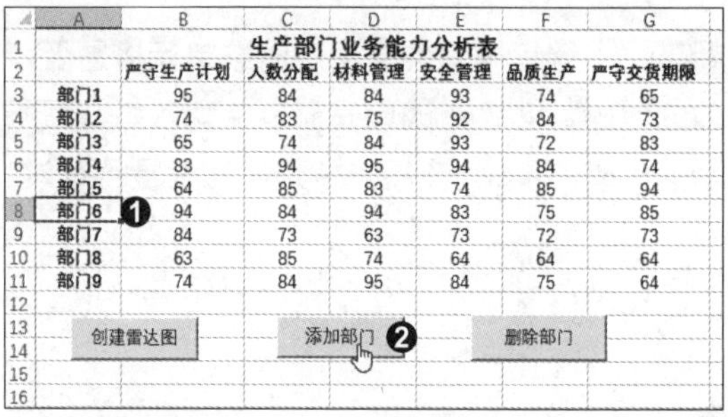

步骤13 提示成功添加部门。此时会弹出提示框,提示部门 6 已被添加至图中,单击"确定"按钮,如下图所示。

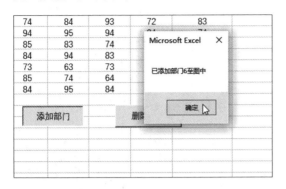

步骤14 查看添加数据后的效果。切换至工作表"业务能力分析图",可看到图表中新增了数据系列"部门 6",如下图所示。

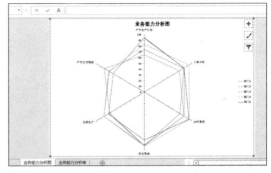

步骤15 继续添加部门数据。❶在工作表"业务能力分析表"中选中单元格 A5,❷单击"添加部门"按钮,如下图所示。

步骤16 提示图中已存在数据。此时会弹出提示框,提示图中已存在部门 3,单击"确定"按钮,如下图所示。

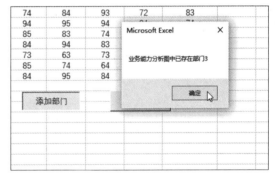

步骤17 删除部门数据。❶在工作表中选中单元格 A8,❷单击"删除部门"按钮,如下图所示。

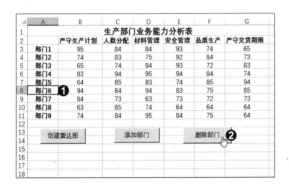

步骤18 提示删除数据成功。此时会弹出提示框,提示成功从图中删除部门 6,单击"确定"按钮,如下图所示。

步骤 19 **查看删除数据后的效果。** 利用相同的方法删除部门 2、部门 3，切换至工作表"业务能力分析图"，可看到如下图所示的效果。

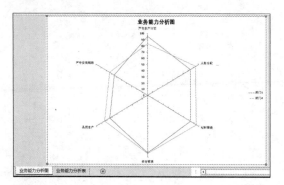

步骤 21 **提示图中不存在数据。** 此时会弹出提示框，提示图中不存在部门 6，单击"确定"按钮，如右图所示。

步骤 20 **删除图表中不存在的部门。** ❶在工作表中选中单元格 A8，❷单击"删除部门"按钮，如下图所示。

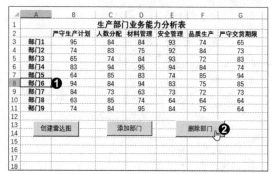

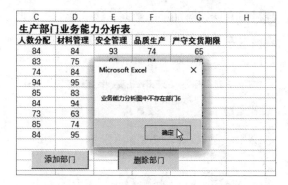

第 9 章

使用VBA创建数据透视表（图）

本章主要讲解如何用 VBA 创建内容丰富且格式灵活的数据透视表和数据透视图，从而将复杂数据的内部关系直观地表现出来。

9.1　创建数据透视表

在 Excel VBA 中，主要有两种创建数据透视表的方式，下面分别进行讲解。

9.1.1　使用 PivotTableWizard 方法创建数据透视表

创建数据透视表的第一种方式是使用 Worksheet 对象的 PivotTableWizard 方法创建数据透视表。该方法的语法格式如下。

表达式.PivotTableWizard(SourceType, SourceData, TableDestination, TableName, RowGrand, ColumnGrand, SaveData, HasAutoFormat, AutoPage, BackgroundQuery, OptimizeCache, PageFieldOrder, PageFieldWrapCount, ReadData, Connection)

💬 语法解析

表达式：一个代表 Worksheet 对象的变量。

SourceType：可选，用于指定数据透视表的数据源类型，可取的常量值见下表。如果指定了此参数，那么必须同时指定 SourceData。如果省略 SourceType 和 SourceData，则 Excel 默认数据源类型为 xlDatabase，并假定数据源来自命名的数据区域。

常量名称	值	说明
xlConsolidation	3	多重合并计算数据区域
xlDatabase	1	Excel 列表或数据库
xlExternal	2	其他应用程序中的数据
xlPivotTable	-4148	与另一个数据透视表的数据源相同
xlScenario	4	数据基于使用方案管理器创建的方案

SourceData：可选，指定用于创建数据透视表的数据。可以是一个 Range 对象、一个区域数组或代表另一个数据透视表名称的字符串。

TableDestination：可选，一个 Range 对象，用于指定数据透视表在工作表中的位置。如果省略此参数，则将数据透视表置于活动单元格中。

TableName：可选，用于指定新建数据透视表的名称。

RowGrand：可选。如果为 True，则在数据透视表中显示行总计。

ColumnGrand：可选。如果为 True，则在数据透视表中显示列总计。

SaveData：可选。如果为 True，则保存数据透视表中的数据；如果为 False，则仅保存数据透视表的定义。

HasAutoFormat：可选。如果为 True，则当更新数据透视表或移动字段时，Excel 会自动设置其格式。

AutoPage：可选，仅当 SourceType 为 xlConsolidation 时有效。如果为 True，Excel 会自动为合并创建页字段；如果为 False，则必须手动创建页字段。

BackgroundQuery：可选。如果为 True，则在后台执行数据透视表的查询。默认值为 False。

OptimizeCache：可选。如果为 True，则对数据透视表的高速缓存进行优化。默认值为 False。

PageFieldOrder：可选，用于指定数据透视表布局中页字段的排列顺序。

PageFieldWrapCount：可选，用于指定数据透视表的每列或每行中的页字段数量。默认值为 0。

ReadData：可选。如果为 True，则创建高速缓存以保存从外部数据库导入的记录，该缓存可能会很大；如果为 False，可在实际读取某些字段之前，将这些字段设为基于服务器的页字段。

Connection：可选，包含 ODBC 设置的字符串，让 Excel 可以连接 ODBC 数据源。

PivotTableWizard 方法创建的是一个空白的数据透视表，对应的对象为 PivotTable，随后还需要利用该对象的属性和方法在数据透视表中进行设置字段、筛选数据、指定汇总函数等操作，才能按需求显示数据。

1. 设置字段

使用 PivotTable 对象的 PivotFields 属性可以获取代表数据透视表所有可用字段的 PivotFields 集合对象，该集合对象的成员则是分别代表各个字段的 PivotField 对象。

PivotField 对象的 Orientation 属性用于指定该字段在数据透视表中所属的区域，该属性可取的常量值如下表所示。

常量名称	值	说明	常量名称	值	说明
xlHidden	0	隐藏字段	xlPageField	3	页字段
xlRowField	1	行字段	xlDataField	4	值字段
xlColumnField	2	列字段	—	—	—

当数据透视表的同一区域中有多个字段时，需要通过 PivotField 对象的 Position 属性为各个字段指定其在区域中的顺序。

2. 筛选数据

在数据透视表中，可根据行字段、列字段和页字段的内容对数据区域进行筛选。在 VBA 中，则是通过对相应对象的属性赋值来实现筛选的。

使用 PivotField 对象的 PivotItems 属性可以获取代表该字段所有可用筛选值的 PivotItems 集合对象，该集合对象的成员则是分别代表各个筛选值的 PivotItem 对象。先通过序号或名称访问 PivotItems 集合对象中的 PivotItem 对象，然后修改 PivotItem 对象的 Visible 属性，即可达到数据筛选的目的。

对数据透视表执行筛选的关键是要熟悉其内部结构，厘清 PivotTables、PivotTable、Pivot-Fields、PivotField、PivotItems 和 PivotItem 这些对象之间的关系。这 6 个对象中，复数形式名称的对象均为单数形式名称的对象的集合对象，而 PivotTable 对象包含 PivotField 对象，Pivot-Field 对象包含 PivotItem 对象。对于这种分层式的包含关系，在编写代码时尤其适合使用多级的 With 语句来完成相关操作。

3. 指定汇总函数

为数据透视表指定值字段后，Excel 会根据值字段的内容自动指定相应的汇总函数。一般来说，数值型的值字段的汇总函数为求和函数，非数值型的值字段的汇总函数为计数函数。但是，自动指定的函数往往不能满足实际需求，此时就要进行更改。

在 VBA 中有两种方法可指定汇总函数。第一种方法是调用 PivotTable 对象的 AddData-Field 方法，该方法需在指定值字段的同时指定汇总函数，适合在第一次指定值字段时使用。AddDataField 方法的语法格式如下。

表达式.AddDataField(Field, Caption, Function)

语法解析

表达式：一个代表 PivotTable 对象的变量。

Field：必选，指定要作为值字段的数据透视表字段，必须是一个 PivotField 对象。

Caption：可选，指定值字段的名称。

Function：可选，指定值字段的汇总函数，可取的常量值如下表所示。

常量名称	说明	常量名称	说明
xlSum	求和	xlMax	最大值
xlAverage	平均值	xlMin	最小值
xlCount	计数	xlStDev	标准偏差
xlCountNum	数值计数	xlVar	方差
xlProduct	乘积	xlVarP	总体方差

第二种方法则需要修改值字段对应的 PivotField 对象的 Function 属性，适用于修改已经存在的值字段的汇总函数。Function 属性的取值与上表相同。

实例：创建车辆出勤统计数据透视表

下面使用本节介绍的方法，创建车辆出勤统计数据透视表。

◎ 原始文件：实例文件\第9章\原始文件\创建车辆出勤统计数据透视表.xlsx
◎ 最终文件：实例文件\第9章\最终文件\创建车辆出勤统计数据透视表.xlsm

步骤01 **查看数据**。打开原始文件，可看到工作表"Sheet1"中的车辆出勤数据，如下图所示。

步骤02 **编写代码**。打开 VBA 编辑器，在当前工作簿中插入一个模块，并在代码窗口中输入如下图所示的代码，用于创建数据透视表。

步骤 02 的代码解析		
1	Sub 创建数据透视表()	
2	Dim sht1 As Worksheet	
3	Set sht1 = Worksheets("Sheet1")	
4	Dim sht2 As Worksheet	
5	Set sht2 = Worksheets.Add '新建工作表，用于放置数据透视表	
6	sht2.Name = "出勤统计表" '重命名新建工作表	
7	Dim PvtTbl As PivotTable	
8	Set PvtTbl = sht2.PivotTableWizard(SourceType:=xlDatabase, _	
	SourceData:=sht1.Range("A2:D15"), _	
	TableDestination:=sht2.Range("A1"), _	
	tablename:="出勤统计表") '新建数据透视表，并设置位置和名称	
9	With PvtTbl '设置数据透视表	
10	With .PivotFields("日期") '设置"日期"字段	
11	.Orientation = xlPageField '设置为页字段	
12	.Position = 1 '指定字段的位置	
13	End With	
14	With .PivotFields("司机") '设置"司机"字段	
15	.Orientation = xlRowField '设置为行字段	
16	.Position = 1 '指定字段的位置	
17	End With	
18	With .PivotFields("使用人") '设置"使用人"字段	

```
19              .Orientation = xlColumnField      '设置为列字段
20              .Position = 1        '指定字段的位置
21          End With
22          .AddDataField .PivotFields("时间（小时）"), "时间和", _
                xlSum      '指定值字段，并设置名称和汇总函数
23      End With
24      PvtTbl.TableStyle2 = "PivotStyleLight16"     '设置数据透视表样式
25      ActiveWorkbook.ShowPivotTableFieldList = False     '隐藏"数据透视
        表字段"窗格
26  End Sub
```

> 🎺 **提 示**
>
> 　　第 25 行代码中的 ShowPivotTableFieldList 是 Workbook 对象的属性。其值为 True 时表示显示"数据透视表字段"窗格，为 False 时表示隐藏该窗格。

步骤 03 运行代码创建数据透视表。完成代码的编写后，按【F5】键运行代码，可看到创建了一个工作表"出勤统计表"，其中有一个数据透视表，如下图所示。

步骤 04 继续输入代码。继续在代码窗口中输入如下图所示的代码，用于将"李伟"从数据透视表中隐藏，并更改值字段的汇总方式和名称。

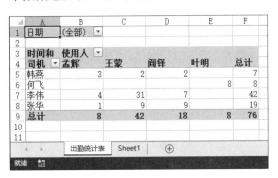

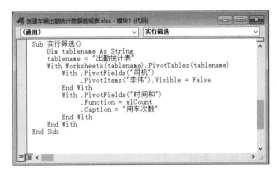

	步骤 04 的代码解析	

```
27  Sub 实行筛选()
28      Dim tablename As String
29      tablename = "出勤统计表"
30      With Worksheets(tablename).PivotTables(tablename)
31          With .PivotFields("司机")      '设置"司机"字段
32              .PivotItems("李伟").Visible = False      '隐藏"李伟"的数据
33          End With
34          With .PivotFields("时间和")      '设置"时间和"字段
```

```
35              .Function = xlCount        '更改汇总方式为计数
36              .Caption = "用车次数"      '更改字段名称为"用车次数"
37          End With
38      End With
39  End Sub
```

步骤 05 执行宏。返回工作表"出勤统计表"，按快捷键【Alt+F8】，❶在弹出的"宏"对话框中选择宏"实行筛选"，❷单击"执行"按钮，如下图所示。

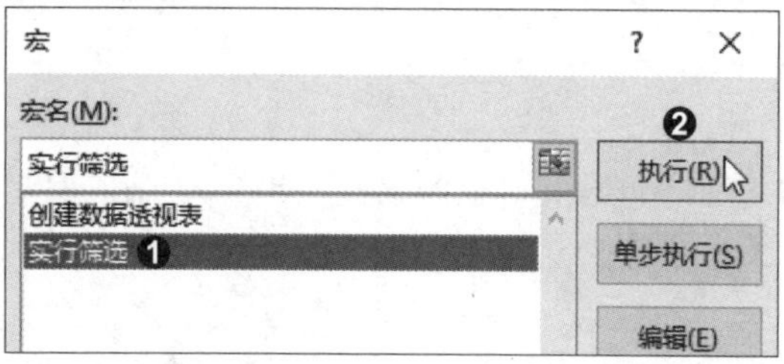

步骤 06 查看筛选结果。此时可以看到数据透视表中"司机"字段下不再显示"李伟"的数据，值字段的汇总方式和名称也被更改，如下图所示。

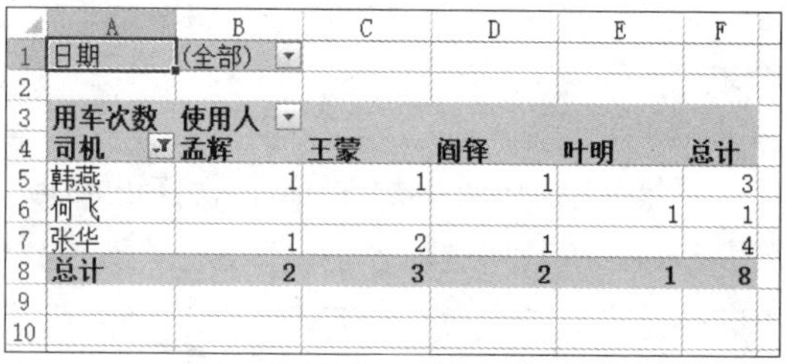

9.1.2 使用 Create 和 CreatePivotTable 方法创建数据透视表

Excel 在创建一个数据透视表时，会先为数据源创建一个称为"缓存"的副本，再基于缓存创建数据透视表。因此，用 VBA 创建数据透视表的第二种方式是先创建数据源的缓存（相应的对象为 PivotCache），再基于缓存创建数据透视表。

PivotCaches 集合对象代表一个工作簿中的所有缓存，该集合对象的成员则是分别代表各个缓存的 PivotCache 对象。使用 PivotCaches 集合对象的 Create 方法可以创建一个 Pivot-Cache 对象，该方法的语法格式如下。

表达式.Create(SourceType, SourceData, Version)

语法解析

表达式：一个代表 PivotCaches 对象的变量。

SourceType：必选，用于指定数据源的类型。可取的常量值见 9.1.1 节中 PivotTableWizard 方法的语法解析。

SourceData：可选，指定用于创建数据透视表缓存的数据。

Version：可选，用于指定数据透视表的版本。可取的常量值如下表所示。

常量名称	值	说明
xlPivotTableVersion2000	0	Excel 2000
xlPivotTableVersion10	1	Excel 2002
xlPivotTableVersion11	2	Excel 2003
xlPivotTableVersion12	3	Excel 2007

续表

常量名称	值	说明
xlPivotTableVersion14	4	Excel 2010
xlPivotTableVersion15	5	Excel 2013
xlPivotTableVersionCurrent	-1	仅为满足向后兼容性而设

　　使用 PivotCaches 集合对象的 Create 方法创建了一个 PivotCache 对象后，就可以使用这个 PivotCache 对象的 CreatePivotTable 方法创建数据透视表。CreatePivotTable 方法的语法格式如下。

表达式.CreatePivotTable(TableDestination, TableName, ReadData, DefaultVersion)

 语法解析

　　表达式：一个代表 PivotCache 对象的变量。

　　TableDestination：必选，用于指定放置数据透视表的目标区域的左上角单元格。目标区域必须位于缓存所在的工作簿的某个工作表中。

　　TableName：可选，用于指定数据透视表的名称。

　　ReadData：可选。如果为 True，则创建数据高速缓存以保存从外部数据库导入的记录，该缓存可能会很大；如果为 False，可在实际读取某些字段之前，将这些字段设为基于服务器的页字段。

　　DefaultVersion：可选，用于指定数据透视表的默认版本。

　　使用第二种方式创建的数据透视表同样是空白的，还需要进行设置字段等操作才会显示数据，具体方法在 9.1.1 节中已经详细讲解过，这里不再赘述。

 实例：创建各分店销售产品数据透视表

　　下面使用本节介绍的方法，创建各分店销售产品数据透视表。

　　◎ 原始文件：实例文件\第9章\原始文件\创建各分店销售产品数据透视表.xlsx
　　◎ 最终文件：实例文件\第9章\最终文件\创建各分店销售产品数据透视表.xlsm

步骤 01 **查看数据**。打开原始文件，可看到工作表"Sheet1"中记录的各分店销售产品的详细信息，如右图所示。

	A	B	C	D	E	F	G	H	I
1	各分店销售产品的详细信息								
2	分店名	产品系列名	销售月份	销量	销售额				
3	成都分店	A系列	1月	56	326				
4	成都分店	B系列	1月	78	251				
5	成都分店	C系列	1月	89	457				
6	成都分店	D系列	1月	85	154				
7	成都分店	A系列	2月	75	124				
8	成都分店	B系列	2月	65	235				
9	成都分店	C系列	2月	55	874				
10	成都分店	D系列	2月	79	451				
11	重庆分店	A系列	1月	55	265				
12	重庆分店	B系列	1月	56	897				
13	重庆分店	C系列	1月	48	445				
14	重庆分店	D系列	1月	57	689				
15	重庆分店	A系列	2月	48	578				
16	重庆分店	B系列	2月	65	487				

步骤02 编写创建数据透视表的代码。打开
VBA 编辑器，在当前工作簿中插入一个模块，
并在代码窗口中输入如右图所示的代码，用于
创建一个空白的数据透视表。

<table>
<tr><td colspan="2" align="center">**步骤 02 的代码解析**</td></tr>
<tr><td>1</td><td>Sub 创建数据透视表()</td></tr>
<tr><td>2</td><td>Dim sht1 As Worksheet</td></tr>
<tr><td>3</td><td>Set sht1 = Worksheets("Sheet1")</td></tr>
<tr><td>4</td><td>Dim sht2 As Worksheet</td></tr>
<tr><td>5</td><td>Set sht2 = Worksheets.Add</td></tr>
<tr><td>6</td><td>Dim PvtCache As PivotCache</td></tr>
<tr><td>7</td><td>Set PvtCache = ActiveWorkbook.PivotCaches.Create(_</td></tr>
<tr><td>8</td><td>SourceType:=xlDatabase, _</td></tr>
<tr><td>9</td><td>SourceData:=sht1.Range("A2:E45"))   '创建数据缓存</td></tr>
<tr><td>10</td><td>Dim PvtTbl As PivotTable</td></tr>
<tr><td>11</td><td>Set PvtTbl = PvtCache.CreatePivotTable(_</td></tr>
<tr><td>12</td><td>TableDestination:=sht2.Range("A1"), _</td></tr>
<tr><td>13</td><td>TableName:="各分店月销售额")   '创建数据透视表，并设置位置和名称</td></tr>
</table>

步骤03 编写添加字段的代码。继续在该代
码窗口中输入如右图所示的代码，用于在数据
透视表中添加字段。

<table>
<tr><td colspan="2" align="center">**步骤 03 的代码解析**</td></tr>
<tr><td>14</td><td>With PvtTbl   '设置数据透视表</td></tr>
<tr><td>15</td><td>With .PivotFields("分店名")   '设置"分店名"字段</td></tr>
<tr><td>16</td><td>.Orientation = xlRowField   '设置为行字段</td></tr>
<tr><td>17</td><td>.Position = 1   '设置字段的位置</td></tr>
<tr><td>18</td><td>End With</td></tr>
</table>

```
19              With .PivotFields("销售月份")      '设置"销售月份"字段
20                  .Orientation = xlColumnField      '设置为列字段
21                  .Position = 1      '设置字段的位置
22              End With
23              With .PivotFields("产品系列名")      '设置"产品系列名"字段
24                  .Orientation = xlPageField      '设置为页字段
25                  .Position = 1      '设置字段的位置
26              End With
27              .AddDataField .PivotFields("销售额"), "总销售额", xlSum      '指
                定值字段，并设置名称和汇总函数
28          End With
29      End Sub
```

步骤04 查看生成的数据透视表。完成代码的编写后，按【F5】键运行代码，可在新建工作表中看到如右图所示的数据透视表。

	A	B	C	D	E
1	产品系列名	(全部) ▾			
2					
3	总销售额	列标签 ▾			
4	行标签 ▾	1月	2月	总计	
5	成都分店	1188	1684	2872	
6	广州分店	2429	2877	5306	
7	湖北分店	2223	2512	4735	
8	上海分店	2167	1857	4024	
9	重庆分店	2296	1930	4226	
10	总计	10303	10860	21163	
11					

9.2　创建数据透视图

创建了数据透视表后，即可基于数据透视表创建数据透视图，以便更加直观地观察和分析数据。数据透视图与普通图表类似，既可以位于独立的图表工作表中，也可以嵌入普通工作表中。数据透视图的创建方法与普通图表的创建方法也是基本相同的，详见 8.1 节的讲解，这里不再赘述。

实例：制作各分店销售产品数据透视图

下面以事先创建好的各分店销售产品数据透视表为基础，制作一个位于独立的图表工作表中的数据透视图。

◎　原始文件：实例文件\第9章\原始文件\制作各分店销售产品数据透视图.xlsx
◎　最终文件：实例文件\第9章\最终文件\制作各分店销售产品数据透视图.xlsm

步骤**01** 查看数据。打开原始文件，可看到工作表"Sheet2"中已创建好的数据透视表，如下图所示。

步骤**02** 编写代码。打开 VBA 编辑器，在当前工作簿中插入一个模块，并在代码窗口中输入如下图所示的代码。

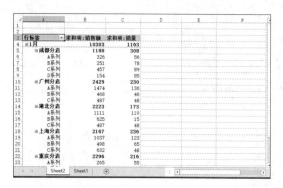

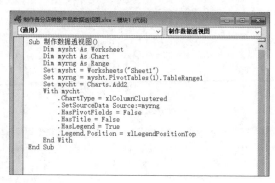

步骤 02 的代码解析

```
1    Sub 制作数据透视图()
2        Dim mysht As Worksheet
3        Dim mycht As Chart
4        Dim myrng As Range
5        Set mysht = Worksheets("Sheet1")
6        Set myrng = mysht.PivotTables(1).TableRange1    '选取第1个数据透视
         表中不包含页字段的区域
7        Set mycht = Charts.Add2    '创建一个空白的图表工作表
8        With mycht    '设置图表工作表中的数据透视图
9            .ChartType = xlColumnClustered    '设置图表类型为簇状柱形图
10           .SetSourceData Source:=myrng    '设置图表的数据源
11           .HasPivotFields = False    '隐藏数据透视图控件
12           .HasTitle = False    '隐藏图表标题
13           .HasLegend = True    '显示图例
14           .Legend.Position = xlLegendPositionTop    '设置图例显示在顶部
15       End With
16   End Sub
```

步骤**03** 查看数据透视图效果。完成代码的编写后，按【F5】键运行代码，在新建的图表工作表"Chart1"中可看到如右图所示的数据透视图。

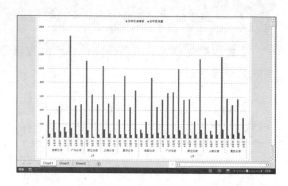

实战演练 制作车辆出勤统计动态数据透视表

下面以制作车辆出勤统计动态数据透视表为例，对本章所学知识进行回顾。

◎ 原始文件：实例文件\第9章\原始文件\制作车辆出勤统计动态数据透视表.xlsx
◎ 最终文件：实例文件\第9章\最终文件\制作车辆出勤统计动态数据透视表.xlsm

步骤01 查看数据。打开原始文件，可看到工作表"Sheet1"中的数据，如下图所示。

步骤02 编写代码。打开 VBA 编辑器，在工程资源管理器中双击"Sheet1（Sheet1）"对象，打开其代码窗口，输入如下图所示的代码。

```
Private Sub Worksheet_Change(ByVal Target As Range)
    If Target.Count = 1 Then
        Dim tablename As String
        tablename = "车辆出勤统计表"
        Dim exist As Boolean
        exist = False
        For Each one In Worksheets
            If one.Name = tablename Then
                exist = True
                Exit For
            End If
        Next one
        If exist = False Then
            CreateTable
        Else
            Worksheets(tablename).PivotTables(tablename). _
                PivotCache.Refresh
            ActiveWorkbook.ShowPivotTableFieldList = False
        End If
    End If
End Sub
```

步骤 02 的代码解析

1	`Private Sub Worksheet_Change(ByVal Target As Range)` '编辑工作表时触
2	发的事件
3	`    If Target.Count = 1 Then` '改动必须发生在一个单元格中
4	`        Dim tablename As String`
5	`        tablename = "车辆出勤统计表"` '定义数据透视表名称
6	`        Dim exist As Boolean`
7	`        exist = False` '设置变量exist的默认值为False
8	`        For Each one In Worksheets` '遍历所有工作表
9	`            If one.Name = tablename Then` '如果已存在指定名称的工作表
10	`                exist = True` '设置变量exist的值为True
11	`                Exit For` '强制结束循环
12	`            End If`
13	`        Next one`
14	`        If exist = False Then` '如果不存在指定名称的工作表
15	`            CreateTable` '调用子过程CreateTable()创建数据透视表
16	`        Else` '否则

```
17              Worksheets(tablename).PivotTables(tablename). _
                    PivotCache.Refresh    '刷新数据透视表的缓存
18              ActiveWorkbook.ShowPivotTableFieldList = False    '隐藏
                "数据透视表字段"窗格
19          End If
20      End If
21  End Sub
```

步骤03 编写子过程 CreateTable() 的代码。
继续在该代码窗口中输入如右图所示的代码，
用于创建新的数据透视表。

步骤 03 的代码解析

```
22  Sub CreateTable()
23      Dim tablename As String
24      tablename = "车辆出勤统计表"
25      Dim sht As Worksheet
26      Set sht = Worksheets.Add
27      sht.Name = tablename
28      If ListObjects.Count = 0 Then
29          ListObjects.Add(SourceType:=xlSrcRange, _
                Source:=Range("A2:D14"), _
                XlListObjectHasHeaders:=xlYes).Name = "list1"    '将数据
                区域创建为列表，命名为"list1"
30      End If
31      Dim PvtCache As PivotCache
32      Set PvtCache = ActiveWorkbook.PivotCaches.Create( _
            SourceType:=xlDatabase, SourceData:="list1")    '基于前面创建
            的列表"list1"创建缓存
```

228

```
33      Dim PvtTbl As PivotTable
34      Set PvtTbl = PvtCache.CreatePivotTable( _
            TableDestination:=sht.Range("A1"), tablename:=tablename)    '基
            于缓存创建数据透视表
35      With PvtTbl
36          With .PivotFields("司机")      '设置"司机"字段
37              .Orientation = xlRowField      '设置为行字段
38              .Position = 1      '设置字段的位置
39          End With
40          With .PivotFields("使用人")      '设置"使用人"字段
41              .Orientation = xlColumnField      '设置为列字段
42              .Position = 1      '设置字段的位置
43          End With
44          With .PivotFields("日期")      '设置"日期"字段
45              .Orientation = xlPageField      '设置为页字段
46              .Position = 1      '设置字段的位置
47          End With
48          .CalculatedFields.Add "应缴费用", "='时间（小时）'*20", _
                True      '添加计算字段"应缴费用"，按20元/小时的标准计算费用
49          .PivotFields("应缴费用").Orientation = xlDataField      '将计算
            字段"应缴费用"设置为值字段
50      End With
51      ActiveWorkbook.ShowPivotTableFieldList = False
52      Worksheets("Sheet1").Activate
53  End Sub
```

步骤04　**更改单元格数据。**返回工作表"Sheet1"，将单元格 D14 中的数据修改为"29"，此时会在数据区域中自动创建列表，如下图所示。

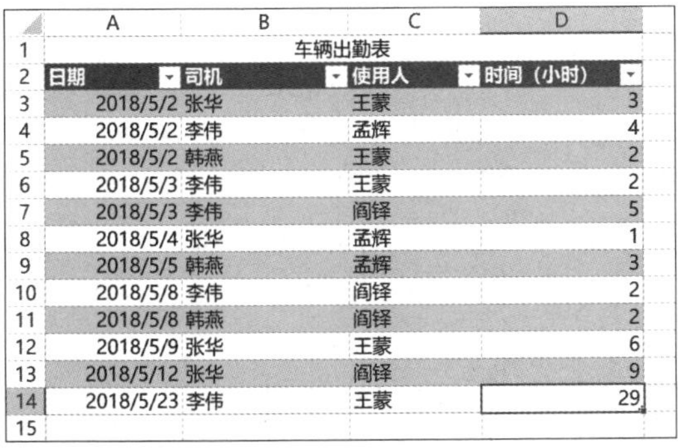

步骤05　**查看数据透视表。**同时自动创建工作表"车辆出勤统计表"，切换至该工作表，可看到其中的数据透视表，如下图所示。

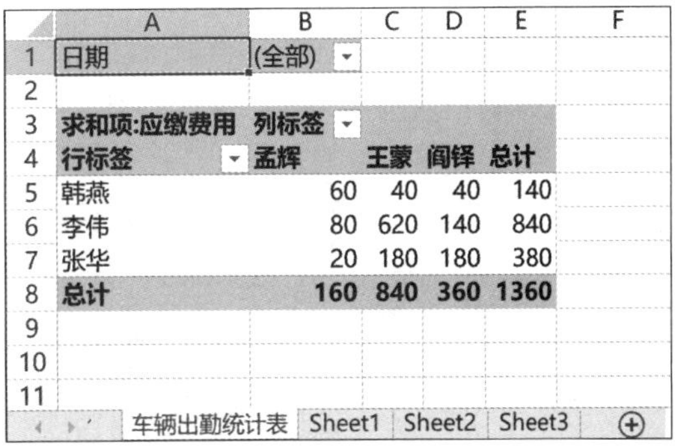

	A	B	C	D
1		车辆出勤表		
2	日期	司机	使用人	时间（小时）
3	2018/5/2	张华	王蒙	3
4	2018/5/2	李伟	孟辉	4
5	2018/5/2	韩燕	王蒙	2
6	2018/5/3	李伟	王蒙	2
7	2018/5/3	李伟	阎铎	5
8	2018/5/4	张华	孟辉	1
9	2018/5/5	韩燕	孟辉	3
10	2018/5/8	李伟	阎铎	2
11	2018/5/8	韩燕	阎铎	2
12	2018/5/9	张华	王蒙	6
13	2018/5/12	张华	阎铎	9
14	2018/5/23	李伟	王蒙	29
15				

	A	B	C	D	E	F
1	日期	(全部)				
2						
3	求和项:应缴费用	列标签				
4	行标签	孟辉	王蒙	阎铎	总计	
5	韩燕		60	40	40	140
6	李伟	80	620	140	840	
7	张华	20	180	180	380	
8	总计	160	840	360	1360	
9						
10						
11						

车辆出勤统计表　Sheet1　Sheet2　Sheet3

步骤06 添加数据。❶返回工作表"Sheet1"，❷在单元格区域 A15:D15 中分别输入新的数据，列表会自动扩展区域以包含新数据，如下图所示。

步骤07 查看添加数据后的数据透视表。❶切换至工作表"车辆出勤统计表"，❷可看到数据透视表中根据步骤 06 添加的数据新增了相应的内容，如下图所示。

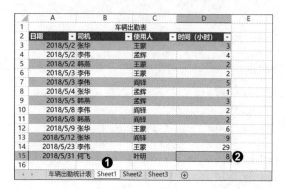

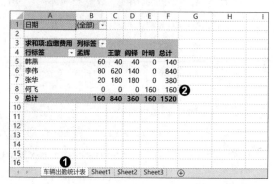

第10章 使用 VBA 访问文件

打开和导出文件等操作是日常办公中必不可少的工作内容。本章将分别介绍 VBA 中访问文件的两种方法：过程式方法和对象式方法。

10.1 使用过程式方法访问文件

过程式方法是 Visual Basic（简称 VB）语言提供给程序员使用的，VBA 源自 VB，因而也继承了这种方法。过程式方法不符合目前流行的面向对象的编程理念，并且使用起来不够灵活，所以用得比较少。但它是一种基础的文件访问方式，我们有必要对它做一定的了解。

以过程式方法访问文件需要用到 Dir() 函数、FreeFile() 函数，以及 Open 语句、Close 语句、Input # 语句和 Print # 语句。下面详细介绍具体的操作方法。

10.1.1 使用函数和语句导出文件

要用 VBA 将工作簿或工作表中的部分数据导出成文件，需结合使用 Dir() 函数、FreeFile() 函数以及 Open 语句、Close 语句、Print # 语句。下面分别进行讲解。

1. Dir() 函数

Dir() 函数可以返回与指定条件匹配的第一个文件或文件夹的名称，常用于检查指定的文件或文件夹是否存在，如果不存在，则返回空字符串。该函数的语法格式如下。

Dir(Pathname, Attributes)

📣 **语法解析**

Pathname：可选，用于指定需要查找的文件或文件夹的路径，可使用通配符 "*" 和 "?" 进行模糊查找（仅在 Windows 中有效）。

Attributes：可选，用于指定要返回的文件或文件夹的属性。可取的值如下表所示，默认值为 vbNormal。

常量名称	值	说明
vbNormal	0	返回不带属性的文件
vbReadOnly	1	返回具有只读属性的文件和不带属性的文件
vbHidden	2	返回具有隐藏属性的文件和不带属性的文件
vbSystem	4	返回具有系统属性的文件和不带属性的文件（在 macOS 中无效）

续表

常量名称	值	说明
vbVolume	8	返回指定路径的磁盘卷标（在 macOS 中无效）
vbDirectory	16	返回文件夹和不带属性的文件
vbAlias	64	表示要查找的文件名是一个别名（仅在 macOS 中有效）

2. FreeFile() 函数

VBA 不使用文件名直接访问文件，而是通过文件编号（一个整数值）间接访问文件。为了避免混淆要访问的文件，需要为不同的文件分配不同的文件编号。使用 FreeFile() 函数可以自动生成一个还未被使用的文件编号，该函数的语法格式如下。

FreeFile(Rangenumber)

语法解析

Rangenumber：可选，用于指定要生成的文件编号所属的范围。如果为 0 或省略，生成一个 1～255 范围内的文件编号；如果为 1，则生成一个 256～511 范围内的文件编号。

生成文件编号后，还需要用 Open 语句将文件实体和文件编号相关联，后续内容会做讲解。

3. Open 和 Close 语句

Open 语句用于打开指定文件，Close 语句用于关闭指定文件。这两条语句需要结合使用，以保证文件的正常访问。

前面介绍的 Dir() 函数和 FreeFile() 函数其实是在为使用 Open 语句做前期准备。在使用 Open 语句时，会用到这两个函数的返回值。Open 语句的语法格式如下。

Open <Pathname> For <Mode> [Access <Access>] As [#]<Filenumber>

语法解析

Pathname：必选，用于指定要打开的文件的路径。在调用 Open 语句前，应该调用 Dir() 函数对该路径进行验证，以保证 Open 语句能正确执行。

Mode：必选，用于指定文件的打开方式。可取的值如下表所示。

打开方式	说明
Input	从打开的文件中读取数据。文件必须存在，否则会报错
Output	向打开的文件中写入数据，文件中原有的数据将被覆盖，新数据从文件头部开始写入。如果文件不存在，则创建一个新文件
Append	向打开的文件中追加数据，文件中原有的数据将被保留，新数据从文件尾部开始写入。如果文件不存在，则创建一个新文件

续表

打开方式	说明
Random	以随机方式打开
Binary	以二进制方式打开

上表中，Input、Output、Append 用于处理顺序文件，Random 用于处理随机文件，Binary 用于处理二进制文件。

Access：可选，用于指定对打开的文件可做的操作，取值可为 Read、Write 或 Read Write。

Filenumber：必选，用于指定文件编号。在调用 Open 语句前，应该已经调用 FreeFile() 函数获得该文件编号。

执行 Open 语句后，指定的文件就与文件编号之间建立了关联，在后续操作中就要通过文件编号而不是文件名对文件执行操作。

当文件操作执行完毕后，需要针对文件编号执行 Close 语句来关闭打开的文件。用 Open 语句打开的每一个文件，必须在程序结束前关闭，否则会出现程序错误。Close 语句的语法格式如下。

Close <Filenumberlist>

 语法解析

Filenumberlist：可选，一个或多个文件编号。如果省略，则关闭由 Open 语句打开的所有活动文件。

4. Print # 语句

Print # 语句用于将格式化显示的数据写入顺序文件，它常与 Input # 语句（在 10.1.2 节讲解）搭配使用，来实现 VBA 程序和文件内容的交互。

Print # 语句的语法格式如下。

Print #<Filenumber>, [<Outputlist>]

语法解析

Filenumber：必选，用于指定一个有效的文件编号，该文件编号由 FreeFile() 函数获得。

Outputlist：可选，表示要输出的变量的列表，列表中的多个变量用逗号分隔。

 实例：将各分店销售表导出为文本文件

下面使用本节讲解的函数和语句，将各分店销售表导出为文本文件。

Excel VBA 应用与技巧大全

◎ 原始文件：实例文件\第10章\原始文件\将各分店销售表导出为文本文件.xlsx
◎ 最终文件：实例文件\第10章\最终文件\将各分店销售表导出为文本文件.xlsm、各分店销售表1.txt

步骤01 **查看数据**。打开原始文件，可看到工作表"Sheet1"中各分店的销售数据，如下图所示。

步骤02 **编写代码**。打开 VBA 编辑器，在当前工作簿中插入一个模块，并在其代码窗口中输入如下图所示的代码，用于提示用户输入导出后的文件路径与名称。

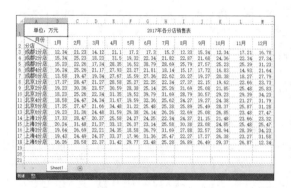

步骤 02 的代码解析

```
1  Sub 导出文件()
2      Dim FileName As String, exist As String, line As String
3      Dim FileNum As Integer, result1 As Integer, result2 As Integer
4      Dim myrng As Range
5      Sheets("Sheet1").Activate        '激活工作表"Sheet1"
6      On Error GoTo esc
7      Do
8          FileName = InputBox("请输入导出后的文件名" & _
              Chr(10) & "(包括路径、文件名及扩展名(.txt))：")        '弹出对话
              框，让用户输入导出文件的路径与文件名
9          exist = Dir(FileName, vbNormal)        '判断文件是否存在
10         If exist <> "" Then        '如果文件已经存在
11             result1 = MsgBox("文件已存在，是否覆盖？", _
                  Buttons:=vbYesNo)        '则用提示框询问用户是否覆盖文件
12         End If
13     Loop Until (exist = "" Or result1 = 6)        '当文件不存在或用户单击了
           "是"按钮时结束循环
14     FileNum = FreeFile()        '获取一个供Open语句使用的文件编号
15     Open FileName For Output As #FileNum        '以覆盖写入的方式打开文件
```

步骤03 继续编写代码。继续在该代码窗口中输入如右图所示的代码，用于让用户选择数据区域，然后将所选区域的数据导出到文件。

步骤 03 的代码解析

```
16   Do
17       Set myrng = Application.InputBox(Prompt:="请选择要导出的数据区
         域: ", Type:=8)     '弹出对话框，让用户选择要导出的数据区域
18       For Each r In myrng.Rows     '按行遍历所选区域
19           line = ""     '清空字符串变量line的值
20           For Each c In r.Cells     '遍历一行中的每个单元格
21               line = line & c.Value & ","     '将每个单元格中的数据拼
                 接成字符串，用逗号作为分隔符
22           Next c
23           line = Left(line, Len(line) - 1)     '删除字符串末尾的逗号
24           Print #FileNum, line     '将拼接好的字符串写入文件
25       Next r
26       Print #FileNum, Chr(13)     '在文件中写入换行符
27       result2 = MsgBox("是否还要选择其他数据区域? ", _
             Buttons:=vbYesNo)     '用提示框询问用户是否还要选择其他区域
28   Loop Until result2 = 7     '当用户单击"否"按钮时结束循环
29   Close #FileNum     '关闭文件
30   MsgBox "文件导出成功! "     '用提示框显示信息
31 esc:     '错误处理代码段
32   Exit Sub     '退出子过程
33 End Sub
```

步骤04 插入按钮并运行代码。返回工作表中，在合适的位置插入窗体按钮并指定宏为"导出文件"，修改按钮文本为"导出文件"，然后单击该按钮，如右图所示。

I	J	K	L	M	N	O	P
售表							
8月	9月	10月	11月	12月	导出文件		
12.33	15.34	12.34	17.21	16.78			
22.87	21.68	24.36	22.34	27.34			
25.79	27.57	25.23	25.39	31.23			
15.17	17.72	16.83	14.93	21.64			
20.27	19.27	20.38	18.27	27.79			
27.37	22.15	19.62	22.66	23.73			
31.69	25.08	21.85	25.48	25.83			
28.79	30.57	29.23	29.39	34.23			
24.27	19.27	24.38	21.27	31.79			
25.89	25.49	28.37	25.87	31.28			

步骤05 输入导出文件的路径与名称。弹出提示框，❶输入导出文件的路径与名称，❷单击"确定"按钮，如下图所示。

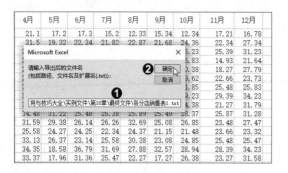

步骤06 选择要导出的数据区域。弹出"输入"对话框，❶在工作表中拖动选中单元格区域 A2:G18，❷单击"确定"按钮，如下图所示。

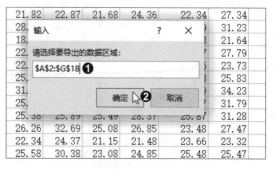

步骤07 确认选择其他数据区域。弹出提示框，询问用户是否还要选择其他数据区域，单击"是"按钮，如下图所示。

步骤08 再次选择数据区域。再次打开"输入"对话框，❶选中单元格区域 A2:D18，❷单击"确定"按钮，如下图所示。

步骤09 不再选择其他数据区域。再次弹出提示框，询问用户是否还要选择其他数据区域，单击"否"按钮，如下图所示。

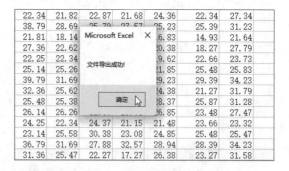

步骤10 成功导出文件。弹出提示框，提示文件导出成功，然后单击"确定"按钮，如下图所示。

步骤11 查看导出的文本文件。打开导出的文本文件，可看到如右图所示的数据内容。

10.1.2 使用 Input # 语句导入文件

Input # 语句适合用于读取文本文件中用逗号分隔的数据，该语句常与 Print # 语句搭配使用，实现 VBA 程序和文件内容的交互。Input # 语句的语法格式如下。

Input #<Filenumber>, [<Varlist>]

 语法解析

Filenumber：必选，用于指定一个有效的文件编号，该文件编号由 FreeFile() 函数获得。

Varlist：可选，变量列表，用于保存读取的数据，列表中的多个变量用逗号分隔。

 实例：将各季度销售数据从文本文件导入工作簿

下面利用 Input # 语句将各季度销售数据从文本文件导入工作簿。

◎ 原始文件：实例文件\第10章\原始文件\将各季度销售数据从文本文件导入工作簿.xlsx、第1季度.txt、第2季度.txt、第3季度.txt、第4季度.txt

◎ 最终文件：实例文件\第10章\最终文件\将各季度销售数据从文本文件导入工作簿.xlsm

步骤01 查看数据。打开原始文件中的任意一个文本文件，可看到其中的每一行数据被逗号分隔成 4 列，如下图所示。

步骤02 编写代码。打开原始文件中的工作簿，打开 VBA 编辑器并插入一个模块，在代码窗口中输入如下图所示的代码。

```
第1季度.txt - 记事本
文件(F)  编辑(E)  格式(O)  查看(V)  帮助(H)
分店,1月,2月,3月
成都1分店,12.34,21.23,14.12
成都2分店,15.34,25.23,18.23
成都3分店,15.23,22.26,17.34
成都4分店,16.24,25.26,21.17
成都5分店,13.58,19.47,19.34
北京1分店,17.37,28.47,21.27
北京2分店,19.23,30.36,23.57
北京3分店,18.23,25.26,22.34
北京4分店,18.58,24.47,24.34
北京5分店,17.25,27.47,21.66
北京6分店,19.23,31.36,24.48
上海1分店,17.33,28.47,20.37
上海2分店,20.24,31.48,21.37
```

```
将各季度销售数据从文本文件导入工作簿.xlsx - 模块1 (代码)
(通用)                                    导入文件
Sub 导入文件()
    Dim readout As String, filename As String
    Dim myrow As Integer, mycolumn As Integer
    Dim filenum As Integer, result As Integer
    Dim ws As Worksheet
    On Error GoTo esc
    '读取文本文件中的内容，并写入工作表
    Do
        filename = getfile()
        filenum = FreeFile()
        Open filename For Input As #filenum
        Set ws = Worksheets.Add()
        myrow = 1
        mycolumn = 1
        Do Until EOF(filenum)
            For i = 1 To 4
                Input #filenum, readout
                ws.Cells(myrow, mycolumn).Value = readout
                mycolumn = mycolumn + 1
            Next i
            myrow = myrow + 1
            mycolumn = 1
        Loop
        result = MsgBox("是否还需要导入文本文件？", Buttons:=vbYesNo)
    Loop Until result = 7
    Close
    MsgBox "文件导入成功！"
esc:
    Exit Sub
End Sub
```

步骤 02 的代码解析
1	Sub 导入文件()
2	Dim readout As String, filename As String
3	Dim myrow As Integer, mycolumn As Integer
4	Dim filenum As Integer, result As Integer
5	Dim ws As Worksheet
6	On Error GoTo esc

```
7       Do
8           filename = getfile()        '调用自定义函数getfile()获取文本文件路径
9           filenum = FreeFile()        '获取一个可用的文件编号
10          Open filename For Input As #filenum        '以读取方式打开文本文件
11          Set ws = Worksheets.Add()        '新建工作表
12          myrow = 1        '从第1行开始写入数据
13          mycolumn = 1        '从第1列开始写入数据
14          Do Until EOF(filenum)        '当到达文件末尾时结束循环
15              For i = 1 To 4        '以4个数据为一行进行操作
16                  Input #filenum, readout        '读取由逗号分隔的数据
17                  ws.Cells(myrow, mycolumn).Value = readout        '将读取
                    的数据写入单元格
18                  mycolumn = mycolumn + 1        '转至当前行的下一列
19              Next i
20              myrow = myrow + 1        '转至下一行
21              mycolumn = 1        '返回第1列
22          Loop
23          result = MsgBox("是否还需要导入文本文件？", _
                Buttons:=vbYesNo)        '用提示框询问用户是否还需要继续导入
24      Loop Until result = 7        '当用户单击"否"按钮时结束循环
25      Close        '关闭所有打开的文本文件
26      MsgBox "文件导入成功！"
27  esc:
28      Exit Sub
29  End Sub
```

💡 **提示**

第 14 行代码中的 EOF() 函数用于判断数据指针是否指向文件末尾，指向文件末尾时返回值为 True，未指向文件末尾时返回值为 False。该函数只有一个参数 Filenumber，代表文件编号。

步骤 03 继续编写代码。继续在该代码窗口中输入如右图所示的代码，用于定义获取文本文件路径的函数。

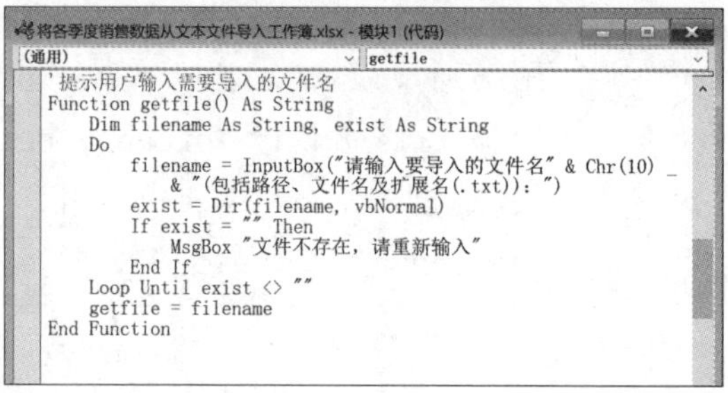

```
'提示用户输入需要导入的文件名
Function getfile() As String
    Dim filename As String, exist As String
    Do
        filename = InputBox("请输入要导入的文件名" & Chr(10) _
            & "(包括路径、文件名及扩展名(.txt))：")
        exist = Dir(filename, vbNormal)
        If exist = "" Then
            MsgBox "文件不存在，请重新输入"
        End If
    Loop Until exist <> ""
    getfile = filename
End Function
```

步骤 03 的代码解析

```
1   Function getfile() As String
2       Dim filename As String, exist As String
3       Do
4           filename = InputBox("请输入要导入的文件名" & Chr(10) _
               & "(包括路径、文件名及扩展名(.txt)): ")        '弹出对话框，让用
               户输入文本文件的路径与文件名
5           exist = Dir(filename, vbNormal)        '判断文件是否存在
6           If exist = "" Then        '如果文件不存在
7               MsgBox "文件不存在，请重新输入"        '用提示框进行提示
8           End If
9       Loop Until exist <> ""        '当文件存在时结束循环
10      getfile = filename        '将输入的路径与文件名设置为函数的返回值
11  End Function
```

步骤04　插入按钮并运行代码。返回工作表中，在合适的位置插入窗体按钮并指定宏为"导入文件"，修改按钮文本为"导入文件"，然后单击该按钮，如下图所示。

步骤05　导入第 1 季度的数据。弹出对话框，❶输入包含第 1 季度数据的文本文件"第 1 季度.txt"的路径和文件名，❷单击"确定"按钮，如下图所示。

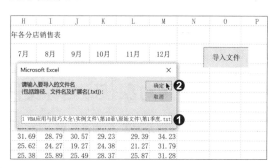

步骤06　继续导入文件。可看到程序自动新建一个工作表并写入第 1 季度各分店的销售数据，在弹出的提示框中单击"是"按钮，继续导入文件，如下图所示。

步骤07　导入第 2 季度的数据。弹出提示框，❶输入包含第 2 季度数据的文本文件"第 2 季度.txt"的路径和文件名，❷单击"确定"按钮，如下图所示。

步骤 08 结束导入。程序自动新建工作表并写入第 2 季度的销售数据。使用相同的方法导入第 3 季度和第 4 季度的数据后，在弹出的提示框中单击"否"按钮，结束导入，如下图所示。

步骤 09 显示成功导入的信息。此时会弹出提示框，提示用户文件导入成功，单击"确定"按钮关闭对话框，如下图所示。

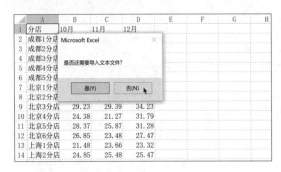

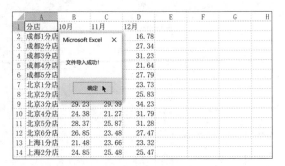

10.2 使用对象式方法访问文件

对象式方法又称为 Windows Scripting Host（Windows 脚本宿主）。起初 Windows Scripting Host 用于在 Windows 环境下运行各种脚本程序。而 VBA 也是一种脚本程序，因而也可以在 Windows Scripting Host 上执行操作。后来，人们发现使用 Windows Scripting Host 中的文件访问对象模型可以更方便地访问文件系统，因而开始在 VBA 中大量使用 Windows Scripting Host 技术来完成文件操作。

以对象式方法访问文件需要用到 FileSystemObject 对象、Folder / Folders 对象、File / Files 对象和 FileDialog 属性。下面详细介绍具体的操作方法。

10.2.1 使用对象获取目标文件夹的内容

结合使用 FileSystemObject 对象、Folder / Folders 对象和 File / Files 对象可以获取目标文件夹的内容。下面分别介绍这些对象的语法格式和使用方法。

1. FileSystemObject 对象

FileSystemObject 对象表示计算机上的整个文件系统，通过该对象可以访问本机文件系统中的文件夹、文件等元素。创建该对象的语句如下。

CreateObject("Scripting.FileSystemObject")

上述语句中的 CreateObject() 函数可基于传入的字符串参数创建 VBA 中的任何对象，而 FileSystemObject 则代表 FileSystemObject 对象。该函数会返回创建好的对象，建议采用对象变量存储该返回值，以方便进行后续操作。

创建 FileSystemObject 对象后，就可以通过该对象的 GetFolder 和 GetFile 方法分别访问文件系统中的文件夹和文件了，相应的语法格式如下。

表达式.**GetFolder(Pathname)**

表达式.**GetFile(Pathname)**

 语法解析

表达式：一个代表 FileSystemObject 对象的变量。

Pathname：必选，一个路径字符串。GetFolder 方法需传入文件夹路径，而 GetFile 方法则需传入文件路径。

2. Folder/Folders 对象

GetFolder 方法返回的是代表单个文件夹的 Folder 对象，对应的集合对象是 Folders。Folder/Folders 对象中保存了对应文件夹的各项信息，调用对象的属性和方法可以完成文件夹的各种操作。以 Folder 对象为例，该对象常用的属性如下表所示。

属性	说明
Files	对应文件夹内所有文件的集合，通过访问该集合中的元素可以访问该文件夹下的文件
SubFolders	对应文件夹内所有子文件夹的集合，通过访问集合中的元素可以访问该文件夹内的子文件夹，是深入探索文件夹层次结构所必需的属性
Path	对应文件夹的路径，为字符串型数据
Size	对应文件夹的大小（单位：字节），为长整型数据

3. File/Files 对象

GetFile 方法返回的是代表单个文件的 File 对象，对应的集合对象是 Files。File/Files 对象中保存了对应文件的各项信息，调用对象的属性和方法可以完成文件的各种操作。以 File 对象为例，该对象常用的属性如下表所示。

属性	说明
Name	对应文件的全名（主名 + 扩展名），为字符串型数据。通过给该属性赋值可以实现对应文件的重命名
DateCreated	对应文件的创建日期，为日期型数据。该属性为只读，不接受赋值
Path	对应文件的路径，为字符串型数据
Size	对应文件的大小（单位：字节），为长整型数据

 实例：制作客户信息文件列表

下面使用本节讲解的知识，制作指定文件夹下的客户信息文件列表。

◎ 原始文件：实例文件\第10章\原始文件\客户信息（文件夹）
◎ 最终文件：实例文件\第10章\最终文件\制作客户信息文件列表.xlsm

步骤01 编写代码。启动 Excel，创建一个空白工作簿，打开 VBA 编辑器，在当前工作簿中插入一个模块，并在代码窗口中输入如右图所示的代码，用于创建 FileSystemObject 对象并写入文件列表。

步骤 01 的代码解析
1 `Sub myshow(mypath As String)`
2   `Dim fsobj, aimfolder`
3   `Set fsobj = CreateObject("Scripting.FileSystemObject")`   `'创建 FileSystemObject对象`
4   `On Error GoTo msg`
5   `Set aimfolder = fsobj.GetFolder(mypath)`   `'创建所需的Folder对象`
6   `Worksheets("Sheet1").Activate`   `'激活工作表"Sheet1"`
7   `Range("A1:E65536").ClearContents`   `'清除单元格区域A1:E65536的内容`
8   `Range("A1:E65536").ClearFormats`   `'清除单元格区域A1:E65536的格式`
9   `Range("A1").Value = "当前文件夹"`   `'在单元格A1中写入"当前文件夹"`
10   `Range("B1").Value = aimfolder.path`   `'在单元格B1中写入指定文件夹的路径`
11   `Dim rowindex As Integer`
12   `rowindex = 2`   `'从第2行开始写入文件列表`
13   `Cells(rowindex, 1) = "序号"`   `'在单元格A2中写入"序号"`
14   `Cells(rowindex, 2) = "文件名"`   `'在单元格B2中写入"文件名"`
15   `Cells(rowindex, 3) = "大小（KB）"`   `'在单元格C2中写入"大小（KB）"`
16   `Cells(rowindex, 4) = "创建日期"`   `'在单元格D2中写入"创建日期"`
17   `Range(Cells(rowindex, 1), Cells(rowindex, 4)). _`   `Interior.ColorIndex = 34`   `'设置单元格区域背景颜色为蓝色`
18   `rowindex = rowindex + 1`   `'下移一行`
19   `For Each one In aimfolder.Files`   `'遍历指定文件夹中的所有文件`
20   `Cells(rowindex, 1) = rowindex - 2`   `'在对应单元格写入序号`
21   `Cells(rowindex, 2) = one.Name`   `'在对应单元格写入文件名`
22   `ActiveSheet.Hyperlinks.Add Anchor:=Cells(rowindex, 2), _`

```
                Address:=one.path      '为对应单元格添加超链接
23          Cells(rowindex, 3) = Round(one.Size / 1024, 2)    '在对应单元格
            写入文件大小
24          Cells(rowindex, 4) = one.DateCreated    '在对应单元格写入创建日期
25          rowindex = rowindex + 1    '下移一行
26      Next one
```

提 示

　　第 7 行和第 8 行代码中的 ClearContents、ClearFormats 都是 Range 对象的方法，前者用于清除区域中的公式和值，后者用于清除区域的格式设置。

　　第 22 行代码中的 Hyperlinks 是代表工作表或区域中所有超链接的集合对象，Add 是该对象的一个方法，用于向指定的区域或形状添加超链接。Add 方法的语法格式如下。

表达式.Add(Anchor, Address, SubAddress, ScreenTip, TextToDisplay)

语法解析

表达式：一个代表 Hyperlinks 集合对象的变量。

Anchor：必选，超链接的定位标记。

Address：必选，超链接的地址。

SubAddress：可选，超链接的子地址。

ScreenTip：可选，当鼠标指针停留在超链接上时显示的屏幕提示。

TextToDisplay：可选，超链接的显示文本。

步骤 02 继续编写代码。继续在该代码窗口中输入如右图所示的代码，用于写入子文件夹列表，以及指定要制作文件列表的文件夹。

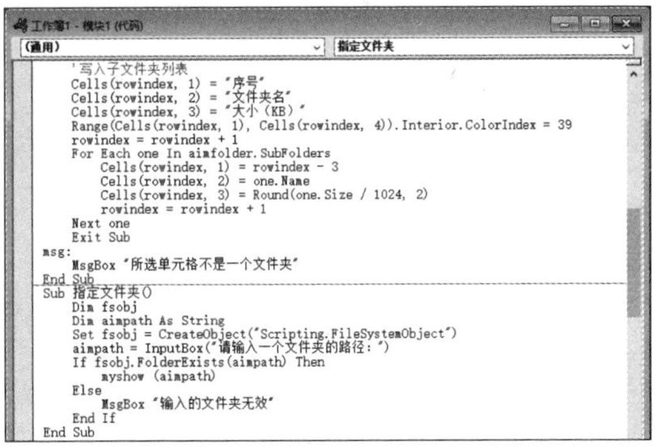

步骤 02 的代码解析

```
27      Cells(rowindex, 1) = "序号"    '在对应单元格中写入"序号"
28      Cells(rowindex, 2) = "文件夹名"    '在对应单元格中写入"文件夹名"
29      Cells(rowindex, 3) = "大小（KB）"    '在对应单元格中写入"大小（KB）"
30      Range(Cells(rowindex, 1), Cells(rowindex, 4)). _
            Interior.ColorIndex = 39    '设置单元格区域背景颜色为紫色
```

```
31      rowindex = rowindex + 1      '下移一行
32      For Each one In aimfolder.SubFolders      '遍历指定文件夹中的所有子文
        件夹
33          Cells(rowindex, 1) = rowindex - 3      '在对应单元格写入序号
34          Cells(rowindex, 2) = one.Name      '在对应单元格写入文件夹名
35          Cells(rowindex, 3) = Round(one.Size / 1024, 2)      '在对应单元
            格写入文件夹大小
36          rowindex = rowindex + 1      '下移一行
37      Next one
38      Exit Sub
39  msg:      '错误处理代码段
40      MsgBox "所选单元格不是一个文件夹"      '用提示框显示提示信息
41  End Sub
42  Sub 指定文件夹()
43      Dim fsobj
44      Dim aimpath As String
45      Set fsobj = CreateObject("Scripting.FileSystemObject")
46      aimpath = InputBox("请输入一个文件夹的路径：")      '弹出对话框，让用
        户输入要制作文件列表的文件夹路径
47      If fsobj.FolderExists(aimpath) Then      '如果用户输入的文件夹存在
48          myshow (aimpath)      '则调用子过程myshow制作文件列表
49      Else      '否则
50          MsgBox "输入的文件夹无效"      '用提示框显示提示信息
51      End If
52  End Sub
```

🎯 提 示

第 47 行代码中的 FolderExists 是 FileSystemObject 对象的方法，用于判断指定的文件夹是否存在。该方法的语法格式如下。

表达式.FolderExists(Folderspec)

💬 **语法解析** ─────────────────────────────

表达式：一个代表 FileSystemObject 对象的变量。

Folderspec：必选，要判断是否存在的文件夹的路径。

步骤 03　插入按钮并运行代码。返回工作表中，在合适的位置插入窗体按钮并指定宏为"指定文件夹"，修改按钮文本为"指定文件夹"，然后单击该按钮，如下图所示。

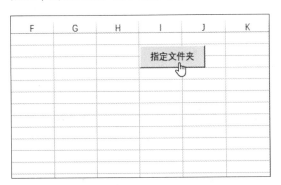

步骤 04　输入文件夹路径。弹出对话框，❶输入文件夹路径，❷然后单击"确定"按钮，如下图所示。

步骤 05　查看运行结果。此时可看到工作表中分类显示了指定文件夹下的所有文件和子文件夹的信息，单元格 B2 中显示了当前的文件路径，如下图所示。

步骤 06　继续编写代码。返回代码窗口，继续输入如下图所示的代码，用于打开文件夹和进入上一级文件夹。

步骤 06 的代码解析

```
53   Sub 打开文件夹()
54       Dim aimpath As String
55       aimpath = Cells(1, 2).Value & "\" & Selection.Value        '将当前文
         件夹路径和所选单元格中的文件夹名拼接成目标文件夹的路径
56       myshow (aimpath)      '调用子过程myshow制作文件列表
57   End Sub
58   Sub 上一级文件夹()
59       Dim fsobj, aimpath
60       Set fsobj = CreateObject("Scripting.FileSystemObject")
61       Set aimpath = fsobj.GetFolder(Cells(1, 2).Value).ParentFolder        '获
         取当前文件夹的上一级文件夹
62       myshow (aimpath.path)        '调用子过程myshow制作文件列表
63   End Sub
```

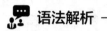
提示

第 61 行代码中的 ParentFolder 是 File 和 Folder 对象的属性，用于获取指定文件或文件夹的上一级文件夹，返回一个 Folder 对象。该属性的语法格式如下。

表达式.ParentFolder

语法解析

表达式：一个代表 File 或 Folder 对象的变量。

步骤07 添加窗体按钮。返回工作表中，在合适的位置插入两个窗体按钮，并分别指定宏及修改按钮文本，如下图所示。

步骤08 打开文件夹。❶在工作表中选中单元格 B5，❷单击"打开文件夹"按钮，如下图所示。

步骤09 查看运行结果。此时工作表中会分类显示上一步骤中所选文件夹下的所有文件和子文件夹的信息，如下图所示。

步骤10 打开上一级文件夹。单击"上一级文件夹"按钮，则可返回显示"客户信息"文件夹下的信息，再次单击"上一级文件夹"按钮，如下图所示。

步骤11 查看运行结果。此时工作表中将显示文件夹"原始文件"下的所有文件和子文件夹的信息，如右图所示。

10.2.2　使用 FileDialog 属性调用对话框

10.2.1 节的实例中让用户在对话框的文本框中输入路径，这种方式不仅操作麻烦，而且容易出错，需要做额外的验证才能保证程序的顺利运行。本节则要讲解通过调用标准的 Windows 文件对话框，让用户以直观的方式选择文件夹或文件，不仅操作起来更简单，还能保证输入内容的正确性。

使用 Application 对象的 FileDialog 属性可以创建文件对话框，该属性的语法格式如下。

表达式.FileDialog(FileDialogType)

 语法解析

表达式：一个代表 Application 对象的变量。

FileDialogType：必选，指定对话框的类型，可取的常量值如下表所示。

常量名称	值	对话框类型
msoFileDialogOpen	1	用于打开文件的"打开"对话框
msoFileDialogSaveAs	2	用于保存文件的"另存为"对话框
msoFileDialogFilePicker	3	用于选择文件的"浏览"对话框
msoFileDialogFolderPicker	4	用于选择文件夹的"浏览"对话框

FileDialog 属性返回的是一个 FileDialog 对象，随后还需要通过该对象的 Show 方法才能将对话框显示在屏幕上。Show 方法的返回值如果为 -1，表示该对话框接收了用户的有效输入；如果为 0，则表示用户只是单击了"取消"按钮，没有输入任何有效内容。

 实例：在员工销售排行榜中插入图片

下面利用 FileDialog 属性调用文件对话框，在员工销售排行榜中插入图片。

◎ 原始文件：实例文件\第10章\原始文件\员工照片（文件夹）、在员工销售排行榜中插入图片.xlsx
◎ 最终文件：实例文件\第10章\最终文件\在员工销售排行榜中插入图片.xlsm

步骤01 查看数据。打开原始文件中的工作簿，可看到工作表"Sheet1"中的数据，如右图所示。

步骤 02　编写代码。打开 VBA 编辑器，在当前工作簿中插入一个模块，并在代码窗口中输入如右图所示的代码。

步骤 02 的代码解析

```
1   Sub 插入图片()
2       Dim fd As FileDialog
3       Set fd = Application.FileDialog(msoFileDialogFilePicker)    '创建
        文件对话框，用于选择文件
4       fd.AllowMultiSelect = False    '只允许每次选择一张图片
5       Dim r As Integer
6       r = 2
7       Dim rng As Range
8       Do While fd.Show    '当用户单击"取消"按钮时结束循环
9           With Worksheets("Sheet1")    '在工作表"Sheet1"中进行操作
10              Set rng = .Range(.Cells(r, 3), .Cells(r + 3, 3))    '定义
                放置图片的单元格区域
11              .Shapes.AddPicture fd.SelectedItems(1), False, True, _
                    rng.Left, rng.Top, rng.Width, rng.Height    '插入用户
                    选择的图片，与指定单元格区域的左上角对齐，并按单元格区域
                    的尺寸设置图片尺寸
12              r = r + 5    '移到下一个单元格区域
13          End With
14      Loop
15  End Sub
```

步骤 03　插入图片。按【F5】键运行代码，打开"浏览"对话框，❶在对话框的地址栏中选择图片所在文件夹，❷单击"贾茹.png"，❸单击"确定"按钮，如右图所示。

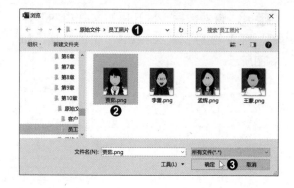

步骤04 结束插入。用相同方法依次将"李蕾.png""孟辉.png""王蒙.png"插入工作表，然后直接单击"取消"按钮，如下图所示。

步骤05 查看插入图片的效果。此时可在工作表中看到插入图片的效果，如下图所示。

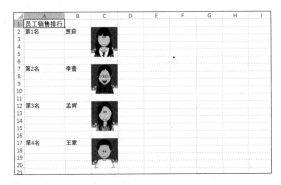

实战演练　员工信息表批注的导出和导入

下面以在员工信息表中导出和导入批注为例，对本章所学知识进行回顾。

◎ 原始文件：实例文件\第10章\原始文件\员工信息登记表.xlsx
◎ 最终文件：实例文件\第10章\最终文件\员工信息登记表.xlsm、批注.txt

步骤01 查看数据。打开原始文件，查看工作表"Sheet1"中的员工基本信息，可以看到多个单元格都带有批注，如下图所示。

步骤02 编写代码。打开 VBA 编辑器，在当前工作簿中插入模块，在代码窗口中输入如下图所示的代码，用于导出并移除批注。

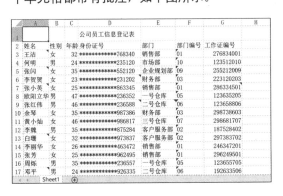

步骤 02 的代码解析

```
1   Sub 移除批注()
2       Dim FileName As String, exist As String
3       Dim result As Integer, FileNum As Integer
4       On Error GoTo esc
5       Do
6           FileName = InputBox("请输入导出后的文件名" & Chr(10) _
```

```
                & "(包括路径、文件名及扩展名(.txt))：")      '弹出对话框，让用
          户输入导出文件的路径和文件名
7         exist = Dir(FileName, vbNormal)      '判断文件是否存在
8         If exist <> "" Then      '如果文件已经存在
9             result = MsgBox("文件已存在，是否覆盖？", _
                    Buttons:=vbYesNo)      '则用提示框询问用户是否覆盖文件
10        End If
11    Loop Until (exist = "" Or result = 6)      '当文件不存在或用户单击了
      "是"按钮时结束循环
12    FileNum = FreeFile()    '获取一个供Open语句使用的文件编号
13    Open FileName For Output As #FileNum      '以覆盖写入的方式打开文件
14    For Each com In ActiveSheet.Comments      '遍历工作表中的批注
15        Print #FileNum, com.Parent & "," & com.Text      '将批注所在单元
          格的内容及批注内容写入文件，以逗号作为分隔符
16        com.Delete    '删除批注
17    Next com
18    Close #FileNum    '关闭文件
19    MsgBox "批注导出成功！"    '用提示框提示批注导出成功
20 esc:
21    Exit Sub
22 End Sub
```

提 示

第 14 行代码中的 Comments 是 Comment 对象的集合，也是 Worksheet 对象的一个属性，用于获取工作表中的所有批注。

步骤03 运行代码。按【F5】键运行代码，❶在弹出的对话框中输入用于保存批注的文本文件所在的路径和文件名，❷单击"确定"按钮，如下图所示。

步骤04 成功导出批注。随后会弹出提示框，提示批注导出成功，同时可看到工作表中的批注标记全部消失，单击"确定"按钮关闭提示框，如下图所示。

步骤05　查看导出的批注。打开保存批注的文本文件，可看到批注所在单元格的内容及批注的内容，如下图所示。

```
批注.txt - 记事本
文件(F) 编辑(E) 格式(O) 查看(V) 帮助(H)
王洁,ycj:
本月的销售之星
张闪,ycj:
本月已有3个顾客投诉
***********231202,ycj:
身份证遗失
张小英,ycj:
销售业绩不佳
286334501,ycj:
工作证遗失需要补办
***********236588,ycj:
身份证遗失
二号仓库,ycj:
人手不够
```

步骤06　继续编写代码。在当前工作簿中再次插入一个模块，并在代码窗口中输入如下图所示的代码，用于导入批注。

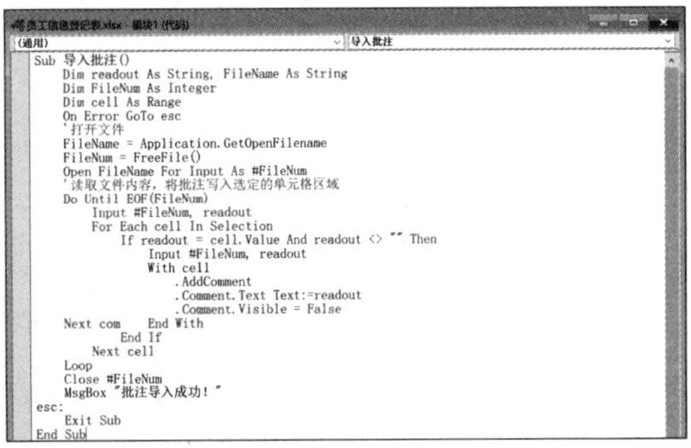

```
Sub 导入批注
    Dim readout As String, FileName As String
    Dim FileNum As Integer
    Dim cell As Range
    On Error GoTo esc
    '打开文件
    FileName = Application.GetOpenFilename
    FileNum = FreeFile()
    Open FileName For Input As #FileNum
    '读取文件内容，将批注写入选定的单元格区域
    Do Until EOF(FileNum)
        Input #FileNum, readout
        For Each cell In Selection
            If readout = cell.Value And readout <> "" Then
                Input #FileNum, readout
                With cell
                    .AddComment
                    .Comment.Text Text:=readout
                    .Comment.Visible = False
                End With
            End If
        Next cell
    Loop
    Close #FileNum
    MsgBox "批注导入成功！"
esc:
    Exit Sub
End Sub
```

步骤 06 的代码解析

```
1   Sub 导入批注()
2       Dim readout As String, FileName As String
3       Dim FileNum As Integer
4       Dim cell As Range
5       On Error GoTo esc
6       FileName = Application.GetOpenFilename      '获得需要导入的文本文件
7       FileNum = FreeFile()
8       Open FileName For Input As #FileNum      '以读取方式打开文本文件
9       Do Until EOF(FileNum)      '当到达文件末尾时结束循环
10          Input #FileNum, readout      '读取一个字符串
11          For Each cell In Selection      '遍历所选单元格区域中的单元格
12              If readout = cell.Value And readout <> "" Then      '如果读
                取的字符串不为空且与当前单元格的内容相同
13                  Input #FileNum, readout      '读取下一个字符串
14                  With cell
15                      .AddComment      '在当前单元格插入批注
16                      .Comment.Text Text:=readout      '将读取的字符串设置
                        为批注文本
17                      .Comment.Visible = False      '隐藏批注
18                  End With
19              End If
20          Next cell
21      Loop
22      Close #FileNum      '关闭文件
23      MsgBox "批注导入成功！"      '用提示框提示批注导入成功
```

```
24    esc:
25        Exit Sub
26    End Sub
```

📢 **提示**

第 6 行代码中的 GetOpenFilename 是 Application 对象的一个方法，用于显示标准的 "打开" 对话框，返回用户选择或输入的文件名（可能包含路径）。该方法的语法格式如下。

表达式.GetOpenFilename(FileFilter, FilterIndex, Title, ButtonText, MultiSelect)

👥 **语法解析**

表达式：一个代表 Application 对象的变量。

FileFilter：可选，指定文件筛选条件的字符串。

FilterIndex：可选，指定默认的文件筛选条件的索引号（从 1 开始计数）。如果此参数被省略或大于实际的筛选条件数量，则使用第 1 个筛选条件。

Title：可选，指定对话框的标题。如果此参数被省略，则默认标题为 "打开"。

ButtonText：可选，仅在 macOS 中有效。

MultiSelect：可选。如果为 True，允许选择多个文件名；如果为 False，仅允许选择单个文件。默认值为 False。

步骤07 选择单元格区域并执行宏。返回工作表，❶选中需要导入批注的单元格区域，然后按快捷键【Alt+F8】，❷在弹出的 "宏" 对话框中单击宏 "导入批注"，❸单击 "执行" 按钮，如右图所示。

步骤08 打开文件。❶在弹出的 "打开" 对话框的地址栏中选择文本文件的存储位置，❷再单击要打开的文本文件，❸单击 "打开" 按钮，如下图所示。

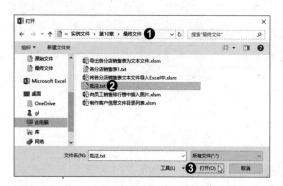

步骤09 成功导入批注。随后会弹出提示框，提示批注导入成功，同时可看到所选单元格区域的部分单元格中出现了批注标记，单击 "确定" 按钮关闭提示框，如下图所示。

第11章 使用 VBA 制作 GUI

GUI（Graphical User Interface，图形用户界面）是交互式操作的重要组成部分。借助 VBA 中的用户窗体，我们可以创建完整的 GUI，让 VBA 程序变得更加易用。本章将讲解用户窗体的设计和控件类型，并介绍让用户窗体界面更加友好的设计要点。

11.1 设计用户窗体

用户窗体通常包含多个控件，如文本框、复选框、滚动条等。用户窗体的设计就是在窗体中绘制控件，并调整控件的位置、大小、顺序、属性等，让窗体更加美观、易用。本节将详细讲解用户窗体设计的基本操作和控件的类型。

11.1.1 用户窗体设计的基本操作

本节将讲解用户窗体设计的基本操作，包括用户窗体的添加、属性设置和运行。

1. 添加用户窗体

用户窗体设计的第一步就是将一个用户窗体添加到项目中，其操作方法如下。

步骤01 插入用户窗体。新建一个工作簿，打开 VBA 编辑器，❶选中"VBAProject（工作簿 1）"，❷单击"插入"菜单，❸在展开的菜单中单击"用户窗体"命令，如下图所示。

步骤02 打开"属性"窗口。❶单击"视图"菜单，❷在展开的菜单中单击"属性窗口"命令，如下图所示。

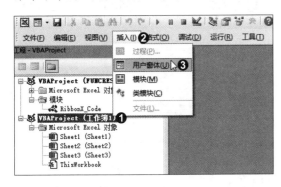

步骤03 查看用户窗体。❶在 VBA 编辑器中可以看到打开的"属性"窗口，其中列出了用户窗体对象的所有属性，❷在右侧的编辑区可以看到创建的空白用户窗体，❸同时会自动打开"工具箱"窗口，如下页图所示。

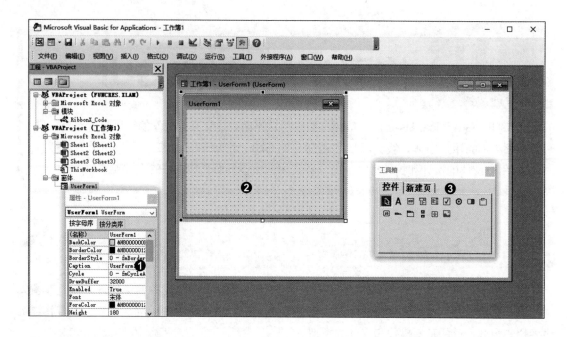

2. 设置用户窗体属性

添加一个用户窗体后，可以在"属性"窗口中修改这个窗体的属性，如名称、标题、字体、背景颜色等。下面介绍常用的用户窗体属性。

（1）设置标题栏文本和窗体名称

Caption 属性代表显示在窗体标题栏上的文本，通常用于向用户描述窗体的功能；名称属性则是在 VBA 程序中调用窗体时使用的名称。

当在项目中依次添加多个用户窗体时，默认的 Caption 属性和名称属性都为 UserForm1、UserForm2、UserForm3……我们可以根据实际需求在"属性"窗口中更改 Caption 属性和名称属性。

步骤01 更改 Caption 属性。在"属性"窗口的"Caption"属性右侧的文本框中输入"示例窗口"，如下图所示。

步骤02 更改名称属性。在"（名称）"属性右侧的文本框中输入"myform"，如下图所示。

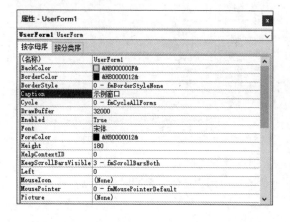

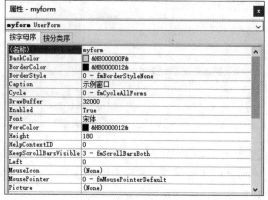

步骤 03 查看更改属性的效果。此时用户窗体的标题变为"示例窗口",窗体名称变为"myform",如右图所示。

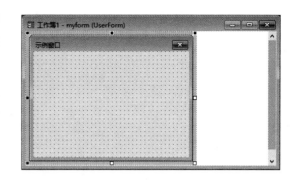

(2)设置背景颜色和边框颜色

BackColor 和 BorderColor 属性分别代表窗体的背景颜色和边框颜色。这两种属性的更改方法相同,下面以 BackColor 属性为例介绍操作方法。

步骤 01 更改 BackColor 属性。❶单击"属性"窗口的"BackColor"属性右侧的下拉按钮,❷在展开的"调色板"选项卡中选择需要设置的颜色,如下图所示。

步骤 02 选择系统预设的颜色。切换至"系统"选项卡,可以选择系统预设的颜色,如下图所示。

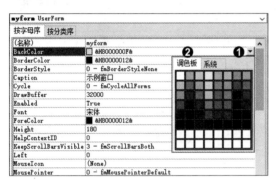

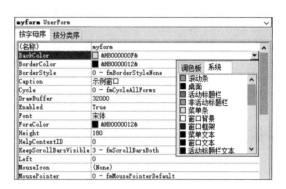

(3)添加和设置滚动条

默认情况下,用户窗体中是没有滚动条的,当用户窗体中的内容较多、不便于查看时,可以在窗体中添加滚动条。具体的操作方法如下。

步骤 01 查看滚动条的相关属性。在"属性"窗口中切换至"按分类序"选项卡,"滚动"组中的 6 个属性即与滚动条相关,如下图所示。

步骤 02 设置滚动条。❶单击"ScrollBars"属性右侧的下拉按钮,❷选择"3-fmScrollBars-Both"属性值,如下图所示。

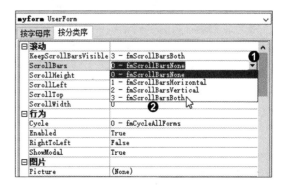

步骤 03 查看添加滚动条的效果。随后可看
到用户窗体中同时显示水平滚动条和垂直滚
动条，如右图所示。

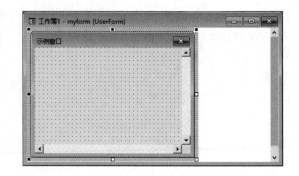

"滚动"组中 6 个属性的功能说明如下表所示。

属性名称	说明
KeepScrollBarsVisible	用于设置滚动条是否始终可见
ScrollBars	用于设置存在的滚动条类型
ScrollHeight	用于设置拖动滚动条时可查看区域的高度（单位：磅）
ScrollWidth	用于设置拖动滚动条时可查看区域的宽度（单位：磅）
ScrollLeft	用于设置从逻辑窗体、页面或控件的左边到可视窗体左边的距离（单位：磅），最小值为 0
ScrollTop	用于设置从逻辑窗体、页面或控件的顶端到可视窗体顶端的距离（单位：磅），最小值为 0

KeepScrollBarsVisible 属性与 ScrollBars 属性可取的值如下表所示。

常量名称	值	说明
fmScrollBarsNone	0	无滚动条
fmScrollBarsHorizontal	1	水平滚动条
fmScrollBarsVertical	2	垂直滚动条
fmScrollBarsBoth	3	水平和垂直滚动条

（4）添加和设置背景图片

在用户窗体中添加背景图片可使窗体更加美观。具体的操作方法如下。

步骤 01 添加背景图片。在"图片"组中单
击"Picture"属性后的路径选择按钮，如右
图所示。然后在打开的对话框中选择要添加的
图片。

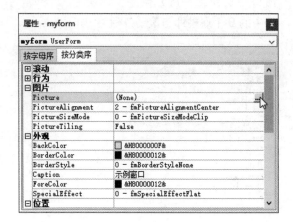

步骤02 设置背景图片。更改 "PictureSize-Mode" 属性的值为 "3-fmPictureSizeMode-Zoom"，如下图所示。

步骤03 查看添加背景图片的效果。可看到用户窗体中显示了所选的图片，该图片位于用户窗体的中心，且没有变形，如下图所示。

"图片" 组中 4 个属性的功能说明如下表所示。

属性名称	说明
Picture	单击属性后的路径选择按钮，可以选择背景图片文件
PictureAlignment	用于指定背景图片的位置
PictureSizeMode	用于指定背景图片的显示方式
PictureTiling	用于设置是否在窗体背景中平铺图片。为 True 时，图片在窗体背景中平铺；为 False 时，图片不在窗体背景中平铺

PictureAlignment 属性可取的值如下表所示。

常量名称	值	说明
fmPictureAlignmentTopLeft	0	左上角
fmPictureAlignmentTopRight	1	右上角
fmPictureAlignmentCenter	2	中心
fmPictureAlignmentBottomLeft	3	左下角
fmPictureAlignmentBottomRight	4	右下角

PictureSizeMode 属性可取的值如下表所示。

常量名称	值	说明
fmPictureSizeModeClip	0	默认裁掉图片中比用户窗体大的部分
fmPictureSizeModeStretch	1	图片变形，扩展填充整个窗体
fmPictureSizeModeZoom	3	放大图片，但维持图片的宽高比

（5）设置用户窗体大小

Width 和 Height 属性分别对应用户窗体的宽度和高度（单位：磅），它们共同决定了用户窗体的大小。下面介绍设置这两个属性的具体操作方法。

步骤01 设置用户窗体大小。❶在"位置"组中"Height"属性后的文本框中输入"200"，❷在"Width"属性后的文本框中输入"160"，如下图所示。

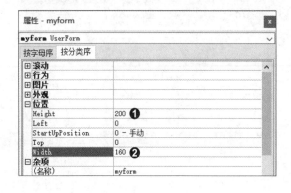

步骤02 查看设置效果。可看到 VBA 编辑器中的用户窗体大小发生了变化，如下图所示。

3. 运行用户窗体

前面创建了一个用户窗体并做了一些简单的设置，虽然还没有在该窗体中添加控件，也没有为该窗体编写代码，但是同样可以运行该窗体，具体的操作方法如下。

步骤01 运行用户窗体。❶在 VBA 编辑器中单击"运行"菜单，❷在展开的菜单中单击"运行子过程 / 用户窗体"命令，如下图所示。

步骤02 查看运行效果。系统将自动返回工作表中，并弹出一个名为"示例窗口"的用户窗体，如下图所示。

步骤03 关闭用户窗体。如果要关闭运行中的用户窗体，则需返回 VBA 编辑器，❶再次单击"运行"菜单，❷在展开的菜单中单击"重新设置"命令，如右图所示。此外，也可以直接单击用户窗体右上角的"关闭"按钮。

实例：修改已创建的用户窗体属性

学习了设计用户窗体的基本操作后，下面以修改已创建的用户窗体属性为例，进一步了解设计用户窗体的操作。

◎ 原始文件：实例文件\第11章\原始文件\创建用户窗体.xlsm、1.jpg
◎ 最终文件：实例文件\第11章\最终文件\修改已创建的用户窗体属性.xlsm

步骤01 查看已创建的用户窗体。打开原始文件中的工作簿，打开 VBA 编辑器，可看到已创建的用户窗体，如下图所示。

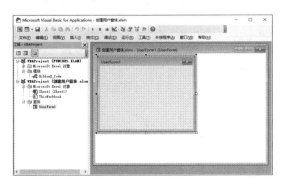

步骤02 修改名称属性。选中窗体，按【F4】键打开"属性"窗口，在"（名称）"属性右侧的文本框中输入"客户登记"，如下图所示。

步骤03 修改 Caption 属性。在"Caption"属性右侧的文本框中输入"登记界面"，如下图所示。

步骤04 修改窗体背景颜色。❶单击"Back-Color"属性右侧的下拉按钮，❷在展开的面板中切换至"调色板"选项卡，❸选择需要设置的背景颜色，如下图所示。

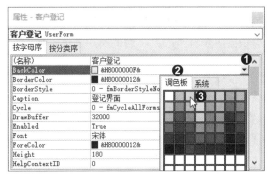

步骤05 设置滚动条。❶切换至"属性"窗口的"按分类序"选项卡，❷单击"滚动"组中"ScrollBars"属性右侧的下拉按钮，❸在展开的列表中单击"3-fmScrollBarsBoth"属性值，如右图所示。

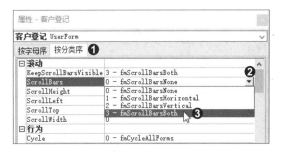

步骤06 添加背景图片。单击"图片"组中"Picture"属性右侧的路径选择按钮，如下图所示。

步骤07 选择图片。打开"加载图片"对话框，❶找到图片的保存位置，❷选中要加载的图片，❸单击"打开"按钮，如下图所示。

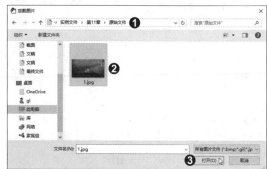

步骤08 查看添加的背景图片。返回 VBA 编辑器，可看到用户窗体的背景中显示了上一步骤中加载的图片，如下图所示。

步骤09 修改用户窗体大小。❶在"位置"组中"Height"属性后的文本框中输入"250"，❷在"Width"属性后的文本框中输入"400"，如下图所示。

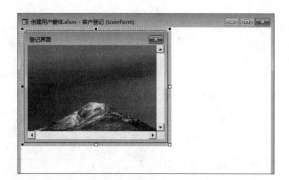

步骤10 查看设置后的用户窗体。返回 VBA 编辑器，查看修改大小后的用户窗体，如右图所示。

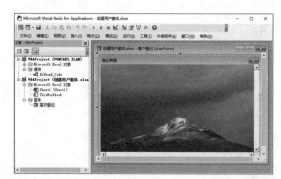

11.1.2 控件类型介绍

要让用户窗体能够完成需要的操作，还要在窗体中添加控件。每种控件可以实现一种特定的基本功能，将不同的控件组合起来，就能实现复杂的功能。本节将介绍用户窗体中常用的控件类型及相关操作。

1. 常用控件类型

在创建用户窗体的同时会打开一个"工具箱"窗口，在该窗口中存放了多个控件。各控件的名称及功能如下表所示。

图标	控件类型	用法说明
▶	选定对象 （Select Object）	是"工具箱"窗口中唯一不能用于绘制控件的项目，只能用于改变用户窗体上已有控件的大小，或者移动已有控件的位置
A	标签 （Label）	用于显示说明性文本，如标题、题注或简单的指导信息
abl	文本框 （Text Box）	是用户输入信息时最常用的控件，可用于输入文本、数字、公式。如果将文本框绑定到数据源，则对文本框内容所做的修改也会改变数据源中的值
🔽	复合框 （ComboBox）	就是我们常说的"组合框"，结合了列表框和文本框的特性，既可在列表中选择已有的值，也可自由输入新值
🔄	列表框 （ListBox）	用于显示一些值的列表，常常用来显示多条信息
☑	复选框 （CheckBox）	可以在一组选项中选择一个或多个选项，在每个选项前方都有一个小方框，选中复选框后会在对应的方框中出现"√"标记
◉	选项按钮 （OptionButton）	就是我们常说的"单选按钮"，用于显示选项组中某一选项的选中状态，被选中的选项前方的圆圈中会出现黑点。一个用户窗体中的多个选项按钮是互斥的
[xy]	框架 （ToggleButton）	可用框架将相关联的控件分门别类地放置在一起，从而使用户界面更加清晰。需要注意的是，框架中的所有选项按钮是互斥的
ab	命令按钮 （CommandButton）	用于启动、结束或中断一项操作或一系列操作
▭	TabStrip	可以在窗口或对话框中的同一区域定义多个数据页面
📁	多页	可以在用户窗体中显示一系列不同的页面，在处理那些可以划分为不同类别的大量信息时非常有用
🔢	滚动条 （ScrollBar）	用于控制页面的变化，分为水平滚动条和垂直滚动条，可以根据需要在窗体中添加任意一种或两种滚动条
🔼	旋转按钮 （SpinButton）	作用和滚动条相似，通过单击该控件的向上或向下按钮来选择数值
🖼	图像 （Image）	用于在用户窗体中显示图像，可以裁剪或缩放图像，但不能编辑图像的内容

2. 创建常用控件页

在"工具箱"窗口的"新建页"选项卡中可以放置自己常用的控件，从而提高设计用户窗体的工作效率。具体的操作方法如下。

步骤01 查看控件。在"工具箱"窗口的"控件"选项卡下查看可添加到用户窗体中的控件，如下图所示。

步骤02 查看新建页。切换至"新建页"选项卡，可以看到该页默认包含的控件，如下图所示。

提示

如果"工具箱"窗口中没有"新建页"选项卡，则可以右击"工具箱"窗口中的选项卡名称区域，在弹出的快捷菜单中单击"新建页"命令。

步骤03 移动控件。在"控件"选项卡中选取"标签"控件，按住鼠标左键不放，将其拖至"新建页"选项卡中，如右图所示。释放鼠标左键，"标签"控件即被添加到"新建页"选项卡中，"控件"选项卡中的"标签"控件则消失了。

步骤04 重命名新建页。❶右击"新建页"选项卡，❷在弹出的快捷菜单中单击"重命名"命令，如下图所示。

步骤05 输入名称。打开"重命名"对话框，❶在"题注"文本框中输入"常用控件"，❷单击"确定"按钮，如下图所示。

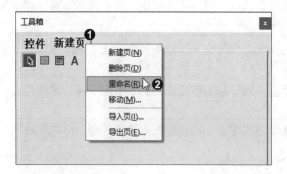

提示

如果要在"工具箱"窗口中添加其他控件，可以右击"工具箱"窗口的空白处，在弹出的快捷菜单中单击"附加控件"命令，在打开的"附加控件"对话框中选择需要添加的控件。

步骤06 查看重命名的效果。返回"工具箱"窗口，可以看到"新建页"标签变为"常用控件"，如右图所示。

实例：创建客户登记界面

下面以创建客户登记界面为例，介绍在用户窗体中添加控件的操作方法。

◎ 原始文件：实例文件\第11章\原始文件\创建客户登记界面.xlsm
◎ 最终文件：实例文件\第11章\最终文件\创建客户登记界面.xlsm

步骤01 查看数据。打开原始文件，可看到工作表"Sheet1"中已经输入了数据表的表头，如下图所示。

步骤02 显示"工具箱"窗口。打开 VBA 编辑器，❶单击"视图"菜单，❷在展开的菜单中单击"工具箱"命令，如下图所示。

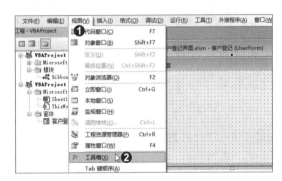

步骤03 单击"标签"控件。在打开的"工具箱"窗口中单击"标签"控件，如下图所示。

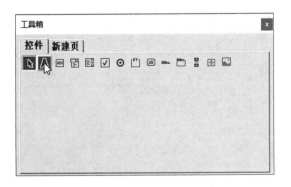

步骤04 绘制标签控件。在"登记界面"用户窗体的左上角拖动鼠标，绘制控件，如下图所示。拖动至合适位置后释放鼠标左键。

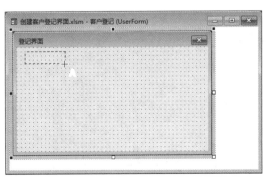

步骤05 修改标签控件属性。按【F4】键打开"属性"窗口，❶修改"Caption"属性为"客户名称"，❷单击"Font"属性右侧的按钮，如下图所示。

步骤06 设置字体和字号。打开"字体"对话框，❶设置"字体"为"新宋体"，❷"大小"为"小四"，❸然后单击"确定"按钮，如下图所示。

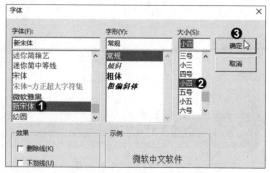

步骤07 单击"文本框"控件。用相同的方法绘制5个标签控件并分别设置其"Caption"和"Font"属性。在"工具箱"窗口中单击"文本框"控件，如下图所示。

步骤08 绘制文本框控件。在"登记界面"用户窗体中的"客户名称"控件右侧拖动鼠标，绘制文本框控件，如下图所示。

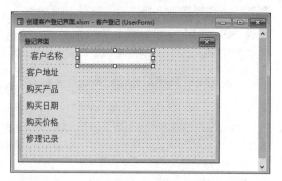

步骤09 绘制其他文本框控件。用相同的方法依次在其他标签控件的右侧绘制文本框控件，如下图所示。

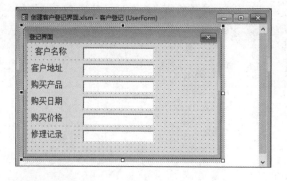

步骤10 设置属性。❶选中第一个文本框控件，❷在"属性"窗口中修改"（名称）"属性为"myName"，如下图所示。用相同的方法将其他文本框控件的"（名称）"属性分别设置为"myAddress""mySP""myDate""myPrice""myJL"。

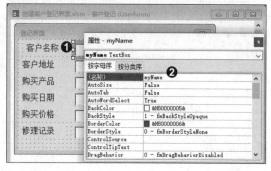

步骤 11　单击"命令按钮"控件。在"工具箱"窗口中单击"命令按钮"控件，如下图所示。

步骤 12　绘制命令按钮控件。在"登记界面"用户窗体中拖动鼠标，绘制命令按钮控件，如下图所示。

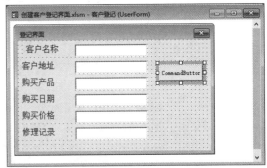

步骤 13　修改命令按钮控件属性。在"属性"窗口中修改"Caption"属性为"登记"，如下图所示。

步骤 14　创建"取消"按钮。用相同的方法在"登记界面"用户窗体中再次绘制一个命令按钮控件，并将其"Caption"属性修改为"取消"，如下图所示。

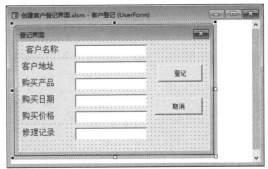

步骤 15　查看窗体代码。❶在工程资源管理器中右击"客户登记"窗体，❷在弹出的快捷菜单中单击"查看代码"命令，如下图所示。

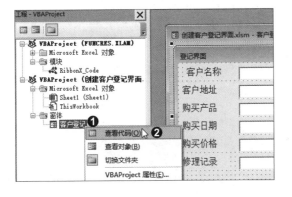

步骤 16　编写代码。在打开的代码窗口中输入如下图所示的代码。

步骤 16 的代码解析

```
    '设置初始化用户窗体时触发的事件代码
1   Private Sub UserForm_Initialize()
2       With 客户登记    '设置"客户登记"窗体
3           .myName.Value = "陈强"     '设置"myName"文本框的值为"陈强"
4           .myAddress.Value = "锦江区"     '设置"myAddress"文本框的值为
            "锦江区"
5           .mySP.Value = "MP4"     '设置"mySP"文本框的值为"MP4"
6           .myDate.Value = "2018-6-20"     '设置"myDate"文本框的值为"2018-
            6-20"
7           .myPrice.Value = 0     '设置"myPrice"文本框的值为0
8           .myJL.Value = 0      '设置"myJL"文本框的值为0
9       End With
10  End Sub
    '设置单击"登记"按钮时触发的事件代码
11  Private Sub CommandButton1_Click()
12      Dim Num As Integer
13      Num = Worksheets(1).Range("A1") .CurrentRegion.Rows.Count     '统
        计工作表中数据区域的行数
14      Cells(Num + 1, 1) = myName.Value    '将"myName"文本框中的值写入工
        作表的"客户名称"列
15      Cells(Num + 1, 2) = myAddress.Value     '将"myAddress"文本框中的值
        写入工作表的"客户地址"列
16      Cells(Num + 1, 3) = mySP.Value     '将"mySP"文本框中的值写入工作表
        的"购买产品"列
17      Cells(Num + 1, 4) = myDate.Value     '将"myDate"文本框中的值写入工
        作表的"购买日期"列
18      Cells(Num + 1, 5) = myPrice.Value     '将"myPrice"文本框中的值写入
        工作表的"购买价格"列
19      Cells(Num + 1, 6) = myJL.Value     '将"myJL"文本框中的值写入工作表
        的"修理记录"列
20  End Sub
    '设置单击"取消"按钮时触发的事件代码
21  Private Sub CommandButton2_Click()
22      Me.Hide     '隐藏用户窗体
23  End Sub
```

步骤17 运行用户窗体。按【F5】键运行用户窗体，此时会返回工作表，并打开"登记界面"对话框，在每个文本框中显示代码中设置的初始值，如下图所示。

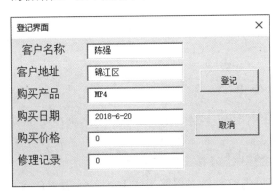

步骤18 输入并登记客户信息。❶在"购买价格"标签对应的文本框中输入所需的值，❷单击"登记"按钮，如下图所示。

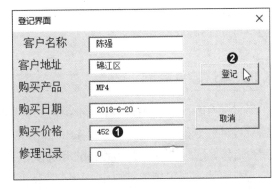

步骤19 输入并登记其他客户的信息。❶继续在各标签对应的文本框中输入所需的值，❷单击"登记"按钮，如下图所示。

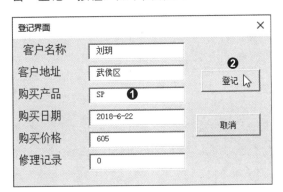

步骤20 查看登记的信息。完成信息的输入和登记后，单击"取消"按钮关闭对话框，可看到信息已被写入工作表，如下图所示。

	A	B	C	D	E	F
1	客户名称	客户地址	购买产品	购买日期	购买价格	修理记录
2	陈强	锦江区	MP4	2018/6/20	452	0
3	刘玥	武侯区	SP	2018/6/22	605	0
4	黄新	成华区	MP4	2018/6/25	225	0
5	李兰	金牛区	MP3	2018/6/25	148	0
6	何风	锦江区	手机	2018/6/26	1782	0
7	陈戏	锦江区	相机	2018/6/28	5368	0
8	陈戏	金牛区	手机	2018/6/30	2289	0
9						

11.2　如何设计出界面友好的用户窗体

在设计用户窗体时，除了按需求添加各个控件外，还应从用户的角度出发，合理设置控件的大小、颜色、位置、数量等，让界面不仅美观，而且使用方便，这样的界面也称为友好的界面。要设计出友好的界面，可以从以下方面着手。

1. 用户窗体的整体格局

从整体角度出发，用户窗体应该按照用户平时的使用习惯来设计。不同类型的用户要求也不相同，例如，专业人士需要的是一目了然的整洁界面，则阅读顺序按照常规应该是从上到下、从左到右。

一般来说，经常用到的控件应该放置在用户窗体中靠前的位置或窗体的左侧，不常用的控件放置在靠后的位置或右侧，这样使用方便，易于阅读。

2. 控件的外观设计

控件的大小、位置和文本是体现用户窗体友好性的重要因素。相同类型的控件大小要一致，并且均匀地排列在用户窗体中，这是设计的基本准则。控件的文本最好使用让用户感到亲切、容易接受的字体，如果有代表特殊意义的特殊符号，应做特别说明。同一个用户窗体中的文本应尽可能使用同一种字体。

3. 默认控件顺序

当用户要在窗体中连续输入多项信息时，经常使用【Tab】键在各个控件间切换，而按【Tab】键后控件激活的顺序是由控件的 TabIndex 属性决定的。例如，TabIndex 属性为 0 的控件会在用户窗体显示时自动激活，而 TabIndex 属性为 1 的控件会在按【Tab】键一次后激活。

在设计用户窗体的过程中，VBA 会按照添加控件的顺序为控件指定 TabIndex 属性的值。但是实际上并非每个控件都可以用于输入，也并非每个控件都需要被激活，因此，在用户窗体设计完成后，需要统一调整每个控件的 TabIndex 属性。

实战演练　客户信息管理系统

下面以创建客户信息管理系统为例，对本章所学知识进行回顾。

◎ 原始文件：实例文件\第11章\原始文件\客户信息管理系统.xlsx
◎ 最终文件：实例文件\第11章\最终文件\客户信息管理系统.xlsm

步骤01 查看数据。打开原始文件，可看到工作表"Sheet1"中已经输入了数据表的表头，如右图所示。

步骤02 插入用户窗体。打开 VBA 编辑器，插入用户窗体，❶在"属性"窗口中修改"（名称）"属性为"newcustomer"，❷修改"Caption"属性为"添加"，得到如右图所示的界面。

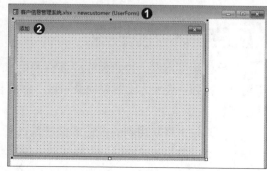

步骤 03　设置用户窗体的界面框架。在"添加"用户窗体中添加一个多页控件和两个命令按钮控件，并设置控件的属性，得到如下图所示的效果。

步骤 04　设置"基本信息"页面。❶切换至多页控件的"基本信息"选项卡，❷添加多个标签、文本框和框架控件，并设置控件的属性，得到如下图所示的效果。

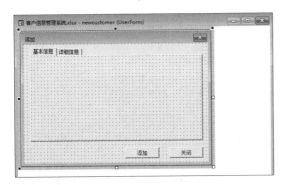

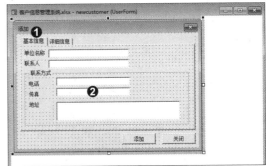

提示

步骤 03 中添加控件的类型及属性设置如下表所示。

序号	控件类型	属性	值
1	多页控件（Page1）	Caption	基本信息
	多页控件（Page2）		详细信息
2	命令按钮	（名称）	OK
		Caption	添加
3	命令按钮	（名称）	Cancel
		Caption	关闭

步骤 04 中添加控件的类型及属性设置如下表所示。

序号	控件类型	属性	值
1	标签	Caption	单位名称
2	文本框	（名称）	cop
3	标签	Caption	联系人
4	文本框	（名称）	person
5	框架	Caption	联系方式
6	标签	Caption	电话
7	文本框	（名称）	phone
8	标签	Caption	传真
9	文本框	（名称）	fax
10	标签	Caption	地址
11	文本框	（名称）	add
		MultiLine	True

步骤 05 设置"详细信息"页面。❶切换至多页控件的"详细信息"选项卡，❷添加多个标签和文本框控件，并设置控件的属性，得到如下图所示的效果。

步骤 06 编写用户窗体响应程序。右击用户窗体"newcustomer"，在弹出的快捷菜单中单击"查看代码"命令，然后在其代码窗口中输入如下图所示的用户窗体响应程序。

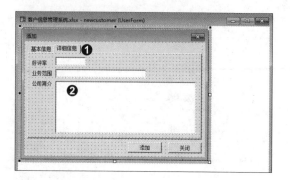

💡 **提 示**

步骤 05 中添加控件的类型及属性设置如下表所示。

序号	控件类型	属性	值
1	标签	Caption	好评率
2	文本框	（名称）	rate
3	标签	Caption	业务范围
4	文本框	（名称）	area
5	标签	Caption	公司简介
6	文本框	（名称）	intro
		MultiLine	True

步骤 06 的代码解析

```
1   Public aim As Worksheet
    '"关闭"按钮的事件代码
2   Private Sub Cancel_Click()
3       Me.Hide      '隐藏用户窗体
4   End Sub
    '"添加"按钮的事件代码
5   Private Sub OK_Click()
6       If cop.Value = "" And person.Value = "" Then    '如果用户未输入单
        位名称和联系人
7           MsgBox "至少输入单位名称或联系人中的一项" + Chr(10) + _
            "才能建立记录"    '则用提示框显示提示信息
```

```
8          Exit Sub     '强制退出子过程
9      End If
10     Dim rowindex As Integer
11     rowindex = aim.Range("A1").CurrentRegion.Rows.Count + 1     '设置
       写入数据的行号
12     aim.Cells(rowindex, 1) = cop.Value    '在对应单元格中写入单位名称
13     aim.Cells(rowindex, 2) = person.Value    '在对应单元格中写入联系人
14     aim.Cells(rowindex, 3) = phone.Value    '在对应单元格中写入电话
15     aim.Cells(rowindex, 4) = fax.Value    '在对应单元格中写入传真
16     aim.Cells(rowindex, 5) = add.Value    '在对应单元格中写入地址
17     aim.Cells(rowindex, 6) = rate.Value    '在对应单元格中写入好评率
18     aim.Cells(rowindex, 7) = area.Value    '在对应单元格中写入业务范围
19     aim.Cells(rowindex, 8) = intro.Value    '在对应单元格中写入公司简介
20     cop.Value = ""    '清除窗体中的单位名称
21     person.Value = ""    '清除窗体中的联系人
22     phone.Value = ""    '清除窗体中的电话
23     fax.Value = ""    '清除窗体中的传真
24     add.Value = ""    '清除窗体中的地址
25     rate.Value = ""    '清除窗体中的好评率
26     area.Value = ""    '清除窗体中的业务范围
27     intro.Value = ""    '清除窗体中的公司简介
28 End Sub
   '窗体初始化
29 Private Sub UserForm_Activate()
30     Set aim = Sheets("Sheet1")    '将工作表"Sheet1"赋给变量aim
31     MultiPage.Pages("Page1").Visible = True    '运行用户窗体时，显示
       Page1页面
32 End Sub
```

步骤07　编写显示窗体的程序。在当前工作
簿中插入一个模块，在代码窗口中输入如右图
所示的代码，用于显示窗体。

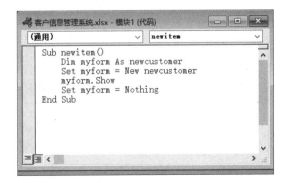

```
Sub newitem()
    Dim myform As newcustomer
    Set myform = New newcustomer
    myform.Show
    Set myform = Nothing
End Sub
```

271

步骤 07 的代码解析

```
1   Sub newitem()
2       Dim myform As newcustomer
3       Set myform = New newcustomer     '创建用户窗体"newcustomer"的实
        例，并赋给变量myform
4       myform.Show      '显示用户窗体
5       Set myform = Nothing       '清空变量占用的内存
6   End Sub
```

步骤08 添加按钮。返回工作表，在适当位置插入一个按钮控件，为其指定宏"newitem"，并修改按钮文本为"添加客户信息"，然后单击该按钮，如右图所示。

业务范围	公司简介		
		添加客户信息	

步骤09 提示至少输入一项内容。弹出"添加"对话框，❶若直接单击"添加"按钮，将弹出提示框，提示用户至少要输入单位名称或联系人中的一项，❷单击"确定"按钮，如下图所示。

步骤10 输入基本信息。❶切换至"基本信息"选项卡，❷输入客户公司的基本信息，包括单位名称、联系人、电话、传真、地址，如下图所示。

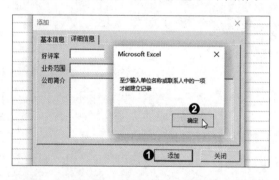

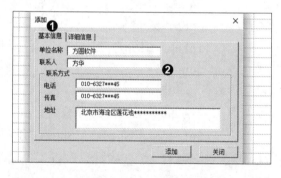

步骤11 输入详细信息。❶切换至"详细信息"选项卡，❷输入客户公司的详细信息，包括好评率、业务范围、公司简介，❸然后单击"添加"按钮，如下图所示。

步骤12 查看工作表中写入的信息。此时可看到输入的信息被写入工作表的第2行，同时用户窗体中的信息被清除，如下图所示。用相同的方法添加其他客户公司信息。

步骤13　添加用户窗体。打开 VBA 编辑器，插入新的用户窗体，❶在"属性"窗口中修改"（名称）"属性为"searchform"，❷修改"Caption"属性为"查找"，效果如下图所示。

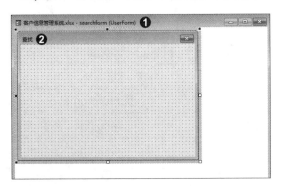

步骤14　设置用户窗体的界面框架。在"查找"用户窗体中添加一个多页控件和一个命令按钮控件，并设置控件的属性，得到如下图所示的效果。

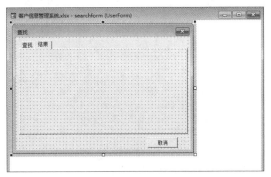

提 示

步骤 14 中添加控件的类型及属性设置如下表所示。

序号	控件类型	属性	值
1	多页控件（Page1）	Caption	查找
	多页控件（Page2）	Caption	结果
2	命令按钮	（名称）	Cancel
		Caption	取消

步骤15　设置"查找"页面。❶切换至多页控件的"查找"选项卡，❷添加多个标签、文本框、命令按钮和列表框控件，并设置控件的属性，得到如下图所示的效果。

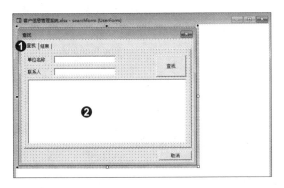

步骤16　设置"结果"页面。❶切换至多页控件的"结果"选项卡，❷添加多个标签、文本框和命令按钮控件，并设置控件的属性，得到如下图所示的效果。

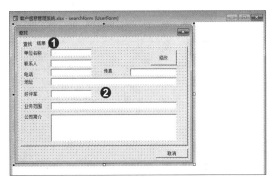

📢 提 示

步骤 15 中添加控件的类型及属性设置如下表所示。

序号	控件类型	属性	值
1	标签	Caption	单位名称
2	文本框	（名称）	copname
3	标签	Caption	联系人
4	文本框	（名称）	personname
5	列表框	（名称）	resultlist
6	命令按钮	（名称）	search
		Caption	查找

步骤 16 中添加控件的类型及属性设置如下表所示。

序号	控件类型	属性	值
1	标签	Caption	单位名称
2	文本框	（名称）	cop
3	标签	Caption	联系人
4	文本框	（名称）	person
5	标签	Caption	电话
6	文本框	（名称）	phone
7	标签	Caption	传真
8	文本框	（名称）	fax
9	标签	Caption	地址
10	文本框	（名称）	add
11	标签	Caption	好评率
12	文本框	（名称）	rate
13	标签	Caption	业务范围
14	文本框	（名称）	area
15	标签	Caption	公司简介
16	文本框	（名称）	intro
		MultiLine	True
17	命令按钮	（名称）	modify
		Caption	修改

步骤17 编写代码。打开"searchform"用户窗体的代码窗口，输入"取消"按钮和"修改"按钮的事件代码，如下图所示。

步骤18 继续编写代码。继续在该代码窗口中输入单击查找结果列表框时的事件代码，如下图所示。

步骤 17 的代码解析

```
    '声明公有变量
1   Public currow As Integer
2   Public aim As Worksheet
    '"取消"按钮的事件代码
3   Private Sub Cancel_Click()
4       Me.Hide        '隐藏用户窗体
5   End Sub
    '"修改"按钮的事件代码
6   Private Sub modify_Click()
7       If currow = 0 Then       '验证用户输入，若输入为空
8           MsgBox "请选定一条记录"      '则用提示框提示
9           Exit Sub       '退出子过程
10      End If
        '将工作表中对应单元格的值修改为用户在文本框中输入的值
11      aim.Cells(currow, 1) = CStr(cop.Value)        '修改单位名称
12      aim.Cells(currow, 2) = CStr(person.Value)       '修改联系人
13      aim.Cells(currow, 3) = CStr(phone.Value)       '修改电话
14      aim.Cells(currow, 4) = CStr(fax.Value)         '修改传真
15      aim.Cells(currow, 5) = CStr(add.Value)         '修改地址
16      aim.Cells(currow, 6) = CStr(rate.Value)        '修改好评率
17      aim.Cells(currow, 7) = CStr(area.Value)        '修改业务范围
18      aim.Cells(currow, 8) = CStr(intro.Value)       '修改公司简介
19  End Sub
```

<table>
<tr><td colspan="2" align="center">**步骤 18 的代码解析**</td></tr>
<tr><td></td><td>'单击查找结果列表框时的事件代码</td></tr>
<tr><td>20</td><td>Private Sub resultlist_Click()</td></tr>
<tr><td>21</td><td>   If resultlist.Value = "" Then   '如果单击的是空项目</td></tr>
<tr><td>22</td><td>   Exit Sub   '则不进行任何操作，直接退出子过程</td></tr>
<tr><td>23</td><td>   End If</td></tr>
<tr><td>24</td><td>   Dim rowindex As Integer</td></tr>
<tr><td>25</td><td>   rowindex = CInt(resultlist.Value)   '获取用户选择的客户在工作表中的行号</td></tr>
<tr><td>26</td><td>   currow = rowindex   '为变量currow赋值
    '将工作表中的各项数据写入"结果"选项卡中对应的文本框内</td></tr>
<tr><td>27</td><td>   cop.Value = aim.Cells(rowindex, 1)   '写入单位名称</td></tr>
<tr><td>28</td><td>   person.Value = aim.Cells(rowindex, 2)   '写入联系人</td></tr>
<tr><td>29</td><td>   phone.Value = aim.Cells(rowindex, 3)   '写入电话</td></tr>
<tr><td>30</td><td>   fax.Value = aim.Cells(rowindex, 4)   '写入传真</td></tr>
<tr><td>31</td><td>   add.Value = aim.Cells(rowindex, 5)   '写入地址</td></tr>
<tr><td>32</td><td>   rate.Value = aim.Cells(rowindex, 6) * 100 & "%"   '写入好评率</td></tr>
<tr><td>33</td><td>   area.Value = aim.Cells(rowindex, 7)   '写入业务范围</td></tr>
<tr><td>34</td><td>   intro.Value = aim.Cells(rowindex, 8)   写入公司简介</td></tr>
<tr><td>35</td><td>End Sub</td></tr>
</table>

步骤19 继续编写代码。继续在该代码窗口中输入"查找"按钮的事件代码，如右图所示。

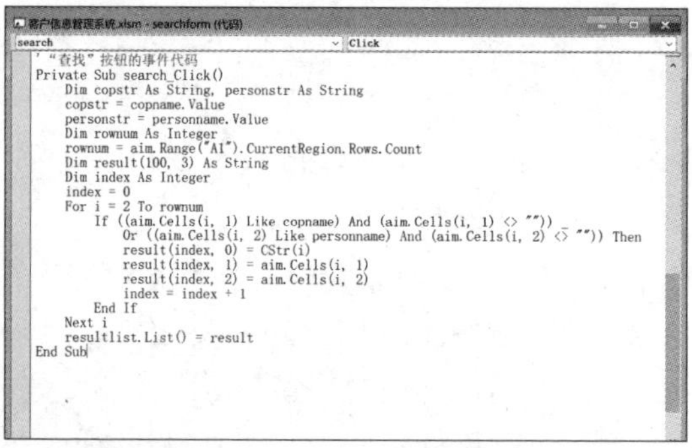

<table>
<tr><td colspan="2" align="center">**步骤 19 的代码解析**</td></tr>
<tr><td></td><td>'查找按钮的事件代码</td></tr>
<tr><td>36</td><td>Private Sub search_Click()</td></tr>
<tr><td>37</td><td>   Dim copstr As String, personstr As String</td></tr>
<tr><td>38</td><td>   copstr = copname.Value   '将用户输入的单位名称赋给变量copstr</td></tr>
<tr><td>39</td><td>   personstr = personname.Value   '将用户输入的联系人赋给变量personstr</td></tr>
<tr><td>40</td><td>   Dim rownum As Integer</td></tr>
</table>

```
41    rownum = aim.Range("A1").CurrentRegion.Rows.Count      '获取工作表数
      据区域的行数
42    Dim result(100, 3) As String      '声明字符串型数组，用于存储查找结果
43    Dim index As Integer
44    index = 0
45    For i = 2 To rownum      '从第2行查找到最后一行
46        If ((aim.Cells(i, 1) Like copname) And (aim.Cells(i, 1) <> "")) _
            Or ((aim.Cells(i, 2) Like personname) And (aim.Cells(i, 2) _
            <> "")) Then      '如果当前行的单位名称或联系人与用户输入的相符
            且不为空
47            result(index, 0) = CStr(i)          '则将行号存入数组
48            result(index, 1) = aim.Cells(i, 1)      '将单位名称存入数组
49            result(index, 2) = aim.Cells(i, 2)      '将联系人存入数组
50            index = index + 1      '转到下一行
51        End If
52    Next i
53    resultlist.List() = result      '在列表框中显示查找结果
54 End Sub
```

步骤 20　继续编写代码。继续在该代码窗口中
输入窗体初始化的代码，如右图所示。

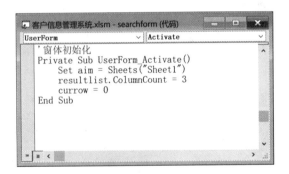

步骤 20 的代码解析

```
   '窗体初始化
55 Private Sub UserForm_Activate()
56    Set aim = Sheets("Sheet1")      '将工作表"Sheet1"赋给变量aim
57    resultlist.ColumnCount = 3      '指定查找结果列表框的列数为3
58    currow = 0
59 End Sub
```

步骤21 编写显示窗体的程序。打开"模块1"的代码窗口，继续输入如右图所示的代码，用于显示窗体。

步骤 21 的代码解析

60	Sub searchitem()
61	Dim myform As searchform
62	Set myform = New searchform '创建用户窗体"searchform"的实例，并赋给变量myform
63	myform.Show '显示用户窗体
64	Set myform = Nothing '清空变量占用的内存
65	End Sub

步骤22 添加"查找"按钮。返回工作表，在"添加客户信息"按钮右侧添加按钮控件，为其指定宏"searchitem"，并修改按钮文本为"查找"，然后单击该按钮，如右图所示。

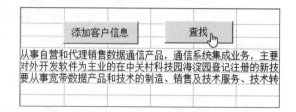

步骤23 输入查找条件。打开"查找"对话框，在"查找"选项卡下的"单位名称"文本框中输入"北京*"，表示查找所有单位名称以"北京"开头的客户公司，如下图所示。

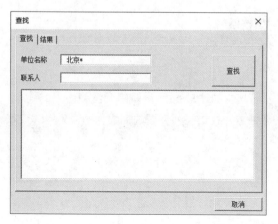

步骤24 选择要查看详情的客户公司。❶此时下方的列表框中会显示所有符合条件的客户公司，❷单击列表框中的第1项查找结果，如下图所示。

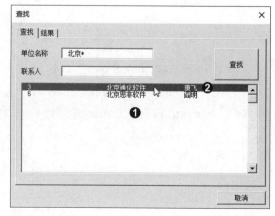

步骤25　查看详细信息。❶切换至"结果"选项卡，❷可看到所选客户公司的详细信息，如下图所示。

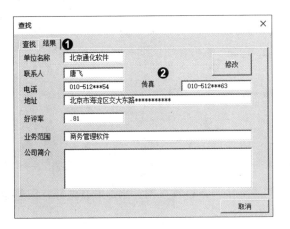

步骤26　修改客户公司信息。❶删除"传真"文本框中的内容，❷将"好评率"更改为 95%，❸单击"修改"按钮，如下图所示。工作表中的数据也会进行相应更改。

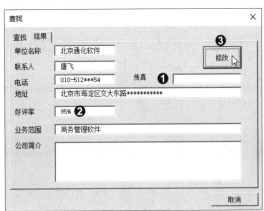

第12章 使用 VBA 打印文件

本章先介绍打印前的准备工作，然后讲解如何通过 VBA 完成自定义打印，如设置页边距、打印范围、打印比例、分页打印等。通过本章的学习，相信读者能够根据实际工作需求灵活地实现各种打印效果。

12.1 打印前的准备工作

很多有关打印的 Excel VBA 代码之所以不能够顺利执行，往往是因为用户没有做好打印前的准备工作。下面列举一些在打印前需要做好的准备工作。

★ 检查打印机的纸张与油墨（硒鼓）的情况，防止打印出的文件因墨迹过淡而无法查看。

★ 检查打印机与计算机的连接情况，防止无法打印的情况发生。

★ 如果计算机上连接了多台打印机，则将要使用的打印机设置为默认的打印设备，以方便打印。

为方便展示打印效果，本章的实例使用虚拟打印机 Microsoft Print to PDF 将打印结果输出为 PDF 文件。该虚拟打印机为 Windows 系统自带的打印机，用户可通过控制面板中的"设备和打印机"选项将其设置为默认打印机。

12.2 自定义打印

了解了打印前的准备工作，下面进入实际操作环节，学习如何在 Excel VBA 中自定义打印的参数。

12.2.1 使用 PrintOut 方法打印

在 Excel VBA 中，可以使用 PrintOut 方法打印工作簿、工作表、单元格内容以及图表等对象。该方法的语法格式如下。

表达式.PrintOut(From, To, Copies, Preview, ActivePrinter, PrintToFile, Collate, PrToFileName, IgnorePrintAreas)

 语法解析

表达式：一个代表 Workbook、Worksheet、Range 或 Chart 等对象的变量。

From：可选，表示打印的起始页码。如果省略，则从起始位置开始打印。

To：可选，表示打印的终止页码。如果省略，则打印至最后一页。

Copies：可选，表示打印的份数。如果省略，则只打印 1 份。

Preview：可选，用于设置打印前是否进行预览。如果为 True，则在打印前调用打印预览；如果为 False 或省略，则立即打印。

ActivePrinter：可选，用于指定活动打印机名称。如果省略，则表示在默认打印机上打印。

PrintToFile：可选，用于设置是否将内容打印到文件。如果为 True 又省略了 PrToFileName，则 Excel 会提示用户输入输出文件的文件名。

Collate：可选，用于指定是否逐份打印。

PrToFileName：可选，如果 PrintToFile 为 True，则用该参数指定要打印到的文件名。

IgnorePrintAreas：可选，如果为 True，则忽略打印区域并打印整个对象。Range 对象无此参数。

 实例：打印员工薪资表

下面以打印员工薪资表为例，介绍 PrintOut 方法的具体应用。

◎ 原始文件：实例文件\第12章\原始文件\员工薪资表.xlsx
◎ 最终文件：实例文件\第12章\最终文件\打印员工薪资表.xlsm、打印员工薪资表.pdf

步骤01 **查看数据**。打开原始文件，可看到工作表"Sheet1"中的员工薪资表数据，如下图所示。

步骤02 **编写代码**。打开 VBA 编辑器，在当前工作簿中插入一个模块，并在代码窗口中输入如下图所示的代码。

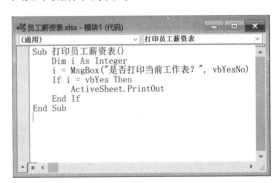

步骤 02 的代码解析

```
1  Sub 打印员工薪资表()
2      Dim i As Integer
3      i = MsgBox("是否打印当前工作表？", vbYesNo)      '用提示框询问用户是否
       打印当前工作表
4      If i = vbYes Then      '如果用户单击了"是"按钮
5          ActiveSheet.PrintOut      '则打印当前工作表
6      End If
7  End Sub
```

Excel VBA 应用与技巧大全

步骤03 确认打印当前工作表。按【F5】键运行代码，程序自动返回工作表中，并弹出提示框，询问用户是否打印当前工作表，单击"是"按钮，如下图所示。

步骤04 另存打印输出文件。弹出"将打印输出另存为"对话框，❶在地址栏中选择保存位置，❷在"文件名"文本框中输入文件名，❸单击"保存"按钮，如下图所示。

步骤05 显示打印状态。此时会弹出"正在打印"对话框，显示打印状态，如下图所示。打印完毕后该对话框自动关闭。

步骤06 查看打印效果。找到另存的打印输出文件并将其打开，可看到如下图所示的打印效果。

12.2.2　使用 PageSetup 对象设置页边距

通过为 PageSetup 对象的 TopMargin、BottomMargin、LeftMargin、RightMargin 属性赋值，可分别设置打印页面的上边距、下边距、左边距、右边距（单位：磅）。这些属性的语法格式如下。

表达式.TopMargin / BottomMargin / LeftMargin / RightMargin

语法解析

表达式：一个代表 PageSetup 对象的变量。

在设置页边距时，有时需要进行单位的转换。使用 Application 对象的 InchesToPoints 方法可将英寸值转换为磅值，而 CentimetersToPoints 方法可将厘米值转换为磅值。这两个方法的语法格式如下。

表达式.InchesToPoints(Inches) / CentimetersToPoints(Centimeters)

语法解析

表达式：一个代表 Application 对象的变量。

Inches：必选，指定要转换为磅值的英寸值。

Centimeters：必选，指定要转换为磅值的厘米值。

实例：设置员工薪资表的打印页边距

下面结合使用本节介绍的属性和方法，设置员工薪资表的打印页边距。

◎ 原始文件：实例文件\第12章\原始文件\员工薪资表.xlsx
◎ 最终文件：实例文件\第12章\最终文件\设置员工薪资表的打印页边距.xlsm

步骤01 查看数据。打开原始文件，可看到工作表"Sheet1"中的员工薪资表数据，如下图所示。

步骤02 编写代码。打开 VBA 编辑器，在当前工作簿中插入一个模块，并在其代码窗口中输入如下图所示的代码。

步骤 02 的代码解析

```
1    Sub 设置打印页边距()
2        MsgBox "设置上下左右的打印边距"
3        With ActiveSheet.PageSetup      '设置当前工作表
4            .TopMargin = 120        '设置上边距为120磅
5            .BottomMargin = Application.CentimetersToPoints(1.5)    '设置
             下边距为1.5厘米
6            .LeftMargin = 90        '设置左边距为90磅
7            .RightMargin = Application.InchesToPoints(1)     '设置右边距为1
             英寸
8        End With
9        ActiveSheet.PrintPreview      '进入"打印预览"界面
10   End Sub
```

步骤03 确认设置打印页边距。按【F5】键运行代码，程序自动返回工作表中，并弹出提示框，显示将要进行的操作，单击"确定"按钮，如下图所示。

步骤04 查看设置页边距的效果。随后自动进入"打印预览"界面，在"预览"组中勾选"显示边距"复选框，即可看到设置打印页边距的效果，如下图所示。

销售部	¥3,800	¥800	¥6,600	123456789123001
销售部	¥4,000	¥1,000	¥7,000	123456789123001
销售部	¥3,800	¥800	¥6,600	123456789123001
销售部	¥3,800			123456789123001
销售部	¥4,000			123456789123001
销售部	¥3,400			123456789123001
销售部	¥3,400			123456789123001
人事部	¥3,500			123456789123001
人事部	¥3,000			123456789123001
人事部	¥3,000			123456789123001
人事部	¥3,000	¥800	¥5,800	123456789123001
人事部	¥3,000	¥800	¥5,800	123456789123001
人事部	¥3,000	¥800	¥5,800	123456789123001
财务部	¥3,200	¥850	¥6,050	123456789123001

Microsoft Excel ×
设置上下左右的打印边距
确定

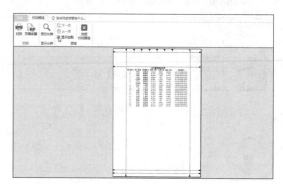

12.2.3 使用 PrintArea 属性设置打印范围

如果只需要打印工作表的部分内容，可用 PageSetup 对象的 PrintArea 属性自定义打印范围。该属性的语法格式如下。

表达式.PrintArea

 语法解析

表达式：一个代表 PageSetup 对象的变量。

PrintArea 属性仅适用于工作表的打印设置，通常赋值为一个字符串，代表要打印的单元格区域，如 "A1:C5"。如果将该属性设置为 False 或空字符串（""），可打印整个工作表。

 实例：打印员工薪资表的指定范围

下面以为员工薪资表指定打印范围为例，介绍 PrintArea 属性的具体应用。

◎ 原始文件：实例文件\第12章\原始文件\员工薪资表.xlsx
◎ 最终文件：实例文件\第12章\最终文件\打印员工薪资表的指定范围.xlsm

步骤01 查看数据。打开原始文件，可看到工作表"Sheet1"中的员工薪资表数据，如右图所示。现在要打印单元格区域 A1:F11。

步骤 02 编写代码。打开 VBA 编辑器,在当前工作簿中插入一个模块,并在代码窗口中输入如右图所示的代码。

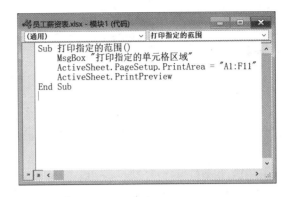

	步骤 02 的代码解析
1	Sub 打印指定的范围()
2	MsgBox "打印指定的单元格区域"
3	ActiveSheet.PageSetup.PrintArea = "A1:F11" '指定打印范围
4	ActiveSheet.PrintPreview '进入"打印预览"界面
5	End Sub

步骤 03 确认设置打印范围。按【F5】键运行代码,程序自动返回工作表中,并弹出提示框,显示将要进行的操作,单击"确定"按钮,如下图所示。

步骤 04 查看设置打印范围的效果。随后自动进入"打印预览"界面,可看到只会打印指定的单元格区域,如下图所示。

12.2.4 使用 Zoom 属性设置打印缩放比例

使用 PageSetup 对象的 Zoom 属性可以设置打印页面的缩放比例,其语法格式如下。

表达式.Zoom

语法解析

表达式:一个代表 PageSetup 对象的变量。

Zoom 属性仅适用于工作表,取值范围为 10% ~ 400%,所有缩放均保持原文档的长宽比例。

实例：调整员工薪资表整体的打印缩放比例

下面以调整员工薪资表整体的打印缩放比例为例，介绍 Zoom 属性的具体应用。

◎ 原始文件：实例文件\第12章\原始文件\员工薪资表.xlsx
◎ 最终文件：实例文件\第12章\最终文件\调整员工薪资表整体的打印缩放比例.xlsm

步骤01 **查看数据**。打开原始文件，可看到工作表"Sheet1"中的员工薪资表数据，如下图所示。

步骤02 **编写代码**。打开 VBA 编辑器，在当前工作簿中插入一个模块，并在代码窗口中输入如下图所示的代码。

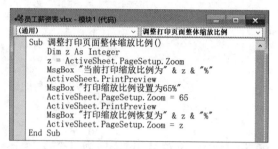

步骤02 的代码解析

```
1   Sub 调整打印页面整体缩放比例()
2       Dim z As Integer
3       z = ActiveSheet.PageSetup.Zoom      '获取当前的打印缩放比例
4       MsgBox "当前打印缩放比例为" & z & "%"      '用提示框显示当前的打印缩放
            比例
5       ActiveSheet.PrintPreview       '进入"打印预览"界面
6       MsgBox "打印缩放比例设置为65%"       '用提示框显示将要进行的操作
7       ActiveSheet.PageSetup.Zoom = 65       '将打印缩放比例设置为65%
8       ActiveSheet.PrintPreview       '进入"打印预览"界面
9       MsgBox "打印缩放比例恢复为" & z & "%"       '用提示框显示将要进行的操作
10      ActiveSheet.PageSetup.Zoom = z       '将打印缩放比例恢复为原先的值
11  End Sub
```

步骤03 **查看当前的缩放比例**。按【F5】键运行代码，在弹出的提示框中显示当前的打印缩放比例，单击"确定"按钮，如右图所示。

步骤04 查看打印效果。随后自动进入"打印预览"界面，查看当前缩放比例的打印效果后，单击"关闭打印预览"按钮，如下图所示。

步骤05 更改缩放比例。随后弹出提示框，显示已将打印缩放比例设置为 65%，单击"确定"按钮，如下图所示。

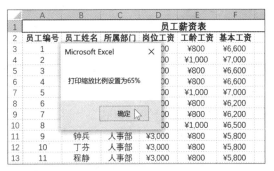

步骤06 查看打印效果。随后自动进入"打印预览"界面，可看到打印内容所占面积变小，单击"关闭打印预览"按钮，如下图所示。

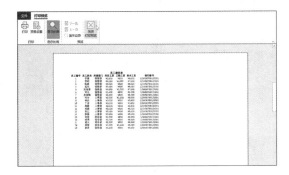

步骤07 恢复缩放比例。此时会弹出提示框，显示已将打印缩放比例恢复为原来的值，单击"确定"按钮关闭提示框，如下图所示。

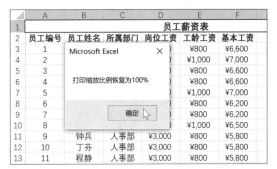

12.2.5　使用 Orientation 属性设置打印方向

使用 PageSetup 对象的 Orientation 属性可设置内容在纸张上的打印方向，其语法格式如下。

表达式.Orientation

 语法解析

表达式：一个代表 PageSetup 对象的变量。

Orientation 属性的值为 xlLandscape 时表示横向打印，为 xlPortrait 时表示纵向打印。

实例：横向打印员工薪资表

下面以将员工薪资表设置为横向打印为例，介绍 Orientation 属性的具体应用。

◎ 原始文件：实例文件\第12章\原始文件\员工薪资表.xlsx
◎ 最终文件：实例文件\第12章\最终文件\横向打印员工薪资表.xlsm

步骤 01 **查看数据。** 打开原始文件，可看到工作表"Sheet1"中的员工薪资表数据，如下图所示。

步骤 02 **编写代码。** 打开 VBA 编辑器，在当前工作簿中插入一个模块，并在代码窗口中输入如下图所示的代码。

代码解析
1　Sub 设置打印方向()
2　　　With Worksheets("Sheet1")　　'设置工作表"Sheet1"
3　　　　　.PageSetup.Orientation = xlLandscape　　'设置打印方向为横向打印
4　　　　　.PrintPreview　　'进入"打印预览"界面
5　　　End With
6　End Sub

步骤 03 **预览打印效果。** 按【F5】键运行代码，此时会进入"打印预览"界面，可看到打印方向为横向打印，如右图所示。单击"关闭打印预览"按钮可退出"打印预览"界面。

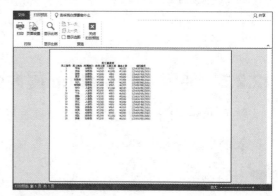

12.2.6　使用 PageBreak 属性设置分页打印

使用 Range 对象的 PageBreak 属性可以设置分页符，实现分页打印。其语法格式如下。

表达式.PageBreak

语法解析

表达式：一个代表 Range 对象的变量。

PageBreak 属性的返回值可为常量 xlPageBreakAutomatic、xlPageBreakManual 或 xlPageBreak-None，但只能赋值为常量 xlPageBreakManual 或 xlPageBreakNone。这些常量的含义如下表所示。

常量名称	值	说明
xlPageBreakAutomatic	-4105	自动分页符
xlPageBreakManual	-4135	手动分页符
xlPageBreakNone	-4142	无分页符

 实例：分页打印员工薪资表

下面以分页打印员工薪资表为例，介绍 PageBreak 属性的具体应用。

◎ 原始文件：实例文件\第12章\原始文件\员工薪资表.xlsx
◎ 最终文件：实例文件\第12章\最终文件\分页打印员工薪资表.xlsm

步骤01　查看数据。打开原始文件，可看到工作表"Sheet1"中的员工薪资表数据，如下图所示。

步骤02　编写代码。打开 VBA 编辑器，在当前工作簿中插入一个模块，并在代码窗口中输入如下图所示的代码。

步骤 02 的代码解析

```
1   Sub 插入分页符()
2       Dim mysht As Worksheet
3       Dim myrng As Range
4       Dim i As Long, myrspn As Long, mycspn As Long
5       Set mysht = Worksheets("Sheet1")     '将工作表"Sheet1"赋给变量mysht
6       Set myrng = mysht.UsedRange          '将工作表的已使用区域赋给变量myrng
7       ActiveWindow.View = xlNormalView     '切换至"普通"视图
8       mysht.Cells.PageBreak = xlPageBreakNone     '删除工作表中的所有手动
        分页符
9       myrspn = 11     '设置添加水平分页符的步长
10      mycspn = 7      '设置添加垂直分页符的步长
```

289

提 示

第 7 行代码中的 ActiveWindow 对象代表活动窗口，其属性 View 代表窗口的视图类型，可取的常量值如下表所示。

常量名称	值	说明
xlNormalView	1	"普通"视图
xlPageBreakPreview	2	"分页预览"视图
xlPageLayoutView	3	"页面布局"视图

步骤 03 继续编写代码。继续在该代码窗口中输入如下图所示的代码，用于在指定位置插入分页符，实现分页打印。

步骤 04 查看分页效果。按【F5】键运行代码，此时工作表会切换至"分页预览"视图，可看到分页的效果，如下图所示。

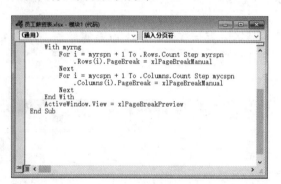

步骤 03 的代码解析

11	`With myrng` '在已使用区域中进行操作
12	`For i = myrspn + 1 To .Rows.Count Step myrspn` '遍历第12、23、34……行
13	`.Rows(i).PageBreak = xlPageBreakManual` '在当前行的上方插入手动分页符
14	`Next`
15	`For i = mycspn + 1 To .Columns.Count Step mycspn` '遍历第8、15、22……列
16	`.Columns(i).PageBreak = xlPageBreakManual` '在当前列的左侧插入手动分页符
17	`Next`
18	`End With`
19	`ActiveWindow.View = xlPageBreakPreview` '切换至"分页预览"视图
20	`End Sub`

12.2.7　使用 HPageBreaks / VPageBreaks 对象的 Add 方法分页

除了使用 Range 对象的 PageBreak 属性来设置分页打印，还可以使用 HPageBreaks 对象或 VPageBreaks 对象的 Add 方法来添加水平分页符或垂直分页符，其语法格式如下。

表达式.Add(Before)

 语法解析

表达式：一个代表 HPageBreaks 对象或 VPageBreaks 对象的变量。通过 Worksheet 对象的 HPageBreaks 属性或 VPageBreaks 属性可返回相应对象。

Before：必选，一个 Range 对象，新的水平分页符将添加到该区域的上方，新的垂直分页符将添加到该区域的左侧。

 实例：分页打印各分店销售表

下面用本节介绍的知识在各分店销售表中插入水平分页符。

◎ 原始文件：实例文件\第12章\原始文件\各分店销售表.xlsx
◎ 最终文件：实例文件\第12章\最终文件\分页打印各分店销售表.xlsm

步骤01 查看数据。打开原始文件，可看到工作表"Sheet1"中的各分店销售金额数据，如下图所示。

步骤02 编写代码。打开 VBA 编辑器，在当前工作簿中插入一个模块，并在其代码窗口中输入如下图所示的代码。

步骤 02 的代码解析

```
1    Sub 插入分页符()
2        Dim mysht As Worksheet
3        Dim myrng As Range
4        Dim i As Long, rowstep As Long
5        Set mysht = Worksheets("Sheet1")
```

```
6       Set myrng = mysht.UsedRange
7       mysht.ResetAllPageBreaks      '重置工作表中的所有分页符
8       rowstep = 11      '设置添加水平分页符的步长
9       For i = rowstep + 1 To myrng.Rows.Count Step rowstep    '遍历第
        12、23、34……行
10          mysht.HPageBreaks.Add Before:=myrng.Rows(i)    '在当前行的上方
            插入水平分页符
11      Next
12      ActiveWindow.View = xlPageBreakPreview    '切换至"分页预览"视图
13  End Sub
```

步骤03 查看分页效果。按【F5】键运行代码，此时工作表会切换至"分页预览"视图，可看到分页的效果，如右图所示。

实战演练 打印员工档案表

下面以打印员工档案表为例，对本章所学知识进行回顾。

◎ 原始文件：实例文件\第12章\原始文件\员工档案表.xlsx
◎ 最终文件：实例文件\第12章\最终文件\打印员工档案表.xlsm、打印员工档案表.pdf

步骤01 查看数据。打开原始文件，可看到工作表"Sheet1"中的员工档案表内容，如右图所示。

步骤 02 编写插入分页符的代码。打开 VBA 编辑器，在当前工作簿中插入一个模块，并在代码窗口中输入如右图所示的代码。

	步骤 02 的代码解析
1	Sub 插入分页符()
2	Dim mysht As Worksheet
3	Dim myrng As Range
4	Dim i As Long, myrspn As Long
5	Set mysht = Worksheets("Sheet1")
6	Set myrng = mysht.UsedRange
7	myrspn = 20　　　'设置添加水平分页符的步长
8	mysht.ResetAllPageBreaks　　'重置工作表中的所有分页符
9	For i = myrspn + 1 To myrng.Rows.Count Step myrspn
10	myrng.Rows(i).PageBreak = xlPageBreakManual　　'每隔一定数量的行就在上方插入水平分页符
11	Next
12	ActiveWindow.View = xlPageBreakPreview　　'切换至"分页预览"视图
13	End Sub

步骤 03 查看分页效果。按【F5】键运行代码，此时工作表会切换至"分页预览"视图，可看到分页的效果，如下图所示。

步骤 04 编写打印工作表的代码。在当前工作簿中再次插入一个模块，并在代码窗口中输入如下图所示的代码。

步骤 04 的代码解析

```
1    Sub 打印员工档案表()
2        Dim m As Double
3        Dim mysht As Worksheet
4        Set mysht = Worksheets("Sheet1")
5        m = Application.CentimetersToPoints(2)      '将厘米值转换为磅值,用于
         设置页边距
6        With mysht.PageSetup      '进行工作表"Sheet1"的打印页面设置
7            .PrintTitleRows = mysht.Rows(1).Address      '将工作表的第1行设
             置为在每一页重复打印的顶端标题行
8            .PrintArea = mysht.UsedRange.Address      '设置打印范围
9            .TopMargin = m      '设置上边距
10           .BottomMargin = m      '设置下边距
11           .LeftMargin = m      '设置左边距
12           .RightMargin = m      '设置右边距
13           .Orientation = xlLandscape      '设置横向打印
14           .PaperSize = xlPaperA4      '设置纸张大小为A4
15           .Zoom = 180      '设置打印缩放比例为180%
16           .CenterHorizontally = True      '设置打印内容整体水平居中
17           .PrintGridlines = True      '设置自动打印网格线
18       End With
19       mysht.PrintOut ActivePrinter:="Microsoft Print to PDF"      '使用虚
         拟打印机Microsoft Print to PDF进行打印
20   End Sub
```

步骤05 查看打印效果。按【F5】键运行代码,在弹出的"将打印输出另存为"对话框中设置好输出文件的保存位置和文件名,单击"保存"按钮。打印完成后,打开输出的 PDF 文件,可看到如右图所示的打印效果。

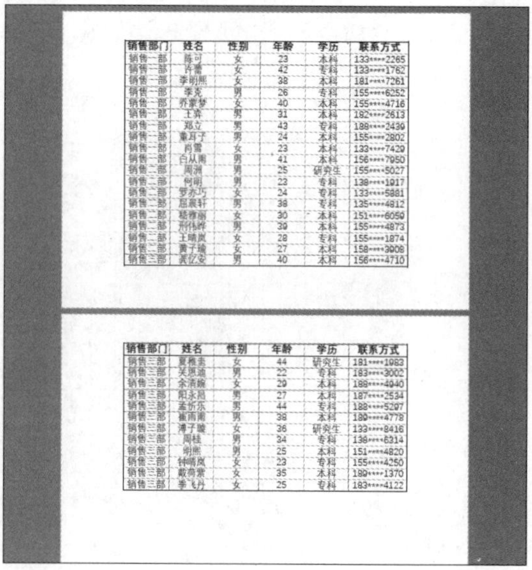

294

第13章 VBA 在行政与文秘中的应用

行政与文秘工作涵盖的范围较广，因而存在大量琐碎和重复性的工作，使用 VBA 则能将这些工作化繁为简，提高工作效率。本章将从重要数据信息的保护、信息的快速输入与保存、时间管理 3 个方面来介绍 Excel VBA 在行政与文秘工作中的应用。

13.1 重要数据信息的保护

有些重要的文件或数据是禁止他人查看或编辑的，在 Excel 中可以通过编写 VBA 代码来快速加密保护重要数据信息，或禁止编辑重要数据信息。

13.1.1 同时加密多个工作表

如果想要同时保护多个工作表，用 Excel 的保护工作表功能需要逐个工作表进行设置，而用 Excel VBA 则可以通过编写一段简单的代码来快速实现。下面以加密工作簿中的前 3 个工作表为例讲解具体方法。

◎ 原始文件：实例文件\第13章\原始文件\销售记录表.xlsx
◎ 最终文件：实例文件\第13章\最终文件\销售记录表.xlsm

步骤01 查看数据。打开原始文件，可看到工作簿中有多个工作表，如右图所示。现在要对前 3 个工作表进行加密保护。

	A	B	C	D	E
1	产品ID	产品名称	产品分类	销售单价	
2	57962235	公路自行车	自行车	699	
3	36540041	山地自行车	自行车	1298	
4	25646522	折叠自行车	自行车	288	
5	25426545	自行车车灯	配件	35	
6	24512222	自行车车锁	配件	18.8	
7	54862255	尾灯	配件	39	
8	36524852	车把	配件	29	
9	25874512	脚踏	配件	59	
10	45632546	长袖骑行服	骑行装备	148	
11	59654425	骑行短裤	骑行装备	59	
12	24521111	骑行长裤	骑行装备	139	

产品分类　员工信息　实际与目标销售　1月　2月　3月　4月　5月　6月

步骤02 编写代码。打开 VBA 编辑器，在当前工作簿中插入一个模块，并在代码窗口中输入如下所示的代码。

步骤 02 的代码解析
1　Sub 加密多个工作表()
2　　　　Dim i As Integer

```
3          For i = 1 To 3
4              Worksheets(i).Protect Password:="123456"      '设置工作表的保
               护密码为"123456"
5          Next i
6      End Sub
```

步骤03 删除保护工作表中的数据。按【F5】键运行代码，❶切换至工作表"产品分类"，❷选中任意一个含有数据的单元格，如 A10，按【Delete】键，就会弹出提示框，提示要先取消工作表的保护，❸单击"确定"按钮关闭提示框，如下图所示。

步骤04 删除未保护工作表中的数据。❶切换至工作表"6 月"，❷选中任意一个含有数据的单元格，如 C5，按【Delete】键，可看到成功删除了数据，如下图所示。

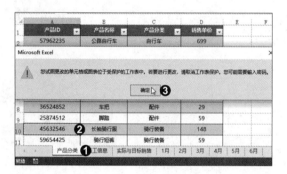

13.1.2 锁定员工信息表中有数据的单元格

在 Excel VBA 中，编写简单的程序就可以锁定数据单元格，特别是在数据单元格区域比较零散的情况下，该方法比 Excel 中的允许用户编辑区域功能更加简单和高效。下面以锁定员工信息表中的数据单元格为例讲解具体方法。

◎ 原始文件：无
◎ 最终文件：实例文件\第13章\最终文件\锁定有数据的单元格.xlsm

步骤01 打开代码窗口。新建一个空白工作簿，打开 VBA 编辑器，❶在工程资源管理器中右击"Sheet1（Sheet1）"选项，❷在弹出的快捷菜单中单击"查看代码"命令，如右图所示。

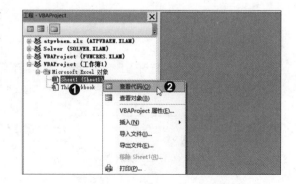

步骤 02　锁定有数据的单元格。在打开的代码窗口中输入如下所示的代码，用于锁定当前工作表中有数据的单元格。

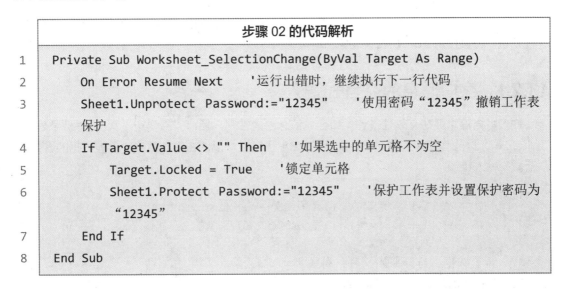

步骤 02 的代码解析

```
1   Private Sub Worksheet_SelectionChange(ByVal Target As Range)
2       On Error Resume Next    '运行出错时，继续执行下一行代码
3       Sheet1.Unprotect Password:="12345"    '使用密码"12345"撤销工作表
        保护
4       If Target.Value <> "" Then    '如果选中的单元格不为空
5           Target.Locked = True    '锁定单元格
6           Sheet1.Protect Password:="12345"    '保护工作表并设置保护密码为
            "12345"
7       End If
8   End Sub
```

步骤 03　输入内容。在工作表"Sheet1"的单元格 A1 中输入"员工编号"，如下图所示。按【Enter】键后，该单元格就被锁定了。

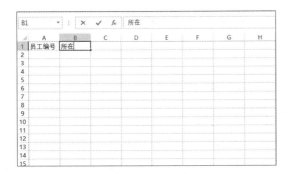

步骤 07　编辑其他空白单元格。尽管当前工作表处于保护状态，但是仍可在其他空白单元格中输入数据内容，如下图所示。

步骤 06　提示工作表受保护。选中单元格 A1 后按【Delete】键，会弹出如下图所示的提示框，单击"确定"按钮关闭该提示框。

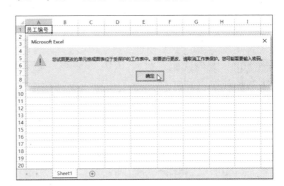

步骤 08　输入剩余数据内容。用相同的方法在其他空白单元格中输入如下图所示的内容，完善员工信息表。

	A	B	C	D	E	F	G
1	员工编号	所在部门	姓名	性别	年龄	学历	联系方式
2	1	销售部	陈可	女	23	本科	133****2265
3	2	销售部	许蕾	女	42	专科	133****1762
4	3	宣传部	李明熙	女	38	本科	181****7261
5	4	企划部	李克	男	26	专科	155****6252
6	5	行政部	乔蒙梦	女	40	本科	155****4716
7	6	销售部	王卉	男	31	本科	182****2613
8	7	宣传部	郑立	男	43	专科	188****2439
9	8	企划部	董耳子	男	24	本科	155****2802
10	9	企划部	肖雪	女	23	本科	133****7429
11	10	行政部	白从南	男	41	本科	156****7950
12	11	销售部	周洲	男	25	研究生	155****5027
13	12	销售部	何明	男	23	专科	138****1917
14	13	企划部	罗亦巧	女	24	专科	133****5881
15	14	宣传部	屈晨轩	男	38	专科	135****4812
16	15	企划部	嵇雅丽	女	30	本科	151****6059

13.2 信息的快速输入与保存

专业的信息管理系统可以大大方便信息的输入与保存。如果没有足够的经济实力购买信息管理系统，也可以用 VBA 自己开发简易的信息管理系统。

13.2.1 客户信息的交互式输入

许多数据信息存在有效性条件，如客户信息中的性别只能为"男"或"女"，手机号码必须为 11 位等。这些有效性条件都可以设计在 VBA 程序中，以便在输入数据时检验数据的有效性，从而减少输入错误。

◎ 原始文件：实例文件\第13章\原始文件\客户信息.xlsx
◎ 最终文件：实例文件\第13章\最终文件\客户信息的交互式输入.xlsm

步骤01 **查看数据。** 打开原始文件，可看到工作表中已输入的表头，如右图所示。

步骤02 **编写代码。** 打开 VBA 编辑器，在当前工作簿中插入一个模块，在代码窗口中输入如下所示的代码，用于使用输入框输入客户信息。

步骤 02 的代码解析

```
    '交互式输入主过程
1   Sub 交互输入(rowNum As Integer)
2       Application.ScreenUpdating = False      '关闭Excel的屏幕更新
3       Dim result As Boolean
4       result = False      '指定控制变量
5       Do      '循环调用InputName()函数
6           result = InputName(rowNum)      '输入姓名
7       Loop Until (result = True)      '直到输入内容正确为止
8       Do      '循环调用InputSex()函数
9           result = InputSex(rowNum)      '输入性别
10      Loop Until (result = True)      '直到输入内容正确为止
11      Do      '循环调用InputDate()函数
12          result = InputDate(rowNum)      '输入合作日期
13      Loop Until (result = True)      '直到输入内容正确为止
```

```
14        Do    '循环调用InputPho()函数
15            result = InputPho(rowNum)        '输入手机号码
16        Loop Until (result = True)    '直到输入内容正确为止
17        Do    '循环调用InputAdd()函数
18            result = InputAdd(rowNum)        '输入地址
19        Loop Until (result = True)    '直到输入内容正确为止
20        Application.ScreenUpdating = True    '打开Excel的屏幕更新
21    End Sub
      '输入姓名的函数
22    Function InputName(rowNum As Integer) As Boolean
23        Dim answer As String
24        answer = Trim(InputBox("请输入客户的姓名"))        '使用对话框提示用户输
          入客户姓名
25        Worksheets(1).Cells(rowNum, 1) = answer        '将客户姓名写入工作表对
          应的单元格
26        InputName = True    '确认输入内容正确
27    End Function
      '输入性别的函数
28    Function InputSex(rowNum As Integer) As Boolean
29        Dim answer As String
30        answer = Trim(InputBox("请输入客户的性别（男或女）"))        '使用对话框
          提示用户输入客户性别
31        If answer = "" Then    '如果单击"取消"按钮则跳过该步骤
32            InputSex = True
33            Exit Function
34        End If
35        InputSex = False    '默认输入内容错误
36        If answer = "男" Or answer = "女" Then        '如果输入内容为"男"或"女"
37            InputSex = True    '确认输入内容正确
38            Worksheets(1).Cells(rowNum, 2) = answer        '将客户性别写入工作
              表对应的单元格
39        Else    '否则
40            MsgBox "只能输入男或女，请重新输入"        '用提示框提示错误原因
41        End If
42    End Function
      '输入合作日期的函数
43    Function InputDate(rowNum As Integer) As Boolean
```

```
44      Dim answer As String
45      answer = Trim(InputBox("请输入与客户合作的日期（不能晚于" & Date &
        ")"))      '使用对话框提示用户输入与客户合作的日期
46      If answer = "" Then      '如果单击"取消"按钮则跳过该步骤
47          InputDate = True
48          Exit Function
49      End If
50      InputDate = False      '默认输入内容错误
51      On Error GoTo msg      '当发生错误时，跳转至错误处理代码段
52      Dim dat As Date
53      dat = CDate(answer)      '将输入内容转换为日期型数据并赋给变量dat
54      If dat <= Date Then      '如果变量dat小于当天的日期
55          InputDate = True      '确认输入内容正确
56          Worksheets(1).Cells(rowNum, 3) = answer      '将合作日期写入工作
            表对应的单元格
57          Exit Function
58      End If
59  msg:
60      MsgBox "输入的日期格式错误或超出范围，请重新输入"      '用提示框提示错误
        原因
61  End Function
    '输入手机号码的函数
62  Function InputPho(rowNum As Integer) As Boolean
63      Dim answer As String
64      answer = Trim(InputBox("请输入客户的手机号码（11位）"))      '使用对话
        框提示用户输入客户的手机号码
65      If answer = "" Then      '如果单击"取消"按钮则跳过该步骤
66          InputPho = True
67          Exit Function
68      End If
69      InputPho = False      '默认输入内容错误
70      On Error GoTo msg      '当发生错误时，跳转至错误处理代码段
71      Dim num As Double
72      num = CDbl(answer)      '将输入内容转换为双精度浮点型数据并赋给变量num
73      If Len(answer) = 11 Then      '如果输入内容的字符长度为11
74          InputPho = True      '则确认输入内容正确
75          Worksheets(1).Cells(rowNum, 4) = answer      '将客户手机号码写入
```

```
                  工作表对应的单元格
76              Exit Function
77          End If
78  msg:
79          MsgBox "手机号码必须为11位数字，请重新输入"    '用提示框提示错误原因
80  End Function
    '输入地址的函数
81  Function InputAdd(rowNum As Integer) As Boolean
82      Dim answer As String
83      answer = Trim(InputBox("请输入客户的地址"))    '使用对话框提示用户输
            入客户地址
84      Worksheets(1).Cells(rowNum, 5) = answer    '将客户地址写入工作表对
            应的单元格
85      InputAdd = True       '确认输入内容正确
86  End Function
```

步骤 03　编写调用"交互输入 ()"子过程的代码。在工程资源管理器中双击"Sheet1（Sheet1）"，在打开的代码窗口中输入如下所示的代码，用于在双击单元格时调用"交互输入 ()"子过程。

步骤 03 的代码解析

```
    '双击单元格时调用"交互输入()"子过程
1   Private Sub Worksheet_BeforeDoubleClick(ByVal target As Range, _
        Cancel As Boolean)        '双击单元格时触发的事件
2       If target.Column = 1 Then       '如果双击操作发生在第1列上
3           交互输入 target.Row       '则调用"交互输入()"子过程，并传递所在行号
                作为参数
4       End If
5   End Sub
```

步骤 04　输入客户姓名。返回工作表，❶双击单元格 A3，❷在弹出的对话框中输入客户姓名，❸单击"确定"按钮，如下图所示。

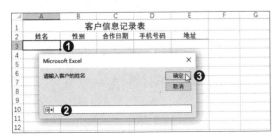

步骤 05　输入客户性别。❶在弹出的新对话框中输入客户性别，❷单击"确定"按钮，如下图所示。

步骤06 输入与客户合作的日期。❶在弹出的新对话框中输入与客户合作的日期，❷单击"确定"按钮，如下图所示。

步骤07 输入客户的手机号码。❶在弹出的新对话框中输入客户的手机号码，❷单击"确定"按钮，如下图所示。

步骤08 输入客户的地址。❶在弹出的新对话框中输入客户的地址，❷单击"确定"按钮，如下图所示。

步骤09 查看输入的信息。完成输入后，可在工作表"Sheet1"中看到输入的信息，如下图所示。

13.2.2 制作公司文件管理系统

本节要使用 Excel VBA 制作一个简单的公司文件管理系统。该系统可以在工作表中添加指定文件的信息列表，根据用户输入的关键词在列表中查找文件，并对文件执行打开和复制操作。

◎ 原始文件：实例文件\第13章\原始文件\文件管理系统.xlsx、公司档案（文件夹）
◎ 最终文件：实例文件\第13章\最终文件\文件管理系统.xlsm

步骤01 查看数据。打开原始文件，可看到工作表中已制作好的文件列表的表头，如下图所示。

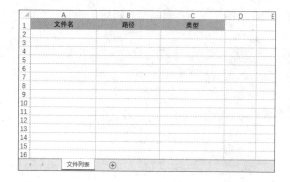

步骤02 设计用于添加文件的用户窗体。打开 VBA 编辑器，插入一个用户窗体，设置"Caption"属性为"添加文件"，命名为"AddFiles"，并在窗体中添加控件，如下图所示。

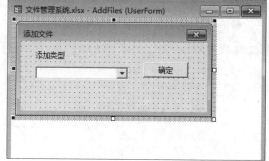

提　示

步骤 02 中添加控件的类型及属性设置如下表所示。

序号	控件类型	属性	值
1	标签	Caption	添加类型
2	复合框	（名称）	AddType
		Style	2-fmstyleDropDownList
3	命令按钮	（名称）	OK
		Caption	确定

步骤 03　编写代码。打开用户窗体"AddFiles"的代码窗口，输入如下所示的代码，用于实现该用户窗体的功能。

步骤 03 的代码解析

```
   '"确定"按钮的事件代码
1  Private Sub OK_Click()
2      Dim fs, folder, file
3      Set fs = CreateObject("Scripting.FileSystemObject")    '创建文件
       系统对象
4      Dim dialog As FileDialog
5      If AddType.ListIndex = 0 Then    '如果用户选择的添加类型为"添加文件"
6          Set dialog = Application.FileDialog _
               (msoFileDialogFilePicker)    '创建对话框用于选择文件
7          dialog.Title = "请选择要添加的文件"    '指定对话框标题
8          dialog.AllowMultiSelect = True    '允许选择多个文件
9          If dialog.Show = -1 Then    '显示对话框，如果对话框接收了用户的
           有效输入
10             For Each one In dialog.SelectedItems    '遍历选择的文件
11                 Set file = fs.GetFile(one)    '创建文件对象
12                 MyAdd file    '调用子过程MyAdd()将文件信息写入文件列表
13             Next one
14             MsgBox "添加文件成功"
15         End If
16     Else
17         Set dialog = Application.FileDialog _
               (msoFileDialogFolderPicker)    '创建对话框用于选择文件夹
18         dialog.Title = "请选择要添加的文件夹"    '指定对话框标题
```

```
19            dialog.AllowMultiSelect = False       '禁止选择多个文件夹
20            If dialog.Show = -1 Then       '显示对话框，如果对话框接收了用户的
              有效输入
21                Set folder = fs.GetFolder(dialog.SelectedItems(1))       '创
                  建文件夹对象
22                For Each one In folder.Files       '遍历文件夹下的文件
23                    MyAdd one       '调用子过程MyAdd()将文件信息写入文件列表
24                Next one
25                MsgBox "添加文件成功"
26            End If
27        End If
28        Set dialog = Nothing       '清空变量占用的内存
29        Set fs = Nothing       '清空变量占用的内存
30        Me.Hide       '隐藏用户窗体
31    End Sub
      '将指定文件的信息写入文件列表
32    Sub MyAdd(one)
33        Dim aimrow As Integer
34        Dim sht As Worksheet
35        Set sht = Worksheets("文件列表")       '将工作表"文件列表"赋给变量sht
36        aimrow = sht.Range("A1").CurrentRegion.Rows.count + 1       '获取工
          作表中数据区域的行数并加1
37        If Not Exist(one.path) Then       '调用自定义函数Exist()判断指定文件是
          否已经记录过，若未记录过则记录下来
38            sht.Cells(aimrow, 1).Value = one.Name       '记录文件名
39            sht.Cells(aimrow, 2).Value = one.path       '记录文件路径
40            sht.Cells(aimrow, 3).Value = one.Type       '记录文件类型
41        End If
42    End Sub
      '判断指定文件是否已经记录在文件列表中
43    Function Exist(path As String) As Boolean
44        Dim aimrow As Integer
45        Dim sht As Worksheet
46        Set sht = Worksheets("文件列表")
47        aimrow = sht.Range("A1").CurrentRegion.Rows.count + 1       '获取工
          作表中数据区域的行数并加1
48        Exist = False       '设置函数的默认返回值为False，表示文件未被记录
```

```
49      Dim row As Integer
50      For row = 2 To aimrow      '遍历文件列表的每一行
51          If sht.Cells(row, 2).Value = path Then      '如果文件列表中有指
                定文件的路径
52              Exist = True      '设置函数的返回值为True，表示文件已被记录
53              Exit Function
54          End If
55      Next row
56  End Function
    '窗体初始化
57  Private Sub UserForm_Initialize()
        '初始化复合框控件的选项
58      Dim types(1) As String      '声明字符串型数组types()
59      types(0) = "添加文件"      '指定数组元素types(0)为"添加文件"
60      types(1) = "添加文件夹"      '指定数组元素types(1)为"添加文件夹"
61      AddType.List = types      '将复合框控件的列表内容绑定为数组types()
62      AddType.ListIndex = 0      '默认选中列表的第1个选项
63  End Sub
```

步骤04 继续编写代码。在当前工作簿中插入一个模块，并在代码窗口中输入如下所示的代码，用于调用用户窗体"AddFiles"。

步骤 04 的代码解析

```
    '调用用户窗体"AddFiles"
1   Sub 添加文件()
2       Dim myForm As AddFiles
3       Set myForm = New AddFiles      '创建用户窗体"AddFiles"的实例
4       myForm.Show      '显示用户窗体
5       Set myForm = Nothing      '清空变量占用的内存
6   End Sub
```

步骤05 添加并单击按钮。返回工作表，插入一个按钮控件，为其指定宏"添加文件"，并修改按钮文本为"添加文件"，然后单击该按钮，如右图所示。

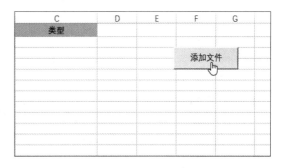

步骤 06 选择添加类型。弹出"添加文件"对话框，❶单击"添加类型"右侧的下拉按钮，❷在展开的列表中单击"添加文件夹"选项，如下图所示。然后单击"确定"按钮。

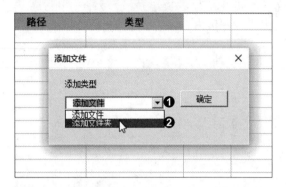

步骤 07 选择文件夹。打开"请选择要添加的文件夹"对话框，❶在地址栏中选择文件夹所在位置，❷单击要添加的文件夹，❸单击"确定"按钮，如下图所示。

步骤 08 提示添加文件成功。此时会弹出提示框，提示文件添加成功，单击"确定"按钮关闭提示框，如下图所示。

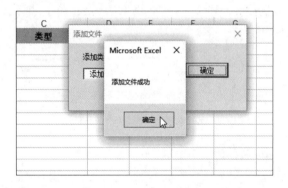

步骤 09 查看添加的文件。在工作表"文件列表"中查看添加的文件信息，如下图所示。

步骤 10 设计用于查找文件的用户窗体。进入 VBA 编辑器，插入一个新的用户窗体，设置"Caption"属性为"查找文件"，命名为"SearchFile"，并在窗体中添加控件，如右图所示。

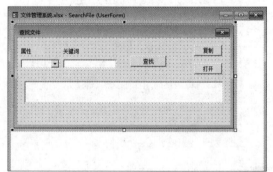

💡 提 示

步骤 10 中添加控件的类型及属性设置如下表所示。

序号	控件类型	属性	值
1	标签	Caption	属性

续表

序号	控件类型	属性	值
2	复合框	（名称）	ColName
		Style	2-fmstyleDropDownList
3	标签	Caption	关键词
4	文本框	（名称）	KeyWord
5	命令按钮	Caption	查找
		（名称）	Search
6	命令按钮	Caption	复制
		（名称）	MyCopy
7	命令按钮	Caption	打开
		（名称）	MyOpen
8	列表框	（名称）	Result
		MultiSelect	1-fmMultiSelectMulti

步骤 11　编写代码。打开用户窗体"SearchFile"的代码窗口，输入如下所示的代码，用于实现该用户窗体的功能。

步骤 11 的代码解析

```
  '"复制"按钮的事件代码
1 Private Sub MyCopy_Click()
2     Dim path As String
3     Dim dialog As FileDialog
4     Set dialog = Application.FileDialog _
          (msoFileDialogFolderPicker)      '创建对话框用于选择文件夹
5     dialog.Title = "请选择保存文件的文件夹"     '指定对话框标题
6     dialog.AllowMultiSelect = False      '禁止选择多个文件夹
7     If dialog.Show = -1 Then      '显示对话框，如果对话框接收了有效的输入
8         path = dialog.SelectedItems(1)     '获取用户选择的文件夹的路径
9     Else
10        Exit Sub
11    End If
12    Set dialog = Nothing     '清空变量占用的内存
13    Dim fs
14    Set fs = CreateObject("Scripting.FileSystemObject")      '创建文件
      系统对象
```

307

```
15    Dim count As Integer
16    count = 0
17    Dim i As Integer
18    For i = 0 To Result.ListCount - 1     '遍历列表框控件中的查找结果
19        If Result.Selected(i) = True Then      '如果选中文件
20            fs.CopyFile Result.Column(1, i), path + "\"    '则复制文
              件到前面选择的文件夹下
21            count = count + 1
22        End If
23    Next i
24    Set fs = Nothing    '清空变量占用的内存
25    If count = 0 Then      '如果没有选中文件
26        MsgBox "请至少选择一个文件"    '则用提示框显示提示信息
27    Else    '否则
28        MsgBox "共复制" & count & "个文件" & Chr(10) & "至" & path &
          "文件夹下"      '用提示框显示复制操作的结果
29    End If
30  End Sub
    '"打开"按钮的事件代码
31  Private Sub MyOpen_Click()
32    Dim sht As Worksheet
33    Set sht = Worksheets("文件列表")
34    Dim path As String
35    Dim count As Integer
36    count = 0
37    Dim i As Integer
38    For i = 0 To Result.ListCount - 1      '遍历列表框控件中的查找结果
39        If Result.Selected(i) = True Then      '如果选中文件
40            path = Result.Column(1, i)     '则记录文件的路径
41            count = count + 1
42        End If
43    Next i
44    If count = 0 Then      '如果没有选中文件
45        MsgBox "请选择一个文件打开"    '则用提示框显示提示信息
46    ElseIf count = 1 Then      '如果选中一个文件
47        sht.Hyperlinks.Add Anchor:=sht.Cells(1, 250), Address:=path,
          TextToDisplay:=""      '则为该文件添加超链接
```

```
48          With sht.Cells(1, 250)      '设置超链接
49              .Hyperlinks(1).Follow NewWindow:=False, _
                   AddHistory:=True      '打开超链接
50              .ClearComments      '清除超链接所在单元格的批注
51              .ClearContents      '清除超链接所在单元格的内容
52              .ClearFormats      '清除超链接所在单元格的格式
53          End With      '结束对超链接的设置
54      Else      '如果选中多个文件
55          MsgBox "只能选择一个文件打开"      '则用提示框显示提示信息
56      End If
57  End Sub
    '"查找"按钮的事件代码
58  Private Sub Search_Click()
59      Dim sht As Worksheet
60      Dim rownum As Integer
61      Set sht = Worksheets("文件列表")
62      rownum = sht.Range("A1").CurrentRegion.Rows.count      '获取当前工作
    表中数据区域的行数
63      If rownum = 1 Then      '如果数据区域行数为1
64          MsgBox "文件列表为空！"      '则用提示框显示提示信息
65          Exit Sub
66      End If
67      Dim key As String
68      key = " " & Trim(KeyWord.Value) & " "      '处理用户输入的关键词
69      key = Replace(key, " ", "*")      '处理用户输入的关键词
70      ReDim records(1, 100) As String      '声明字符串型数组records()
71      Dim rnum As Integer
72      rnum = 0
73      Dim col As Integer
74      col = ColName.ListIndex + 1      '获取复合框控件中选项的索引号并加1，
    得到工作表中对应的列号
75      Dim row As Integer
76      For row = 2 To rownum
77          If sht.Cells(row, col).Value Like key Then      '如果单元格的值
        符合用户输入的关键词条件
78              records(0, rnum) = sht.Cells(row, 1).Value      '将文件名存
            入数组
```

```
79          records(1, rnum) = sht.Cells(row, 2).Value      '将文件路径
            存入数组
80          rnum = rnum + 1
81      End If
82    Next row
83    If rnum = 0 Then      '如果没有查找到文件
84        Result.Clear      '则清空列表框控件
85        Exit Sub
86    End If
87    ReDim lists(rnum - 1, 1) As String      '声明字符串型动态数组lists()
88    Dim i As Integer
89    For i = 0 To rnum - 1      '遍历查找结果
90        lists(i, 0) = records(0, i)      '存入文件名
91        lists(i, 1) = records(1, i)      '存入文件路径
92    Next i
93    Result.ColumnCount = 2      '在列表框控件中显示两列数据
94    Result.List = lists      '显示查找到的文件的文件名和文件路径
95  End Sub
    '窗体初始化
96  Private Sub UserForm_Initialize()
97    Dim colnum As Integer
98    colnum = Worksheets("文件列表").Range("A1").CurrentRegion. _
          Columns.count      '获取工作表"文件列表"中数据区域的列数
99    ReDim colnames(colnum - 1) As String      '声明字符串型动态数组col-
      names()
100   Dim col As Integer
101   For col = 1 To colnum      '按列遍历工作表"文件列表"中的数据区域
102       colnames(col - 1) = Worksheets("文件列表").Cells(1, col). _
            Value      '将各列的标题存入数组
103   Next col
104   ColName.List = colnames      '将各列的标题显示在复合框控件的下拉列表中
105   ColName.ListIndex = 0      '默认选中列表的第1个选项
106 End Sub
```

步骤12 继续编写代码。打开"模块1"的代码窗口，继续输入如下所示的代码，用于调用用户窗体"SearchFile"，以及保存并关闭工作簿。

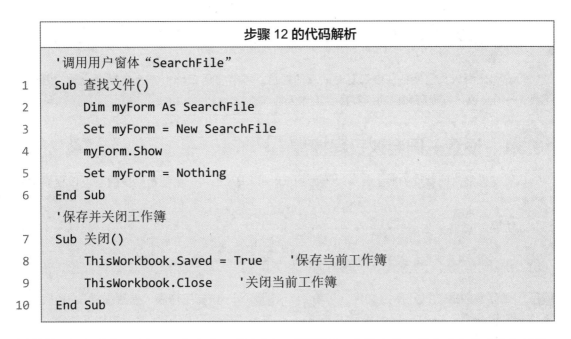

步骤 12 的代码解析

```
    '调用用户窗体"SearchFile"
1   Sub 查找文件()
2       Dim myForm As SearchFile
3       Set myForm = New SearchFile
4       myForm.Show
5       Set myForm = Nothing
6   End Sub
    '保存并关闭工作簿
7   Sub 关闭()
8       ThisWorkbook.Saved = True       '保存当前工作簿
9       ThisWorkbook.Close              '关闭当前工作簿
10  End Sub
```

步骤13　添加按钮。返回工作表中，插入两个按钮控件，分别为按钮指定宏，并修改按钮文本为"查找文件"和"关闭工作簿"，如下图所示。

步骤14　查找文件。单击"查找文件"按钮，弹出"查找文件"对话框，❶设置"属性"为"文件名"，❷在"关键词"文本框中输入"客户信息"，❸单击"查找"按钮，如下图所示。

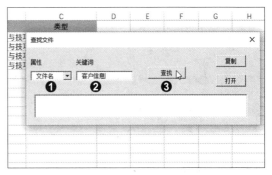

步骤15　打开文件。此时在该对话框下方的列表框中会显示查找到的文件信息，❶选中该文件，❷单击"打开"按钮，如下图所示。

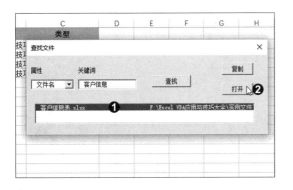

步骤16　查看打开的文件。随后可看到上一步骤所选文件被打开，如下图所示。

13.3 工作中的时间管理

行政和文秘人员需要特别重视对时间点的把控。本节将用 Excel VBA 自制两个时间管理小工具：一周会议日程提醒和自动计算员工工作天数。

13.3.1 设置一周会议日程提醒

日程安排是时间管理的典型任务，下面用 Excel VBA 创建一个能自动提醒会议日程安排的"闹钟"。

◎ 原始文件：实例文件\第13章\原始文件\设置一周会议日程提醒.xlsx
◎ 最终文件：实例文件\第13章\最终文件\设置一周会议日程提醒.xlsm

步骤01 查看数据。打开原始文件，可看到工作表"Sheet1"中的一周会议日程安排，如下图所示。

步骤02 查看工作表"提醒设置"。切换至工作表"提醒设置"，可看到制作好的会议日程提醒的表头，如下图所示。

步骤03 设计用于设置提醒的用户窗体。打开 VBA 编辑器，插入用户窗体，将"Caption"属性设置为"提醒设置"，命名为"Warn"，并在窗体中添加控件，如右图所示。

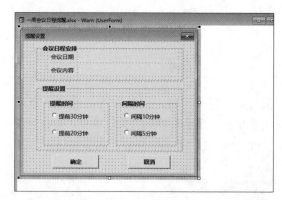

> **提示**
>
> 步骤 03 中添加控件的类型及属性设置如下表所示。

序号	控件类型	属性	值
1	框架	Caption	会议日程安排

续表

序号	控件类型	属性	值
2	标签	Caption	会议日期
3	标签	（名称）	Date1
4	标签	Caption	会议内容
5	标签	（名称）	Context
6	框架	Caption	提醒设置
7	框架	Caption	提醒时间
8	选项按钮	（名称）	Minute1
		Caption	提前 30 分钟
9	选项按钮	（名称）	Minute2
		Caption	提前 20 分钟
10	框架	Caption	间隔时间
11	选项按钮	（名称）	Interval1
		Caption	间隔 10 分钟
12	选项按钮	（名称）	Interval2
		Caption	间隔 5 分钟
13	命令按钮	（名称）	OK
		Caption	确定
14	命令按钮	（名称）	Cancel
		Caption	取消

步骤04　编写代码。打开用户窗体"Warn"的代码窗口，输入如下所示的代码，用于实现该用户窗体的功能。

步骤 04 的代码解析

```
  '声明公有变量
1 Public RowIndex As Integer
2 Dim DateAndTime As Date
  '"取消"按钮的事件代码
3 Private Sub Cancel_Click()
4     Me.Hide      '隐藏用户窗体
5 End Sub
  '"确定"按钮的事件代码
6 Private Sub OK_Click()
7     Dim Sht As Worksheet
```

```vba
8       Set Sht = Worksheets("提醒设置")
9       Dim myTime As Date
10      If Minute1.Value = True Then      '如果选中"Minute1"选项按钮
11          myTime = CDate("00:30:00")      '则设置提醒时间为提前30分钟
12      Else      '反之
13          If Minute2.Value = True Then      '如果选中"Minute2"选项按钮
14              myTime = CDate("00:20:00")      '则设置提醒时间为提前20分钟
15          End If
16      End If
17      Sht.Cells(RowIndex, 4) = DateAndTime - myTime      '计算提醒的日期和
        时间并写入对应单元格
18      Dim Space As Date
19      If Interval1.Value = True Then      '如果选中"Interval1"选项按钮
20          Space = CDate("00:10:00")      '则设置间隔时间为10分钟
21      Else      '反之
22          If Interval2.Value = True Then      '如果选中"Interval2"选项按钮
23              Space = CDate("00:05:00")      '则设置间隔时间为5分钟
24          End If
25      End If
26      Sht.Cells(RowIndex, 5) = Space      '将间隔时间写入对应单元格
27      Me.Hide
28  End Sub
29  '窗体初始化
30  Private Sub UserForm_Activate()
31      Dim Sht As Worksheet
32      Set Sht = Worksheets("提醒设置")
33      DateAndTime = CDate(Sht.Cells(RowIndex, 1).Value) _
            + CDate(Sht.Cells(RowIndex, 2).Value)      '获取会议时间
34      Date1.Caption = DateAndTime      '在"Date1"标签中显示会议时间
35      Context.Caption = Sht.Cells(RowIndex, 3).Value      '在"Context"
        标签中显示会议内容
36      Minute1.Value = False      '设置"Minute1"选项按钮初始状态为未选中
37      Minute2.Value = False      '设置"Minute2"选项按钮初始状态为未选中
38      Interval1.Value = False      '设置"Interval1"选项按钮初始状态为未选中
39      Interval2.Value = False      '设置"Interval2"选项按钮初始状态为未选中
40  End Sub
```

步骤05 设计用于显示提醒的用户窗体。再次插入一个用户窗体，将"Caption"属性设置为"自动提醒"，命名为"Remind"，并在窗体中添加控件，如右图所示。

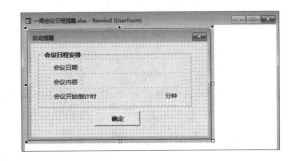

提示

步骤 05 中添加控件的类型及属性设置如下表所示。

序号	控件类型	属性	值
1	框架	Caption	会议日程安排
2	标签	Caption	会议日期
3	标签	（名称）	Date2
4	标签	Caption	会议内容
5	标签	（名称）	Context1
6	标签	Caption	会议开始倒计时
7	标签	（名称）	Minute
8	标签	Caption	分钟
9	命令按钮	Caption	确定
		（名称）	OK

步骤06 编写代码。打开用户窗体"Remind"的代码窗口，输入如下所示的代码，用于实现该用户窗体的功能。

步骤 06 的代码解析

```
    '声明公有变量
1   Public Num As Integer
    '"确定"按钮的事件代码
2   Private Sub OK_Click()
3       Me.Hide
4   End Sub
    '窗体初始化
5   Private Sub UserForm_Activate()
6       Dim Table As Worksheet
7       Set Table = Worksheets("提醒设置")
8       Dim MTime As Date
```

```
9      MTime = CDate(Table.Cells(Num, 1)) + _
              CDate(Table.Cells(Num, 2))      '获取会议时间
10     Date2.Caption = MTime      '显示会议时间
11     Context1.Caption = Table.Cells(Num, 3)      '显示会议内容
12     Minute.Caption = CDate(MTime - Now())      '计算并显示会议倒计时时间
13  End Sub
```

步骤07 编写代码判断时间。在当前工作簿中插入一个模块,并在代码窗口中输入如下所示的代码,用于判断设置的提醒时间与当前计算机的系统时间是否相同。

步骤07 的代码解析

```
   '判断设置的提醒时间与当前时间是否相同
1  Public Sub Warning1()
2     Dim Sht As Worksheet, Num As Integer
3     Set Sht = Worksheets("提醒设置")
4     Num = Sht.Range("A1").CurrentRegion.Rows.Count      '获取工作表中数
         据区域的行数
5     Dim Warntime As Date, MTime As Date
6     For i = 3 To Num      '从第3行遍历到最后一行
7        If Sht.Cells(i, 4) <> "" And Sht.Cells(i, 5) <> "" Then      '如
            果提醒时间和间隔时间均不为空
8           MTime = CDate(Sht.Cells(i, 1)) + _
               CDate(Sht.Cells(i, 2))      '获取会议时间
9           Warntime = CDate(Sht.Cells(i, 4))      '获取提醒时间
10          Dim Datewarn As Date
11          Datewarn = DateSerial(Year(Warntime), Month(Warntime), _
               Day(Warntime))      '获取提醒时间的年月日
12          If Datewarn = Date Then      '如果提醒时间与当前计算机系统时
               间是同一天
13             Dim STime As Date
14             STime = CDate(Sht.Cells(i, 5))      '获取间隔时间
15             Do While Warntime < MTime      '当提醒时间早于会议时间时
                  持续循环
16                If Hour(Warntime) = Hour(Now) And _
                     Minute(Warntime) = Minute(Now) Then      '如果
                     提醒时间的时和分与当前计算机系统时间的时和分相同
17                   Dim myForm As Remind
```

```
18          Set myForm = New Remind      '创建用户窗体"Remind"
            的实例
19          myForm.Num = i      '将当前行的行号传入用户窗体
20          myForm.Show     '显示用户窗体
21          Set myForm = Nothing
22          Warntime = Warntime + STime      '更新提醒倒计时
23       End If
24      Loop
25     End If
26    End If
27   Next i
28  End Sub
```

步骤 08 编写调用用户窗体"Warn"和自动写入内容的代码。打开"Sheet2"的代码窗口，输入如下所示的代码，用于在选择工作表第 1 列有数据的单元格时自动调用用户窗体"Warn"，以及在切换至工作表"提醒设置"时将会议日期、时间和内容自动写入该工作表。

步骤 08 的代码解析

```
    '选择工作表第1列有数据的单元格时自动执行
1   Private Sub Worksheet_SelectionChange(ByVal Target As Range)
2       Dim rownum As Integer
3       Dim Sht As Worksheet
4       Set Sht = Worksheets("提醒设置")
5       rownum = Sht.Range("A1").CurrentRegion.Rows.Count      '获取工作表中
        数据区域的行数
6       If Target.Row <= rownum Then      '如果所选单元格的行号小于等于数据区
        域的行数
7          If (Target.Count = 1) And (Target.Column = 1) Then      '并且所
           选单元格个数为1且列号为1
8             Dim mywarn As Warn
9             Set mywarn = New Warn      '创建用户窗体"Warn"的实例
10            mywarn.RowIndex = Target.Row      '将单元格的行号传入用户窗体
11            mywarn.Show     '显示用户窗体
12            Set mywarn = Nothing
13         End If
14      End If
15  End Sub
```

```
     '将会议日期、时间和内容自动写入工作表"提醒设置"
16   Private Sub Worksheet_Activate()
17       Dim Sht As Worksheet, Table As Worksheet
18       Set Sht = Worksheets("Sheet1")
19       Set Table = Worksheets("提醒设置")
20       Dim Num As Integer
21       Num = Sht.Range("A1").CurrentRegion.Rows.Count    '获取工作表
         "Sheet1"中数据区域的行数
22       For i = 3 To Num    '从第3行遍历到最后一行
23           Table.Cells(i, 1) = CDate(Sht.Cells(i, 1))    '将会议日期写入
             对应单元格
24           Table.Cells(i, 2) = CDate(Sht.Cells(i, 3))    '将会议时间写入
             对应单元格
25           Table.Cells(i, 3) = Sht.Cells(i, 4)    '将会议内容写入对应单
             元格
26       Next i
27   End Sub
```

步骤 09 编写在打开工作簿时执行提醒的代码。打开"ThisWorkbook"的代码窗口，输入如下所示的代码，用于在打开工作簿时执行提醒。

步骤 09 的代码解析

```
     '打开工作簿时执行提醒
1    Private Sub Workbook_Open()
2        Dim Table As Worksheet
3        Set Table = Worksheets("提醒设置")
4        Dim Num As Integer
5        Num = Table.Range("A1").CurrentRegion.Rows.Count    '获取工作表中
         数据区域的行数
6        Dim i As Integer
7        For i = 3 To Num    '从第3行遍历到最后一行
8            If Table.Cells(i, 4) <> "" And Table.Cells(i, 5) <> "" _
                 Then    '如果提醒时间和间隔时间均不为空
9                SetRemind i    '调用子过程SetRemind()为当前行的会议日程设置
                 自动提醒
10           End If
11       Next i
```

```
12    End Sub
      '为指定行的会议日程设置自动提醒
13    Sub SetRemind(Number As Integer)
14        Dim Table As Worksheet
15        Set Table = Worksheets("提醒设置")
16        Dim DateAndTime As Date, WarnDate As Date, Space As Date
17        DateAndTime = CDate(Table.Cells(Number, 1)) + _
              CDate(Table.Cells(Number, 2))    '获取会议时间
18        WarnDate = CDate(Table.Cells(Number, 4))      '获取提醒时间
19        Space = CDate(Table.Cells(Number, 5))      '获取间隔时间
20        Dim Warntime As Date
21        Warntime = WarnDate      '指定循环变量Warntime的初始值
22        Do While Warntime < DateAndTime      '循环比较提醒时间和会议时间,如
          果提醒时间早于会议时间
23            Application.OnTime Warntime, "Warning1"      '则弹出对话框提醒
24            Warntime = Warntime + Space      '更新循环变量
25        Loop
26    End Sub
```

步骤 10　设置提醒时间和间隔时间。切换至工作表"提醒设置",可看到自动填写了会议日期、时间和内容。单击单元格 A3,会弹出"提醒设置"对话框,❶设置"提醒时间"为"提前 30 分钟",❷"间隔时间"为"间隔 5 分钟",❸单击"确定"按钮,如右图所示。

步骤 11　设置剩余会议日程的提醒。此时设置的时间会被写入对应单元格。用相同的方法设置剩余会议日程的提醒时间和间隔时间,如下图所示。然后将文件另存为启用宏的工作簿。

步骤 12　查看设置的提醒效果。打开另存的启用宏的工作簿,如果当前计算机系统时间符合设置的提醒时间,则会弹出如下图所示的"自动提醒"对话框进行提醒。

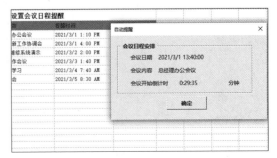

13.3.2 自动计算员工工作天数

假设某公司存在一些特殊岗位的员工，他们只需要在特定的时间段到岗，时间段内的周日和法定节假日休息，他们的工资按实际工作天数结算。对于这种上班时间不规律的情况，工作天数的统计会比较麻烦。下面介绍如何通过 Excel VBA 来轻松解决这个问题。

◎ 原始文件：实例文件\第13章\原始文件\自动计算员工工作天数.xlsx
◎ 最终文件：实例文件\第13章\最终文件\自动计算员工工作天数.xlsm

步骤01 查看数据。打开原始文件，可看到工作表"Sheet1"中的 2018 年节假日列表，如下图所示。

步骤02 添加文本框控件。❶在"开发工具"选项卡下单击"插入"按钮，❷在展开的列表中单击"文本框（ActiveX 控件）"选项，如下图所示。

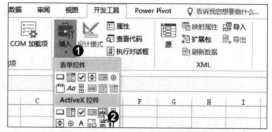

步骤03 绘制文本框控件。在合适的位置绘制文本框控件，然后用相同的方法绘制第 2 个文本框控件，如下图所示。

步骤04 添加标签控件。❶在"开发工具"选项卡下单击"插入"按钮，❷在展开的列表中单击"标签（ActiveX 控件）"选项，如下图所示。

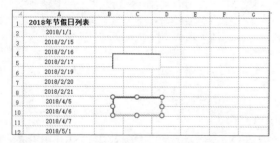

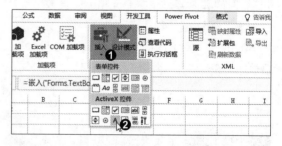

步骤05 绘制标签控件。在第 1 个文本框控件上方绘制一个标签控件，然后用相同的方法在第 2 个文本框控件上方绘制第 2 个标签控件，如下图所示。

步骤06 编辑控件。❶右击"Label1"标签控件，❷在弹出的快捷菜单中执行"标签对象 >编辑"命令，如下图所示。

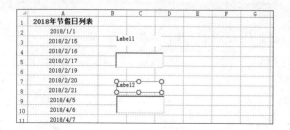

步骤 07　更改标签控件文本。❶在编辑状态下将"Label1"标签控件文本更改为"开始日期"，❷用相同的方法将"Label2"标签控件文本更改为"结束日期"，如下图所示。

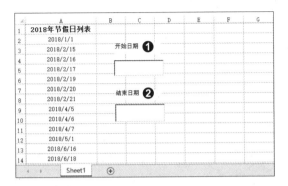

步骤 08　添加命令按钮控件。❶在"开发工具"选项卡下单击"插入"按钮，❷在展开的列表中单击"命令按钮（ActiveX 控件）"选项，如下图所示。

步骤 09　绘制命令按钮控件。在文本框控件右侧空白处绘制命令按钮，然后将其文本修改为"统计工作天数"，如右图所示。

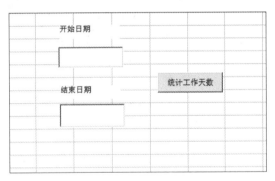

步骤 10　编写代码。在"设计模式"下双击"统计工作天数"命令按钮，打开 VBA 编辑器，在代码窗口中输入如下所示的代码。

步骤 10 的代码解析
'命令按钮的事件代码
1　Private Sub CommandButton1_Click()
2　　　Dim TempDate As Date
3　　　Dim WorkDay As Integer
4　　　WorkDay = 0　　　'设置工作天数的初始值为0
5　　　If IsDate(TextBox1.Value) And IsDate(TextBox2.Value) Then　　　'如果文本框中输入的是日期
6　　　　　For TempDate = TextBox1.Value To TextBox2.Value Step 1　　　'对文本框中输入的两个日期之间的日期进行逐一判断
7　　　　　　　If Not WeekendCheck(TempDate) Then　　　'如果日期不是周日
8　　　　　　　　　If Not HolidayCheck(TempDate) Then　　　'并且不是节假日
9　　　　　　　　　　　WorkDay = WorkDay + 1　　　'则将工作天数增加1
10　　　　　　　　　End If

```
11              End If
12          Next TempDate
13          MsgBox "实际工作天数: " & WorkDay & "天", vbOKOnly, _
                "工作天数计算结果"        '用提示框显示计算结果
14      Else        '如果文本框中输入的内容无法识别为日期
15          MsgBox "日期格式错误, 请重新输入!"        '用提示框显示错误信息
16      End If
17 End Sub
   '判断指定日期是否为周日
18 Private Function WeekendCheck(TempDate As Date) As Boolean    '自定义
   函数WeekendCheck()
19      Select Case Weekday(TempDate)        '判断指定日期对应的星期
20          Case vbSunday        '如果该日期为周日
21              WeekendCheck = True        '设置函数的返回值为True
22          Case Else        '否则
23              WeekendCheck = False        '设置函数的返回值为False
24      End Select
25 End Function
   '判断指定日期是否为节假日
26 Private Function HolidayCheck(TempDate As Date) As Boolean    '自定义
   函数HolidayCheck()
27      Dim TempRag As Range
28      HolidayCheck = False        '设置函数的默认返回值为False
29      For Each TempRag In Range("A2:A22")        '遍历单元格区域A2:A22
30          If TempDate = DateSerial(Year(TempDate), _
                Month(TempRag.Value), Day(TempRag.Value)) Then        '如果指
                定日期与单元格中的日期相同
31              HolidayCheck = True        '设置函数的返回值为True
32              Exit Function
33          End If
34      Next TempRag
35 End Function
```

> 🗣 **提示**
>
> 第 5 行代码中的 IsDate() 函数可以判断一个表达式能否被识别为日期或时间。例如，IsDate("April 28, 2014") 的返回值为 True，IsDate("13/32/2020") 的返回值为 False。

⚡ 提 示

　　如果要将周六和周日都计为休息日，可以将第 20 行代码修改为 "Case vbSaturday, vbSunday"。

步骤 11　**查看计算结果。** 返回工作表，右击文本框，在弹出的快捷菜单中单击 "文本框对象 > 编辑" 命令，❶分别输入开始日期和结束日期，退出 "设计模式"，❷单击 "统计工作天数" 按钮，❸弹出提示框，显示计算出的工作天数，如右图所示。

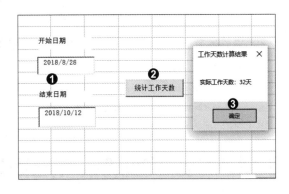

第 14 章

VBA 在人力资源中的应用

人力资源管理是企业管理的重要组成部分，它主要通过员工招聘、考勤、绩效考核、培训等多方面让企业的人力配备和使用达到良好的状态。人力资源管理工作中很少用到复杂的统计和分析方法，但重复性的工作较多。本章将以加班与考勤管理、档案与工资管理、培训成绩管理为例，介绍 Excel VBA 在人力资源管理工作自动化中的实际应用。

14.1 员工加班统计与考勤管理

加班和考勤数据是员工绩效考核与薪酬发放的重要依据。本节将讲解如何利用 Excel VBA 高效完成加班费计算、考勤表批量制作、缺勤扣款计算这 3 项工作。

14.1.1 自动计算员工加班费

不同员工的加班时间不同，相应的加班费也不同。下面通过 Excel VBA 编写简单的代码自动计算员工的总加班时间和加班费，从而提高工作效率和计算结果的准确性。

◎ 原始文件：实例文件\第14章\原始文件\自动计算员工加班费.xlsx
◎ 最终文件：实例文件\第14章\最终文件\自动计算员工加班费.xlsm

步骤01 **查看数据。**打开原始文件，可看到工作表"Sheet1"中的"加班记录表"表头，如右图所示。

步骤02 **编写代码。**打开 VBA 编辑器，打开"Sheet1"的代码窗口，输入如下所示的代码。

步骤 02 的代码解析
1	`Private Sub Worksheet_Change(ByVal Target As Range)` 　　'声明变量存放相应数据
2	`Dim StartTime As Date, EndTime As Date, RowN As Integer`

```
3        Dim TimeTotal As Single, Hsalary As Single
         '如果修改的是表头则不执行计算
4        RowN = Target.Row     '获取目标单元格的行号
5        If RowN < 3 Then      '如果行号小于3
6            Exit Sub     '则强制退出子过程
7        End If
         '如果修改的目标单元格是开始时间或结束时间时才执行计算
8        If Target.Column = 6 Or Target.Column = 7 Then      '如果目标单元格
         的列号等于6或7
9            StartTime = Cells(RowN, 6)     '获取开始时间
10           EndTime = Cells(RowN, 7)      '获取结束时间
             '判断是否满足计算加班时间的条件
11           If StartTime = "0:00:00" Or EndTime = "0:00:00" Then      '如果
             不知道开始时间或不知道结束时间
12               If StartTime = "0:00:00" Then      '如果不知道开始时间
13                   MsgBox "请输入加班开始时间"      '则用提示框显示提示信息
14               Else      '如果不知道结束时间
15                   MsgBox "请输入加班结束时间"      '则用提示框显示提示信息
16               End If
17               Exit Sub     '强制退出子过程
18           End If
19           TimeTotal = (EndTime - StartTime) * 24     '计算总加班时间
20           Hsalary = (2500 / 22) / 8      '计算时薪（月基本工资为2500元）
21           Cells(RowN, 8) = TimeTotal
22           Cells(RowN, 9) = TimeTotal * Hsalary * 3      '计算加班费（加班
             时薪为平时的3倍）
23       End If
         '设置单元格的数字显示格式
24       Cells(RowN, 8).NumberFormatLocal = "0.00"     '将总加班时间设置为两
         位小数格式
25       Cells(RowN, 9).NumberFormatLocal = _
             "￥#,##0.00_);[红色](￥#,##0.00)"      '将加班费设置为人民币格式
26       StartTime = 0     '复位变量StartTime的值
27       EndTime = 0      '复位变量EndTime的值
28   End Sub
```

步骤03 输入加班记录信息。返回工作表，在第 3 行输入加班记录信息，❶在单元格 F3 中输入开始时间，并按【Enter】键后，将弹出提示框，提示输入结束时间，❷单击"确定"按钮，如下图所示。

步骤04 计算加班费。在单元格 G3 中输入结束时间，并按【Enter】键后，程序会自动计算出总加班时间和加班费并填入对应单元格，如下图所示。

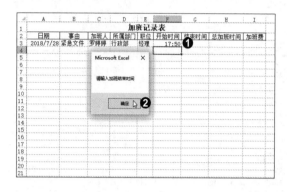
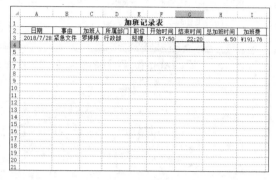

14.1.2　批量创建员工月度考勤表

每个月的工作日时间不同，为月度考勤表的制作带来了一定的麻烦。下面使用 Excel VBA 编写代码，根据员工档案信息自动生成月度考勤表，从而提高工作效率。

◎ 原始文件：实例文件\第14章\原始文件\员工档案表.xlsx
◎ 最终文件：实例文件\第14章\最终文件\批量创建员工月度考勤表.xlsm

步骤01 查看数据。打开原始文件，可在工作表"员工档案信息"中看到员工的基本信息，如右图所示。

步骤02 编写代码。打开 VBA 编辑器，在当前工作簿中插入一个模块，并在代码窗口中输入如下所示的代码。

步骤 02 的代码解析
1　Sub 批量创建考勤表()
2　　Dim I As Integer
3　　For I = 1 To 12　　'设置创建考勤表的循环次数
4　　　Worksheets.Add After:=Worksheets(I)　　'新建考勤表

```vba
5        Worksheets(I + 1).Name = I & "月份"        '指定新建考勤表的名称
         '输入固定字段项目，如标题等
6        Range("A1") = Year(Now()) & "年" & I & "月份职工考勤表"        '在
         单元格A1中输入标题
7        Range("A2") = "员工编号"        '在单元格A2中输入"员工编号"
8        Range("B2") = "员工姓名"        '在单元格B2中输入"员工姓名"
9        Range("C2") = "时间\日期"        '在单元格C2中输入"时间\日期"
10       FillWorkday I        '自动填充当月的所有工作日
         '将员工信息复制到当前工作表
11       Worksheets("员工档案信息").Range("A3:A25").Copy _
             ActiveSheet.Range("A3")        '将员工编号复制到当前工作表
12       Worksheets("员工档案信息").Range("B3:B25").Copy _
             ActiveSheet.Range("B3")        '将员工姓名复制到当前工作表
13       j = 3
14       Do        '开始循环
15           Cells(j, 3) = "上午"        '在单元格C3中输入"上午"
16           Cells(j + 1, 2).Insert Shift:=xlShiftDown        '在单元格B4
             上方插入新的单元格
17           Cells(j + 1, 1).Insert Shift:=xlShiftDown        '在单元格A4
             上方插入新的单元格
18           Cells(j + 1, 3) = "下午"        '在单元格C4中输入"下午"
19           Range(Cells(j, 2), Cells(j + 1, 2)).Merge        '合并单元格
             B3和B4
20           Range(Cells(j, 1), Cells(j + 1, 1)).Merge        '合并单元格
             A3和A4
21           j = j + 2        '更新循环变量
22           Rows(j).AutoFit        '自动调整行高
23           Rows(j + 1).AutoFit        '自动调整行高
24       Loop Until Cells(j, 2) = ""        '当B列单元格为空值时结束循环
25       col = Range("A1").CurrentRegion.Columns.Count        '获取当前工作
         表中数据区域的列数
         '设置标题格式
26       With Range(Cells(1, 1), Cells(1, col))        '设置标题所在区域
27           .Merge        '合并单元格
28           .HorizontalAlignment = xlCenter        '水平居中对齐
29           .VerticalAlignment = xlCenter        '垂直居中对齐
30           .Font.Name = "黑体"        '设置字体为"黑体"
```

```vba
31          .Font.Size = 24      '设置字号为24磅
32          .Font.Bold = True       '加粗字体
33          .RowHeight = 30       '设置行高为30磅
34       End With
         '设置字段项目格式
35       With Range("2:2")      '设置字段项目所在区域
36          .Font.Name = "黑体"      '设置字体为"黑体"
37          .Font.Bold = True       '加粗字体
38          .Rows.AutoFit      '自动调整行高
39          .Columns.AutoFit      '自动调整列宽
40          .HorizontalAlignment = xlCenter       '水平居中对齐
41          .VerticalAlignment = xlCenter       '垂直居中对齐
42       End With
         '添加斜线表头
43       Dim row1 As Integer
44       Dim col1 As Integer
45       row1 = Cells(2, 3).row      '获取单元格C3的行号
46       col1 = Cells(2, 3).Column      '获取单元格C3的列号
47       SplitCell ActiveSheet, row1, col1       '调用子过程SplitCell()生
         成斜线表头
         '添加边框
48       Range("A1").CurrentRegion.Select      '选中当前工作表中的数据区域
49       With Selection      '为所选区域添加边框
50          .Borders(xlEdgeLeft).LineStyle = xlContinuous      '左边框
51          .Borders(xlEdgeTop).LineStyle = xlContinuous      '上边框
52          .Borders(xlEdgeBottom).LineStyle = xlContinuous      '下边框
53          .Borders(xlEdgeRight).LineStyle = xlContinuous      '右边框
54          .Borders(xlInsideVertical).LineStyle = xlContinuous      '内
            部垂直边框
55          .Borders(xlInsideHorizontal).LineStyle = _
                xlContinuous      '内部水平边框
56       End With
57    Next I
58 End Sub
59 Sub FillWorkday(month1 As Integer)      '自动填充工作日的子过程
      '获取指定月份的天数
60    Dim days As Integer
```

```
61      days = Day(DateSerial(Year(Date), month1 + 1, 1) - 1)      '计算指
        定月份的下月第1天的日期，减1后得到指定月份最后一天的日期，再提取天数
        '循环获取指定月份的工作日
62      col2 = 4      '从第4列开始填写工作日
63      Dim Curdate As String
64      For I = 1 To days      '在获取的指定月份的天数中循环
65          Curdate = Year(Date) & "-" & month1 & "-" & I      '拼接出一个完
            整的日期
66          If Weekday(CDate(Curdate)) <> vbSaturday And _
                Weekday(CDate(Curdate)) <> vbSunday Then      '如果指定日期
                不是周六和周日
67              Cells(2, col2) = I      '则将其记为工作日，写入工作表
68              col2 = col2 + 1      '转至下一列
69          End If
70      Next I
71  End Sub
72  Sub SplitCell(sht As Worksheet, row As Integer, col As Integer)      '设
    置斜线的子过程
        '设置左上至右下的斜线
73      sht.Cells(row, col).Select      '选中要设置斜线的单元格
74      With Selection.Borders(xlDiagonalDown)      '设置左上至右下的斜线
75          .LineStyle = xlContinuous      '设置线条类型为实线
76          .Weight = xlThin      '设置线条粗细为细
77          .ColorIndex = xlAutomatic      '设置线条颜色为自动
78      End With
        '处理单元格中的字符串
79      Dim aim As String, mid As Integer
80      aim = Selection.Value      '获取单元格中的字符串
81      aim = Replace(aim, " ", "")      '清除字符串中的空格
82      mid = InStr(1, aim, "\")      '查找 "\" 号，并记录其位置
83      aim = Replace(aim, "\", " ")      '将 "\" 号替换为空格
84      Selection.Value = aim      '将修改后的内容写回单元格
        '判断字符串是否符合约定
85      If mid = 0 Then      '如果变量mid为0
86          Exit Sub      '强制退出子过程
87      End If
        '设置左下字符串的格式
```

```
88      With Selection.Characters(Start:=1, Length:=mid - 1).Font
89          .Name = "宋体"      '设置字体为"宋体"
90          .Size = 16      '设置字号为16磅
91          .Superscript = False      '不设置为上标
92          .Subscript = True      '设置为下标
93          .ColorIndex = xlAutomatic      '设置字体颜色为自动
94      End With
        '设置右上字符串的格式
95      With Selection.Characters(Start:=mid + 1, _
            Length:=Len(aim) - mid).Font
96          .Name = "宋体"      '设置字体为"宋体"
97          .Size = 16      '设置字号为16磅
98          .Superscript = True      '设置为上标
99          .Subscript = False      '不设置为下标
100         .ColorIndex = xlAutomatic      '设置字体颜色为自动
101     End With
        '自动调整行高和列宽
102     With Selection
103         .Rows.AutoFit      '自动调整所选区域的行高
104         .Columns.AutoFit      '自动调整所选区域的列宽
105     End With
106  End Sub
```

步骤03 执行代码。返回工作表中，按快捷键【Alt+F8】，弹出"宏"对话框，❶在该对话框中选择宏"批量创建考勤表"，❷单击"执行"按钮，如下图所示。

步骤04 查看最终效果。宏执行完毕后，可看到在工作簿中创建了全年各个月份的考勤表，如下图所示。

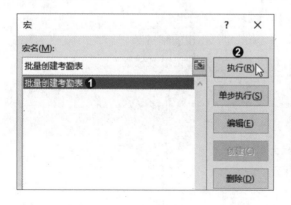

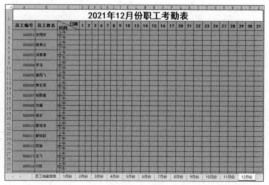

14.1.3　计算缺勤扣款

假设某公司的考勤制度规定，缺勤的原因不同，相应的扣款也不同。下面使用 Excel VBA 编写简单的代码，根据考勤数据准确而快速地计算缺勤扣款。

　　◎　原始文件：实例文件\第14章\原始文件\8月考勤统计表.xlsx
　　◎　最终文件：实例文件\第14章\最终文件\计算缺勤扣款.xlsm

步骤01 **查看数据。**打开原始文件，可看到工作表 "8月" 中记录的员工考勤数据，如右图所示。其中 1、2、3、4 分别代表迟到、早退、病假、事假，对应的扣款标准为 20 元 / 次、30 元 / 次、10 元 / 次、40 元 / 次。现在需要统计各员工缺勤次数并计算相应的缺勤扣款。

步骤02 **编写代码。**打开 VBA 编辑器，在当前工作簿中插入一个模块，并在代码窗口中输入如下所示的代码。

步骤 02 的代码解析

```
1   Sub 自动计算缺勤次数与缺勤扣款()
2       Dim sht As Worksheet
3       Set sht = Worksheets("8月")
4       Dim rwn As Integer, cln As Integer
5       rwn = sht.Range("A1").CurrentRegion.Rows.Count        '获取数据区域行数
6       cln = sht.Range("A1").CurrentRegion.Columns.Count        '获取数据区域列数
        '统计缺勤次数
7       For i = 3 To rwn      '从第3行遍历到最后一行
8           Dim CD As Integer, ZT As Integer, BJ As Integer, _
                SJ As Integer, Aim As Integer
9           CD = 0
10          ZT = 0
11          BJ = 0
12          SJ = 0
        '统计各员工不同原因的缺勤次数
13          For j = 4 To cln - 5      '从第4列遍历到倒数第6列
14              Aim = CInt(Cells(i, j).Value)      '依次取出单元格的值
15              Select Case Aim      '根据单元格的值执行不同的操作
16                  Case 1      '如果值为1
```

```
17                          CD = CD + 1        '则迟到次数增加1
18              Case 2      '如果值为2
19                          ZT = ZT + 1        '则早退次数增加1
20              Case 3      '如果值为3
21                          BJ = BJ + 1        '则病假次数增加1
22              Case 4      '如果值为4
23                          SJ = SJ + 1        '则事假次数增加1
24          End Select
25      Next j
        '将统计结果写入对应单元格
26      Cells(i, cln - 4) = CD      '写入迟到次数
27      Cells(i, cln - 3) = ZT      '写入早退次数
28      Cells(i, cln - 2) = BJ      '写入病假次数
29      Cells(i, cln - 1) = SJ      '写入事假次数
30   Next i
     '计算缺勤扣款
31   For i = 3 To rwn Step 2     '从第3行遍历到最后一行,步长为2
32      Range(Cells(i, cln), Cells(i + 1, cln)).Merge        '合并单元格
33      Cells(i, cln) = _
            Cells(i, cln - 4) * 20 + Cells(i, cln - 3) * 30 + _
            Cells(i, cln - 2) * 10 + Cells(i, cln - 1) * 40 + _
            Cells(i + 1, cln - 4) * 20 + Cells(i + 1, cln - 3) * 30 + _
            Cells(i + 1, cln - 2) * 10 + Cells(i + 1, cln - 1) * 40      '计
            算各员工缺勤扣款
34      Cells(i, cln).NumberFormat = "¥#,##0.00"       '设置数字显示格式
35   Next i
36   ActiveWindow.DisplayZeros = False       '隐藏当前工作表中的零值
37 End Sub
```

步骤03 查看计算结果。按【F5】键运行代码,可看到在工作表中的相应区域显示了计算出的不同原因的缺勤次数及相应的缺勤扣款,如右图所示。

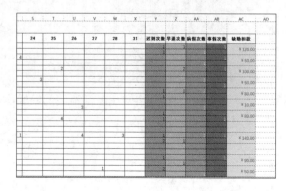

14.2　员工档案与工资管理

　　员工档案和工资管理的工作难度一般都比较小，但是工作量大，重复性工作多。本节将讲解如何利用 Excel VBA 准确而高效地完成员工档案卡制作、员工工资计算、员工工资条制作这 3 项工作。

14.2.1　制作员工档案卡

　　员工档案卡记载了员工个人的详细信息，当员工较多时，逐个制作员工档案卡非常费时费力。下面使用 VBA 编写简单的代码，实现员工档案卡的自动化批量制作。

　　◎　原始文件：实例文件\第14章\原始文件\制作员工档案卡.xlsx、员工照片（文件夹）
　　◎　最终文件：实例文件\第14章\最终文件\制作员工档案卡.xlsm

步骤01　查看员工基本信息。打开原始文件，在工作表"员工档案信息"中可看到员工的基本信息，如下图所示。

步骤02　查看员工档案卡。切换至工作表"员工档案卡"中，可看到如下图所示的员工个人档案卡。

步骤03　编写代码。打开 VBA 编辑器，打开"Sheet2"的代码窗口，输入如下所示的代码，用于在修改单元格 C2 的值时，自动调用子过程 filecard()，制作员工档案卡。

<table>
<tr><td colspan="2" align="center">**步骤 03 的代码解析**</td></tr>
<tr><td>1</td><td>Private Sub Worksheet_Change(ByVal Target As Range)</td></tr>
<tr><td>2</td><td>　　If Target.Address = "$C$2" Then　　'如果修改的单元格为C2</td></tr>
<tr><td>3</td><td>　　　　filecard Target.Value　　'则调用子过程filecard()</td></tr>
<tr><td>4</td><td>　　End If</td></tr>
<tr><td>5</td><td>End Sub</td></tr>
</table>

步骤04　继续编写代码。在当前工作簿中插入一个模块，并在代码窗口中输入如下所示的代码，用于实际执行制作员工档案卡的操作。

<table>
<tr><td colspan="2" align="center">**步骤 04 的代码解析**</td></tr>
<tr><td>1</td><td>Sub filecard(Num As String)
　　'在员工档案信息中查找输入的员工编号，获取对应的行号</td></tr>
<tr><td>2</td><td>　　Dim Sht As Worksheet, Card As Worksheet</td></tr>
<tr><td>3</td><td>　　Set Sht = Worksheets("员工档案信息")</td></tr>
<tr><td>4</td><td>　　Set Card = Worksheets("员工档案卡")</td></tr>
<tr><td>5</td><td>　　Dim CellRow As Integer</td></tr>
<tr><td>6</td><td>　　For Each one In Sht.Range("A:A")　　'在工作表 "员工档案信息" 的A列中遍历每一个单元格</td></tr>
<tr><td>7</td><td>　　　　If CStr(one) = Num Then　　'如果输入的值等于单元格中的员工编号</td></tr>
<tr><td>8</td><td>　　　　　　CellRow = one.Row　　'则保存该单元格的行号</td></tr>
<tr><td>9</td><td>　　　　　　Exit For　　'强制退出循环</td></tr>
<tr><td>10</td><td>　　　　End If</td></tr>
<tr><td>11</td><td>　　Next one
　　'将查找到的员工信息写入员工个人档案卡</td></tr>
<tr><td>12</td><td>　　Card.Range("E2") = Sht.Cells(CellRow, 2)　　'写入姓名</td></tr>
<tr><td>13</td><td>　　Card.Range("C3") = Sht.Cells(CellRow, 3)　　'写入性别</td></tr>
<tr><td>14</td><td>　　Card.Range("E3") = Sht.Cells(CellRow, 4)　　'写入出生日期</td></tr>
<tr><td>15</td><td>　　Card.Range("C4") = Sht.Cells(CellRow, 5)　　'写入籍贯</td></tr>
<tr><td>16</td><td>　　Card.Range("E4") = Sht.Cells(CellRow, 9)　　'写入学历</td></tr>
<tr><td>17</td><td>　　Card.Range("C5") = Sht.Cells(CellRow, 11)　　'写入毕业时间</td></tr>
<tr><td>18</td><td>　　Card.Range("E5") = Sht.Cells(CellRow, 10)　　'写入毕业学校</td></tr>
<tr><td>19</td><td>　　Card.Range("C6") = Sht.Cells(CellRow, 7)　　'写入联系方式</td></tr>
<tr><td>20</td><td>　　Card.Range("C7") = Sht.Cells(CellRow, 8)　　'写入身份证号码</td></tr>
<tr><td>21</td><td>　　Card.Range("C8") = Sht.Cells(CellRow, 6)　　'写入现住址</td></tr>
<tr><td>22</td><td>　　Card.Range("C9") = Sht.Cells(CellRow, 12)　　'写入所属部门</td></tr>
<tr><td>23</td><td>　　Card.Range("E9") = Sht.Cells(CellRow, 13)　　'写入担任职务</td></tr>
<tr><td>24</td><td>　　Card.Range("C10") = Sht.Cells(CellRow, 14)　　'写入入职时间</td></tr>
<tr><td>25</td><td>　　Card.Range("E10") = Sht.Cells(CellRow, 15)　　'写入转正时间</td></tr>
<tr><td>26</td><td>　　Card.Range("C11") = Sht.Cells(CellRow, 16)　　'写入合同到期时间</td></tr>
<tr><td>27</td><td>　　Card.Range("E11") = Sht.Cells(CellRow, 17)　　'写入续签年限</td></tr>
<tr><td>28</td><td>　　LoadPhoto Sht.Cells(CellRow, 2)　　'调用子过程LoadPhoto()插入对应的员工照片</td></tr>
<tr><td>29</td><td>End Sub
'插入员工照片的子过程</td></tr>
<tr><td>30</td><td>Sub LoadPhoto(NameStr As String)</td></tr>
<tr><td>31</td><td>　　'删除已有照片</td></tr>
</table>

```
32    For Each s In ActiveSheet.Shapes
33        s.Delete
34    Next s
      '指定照片文件路径
35    Dim PicPath As String
36    PicPath = "F:\Excel VBA应用与技巧大全\实例文件\第14章\原始文件\ _
          员工照片\" & NameStr & ".jpg"      '路径需根据实际情况更改
      '在适当位置插入照片
37    If Dir(PicPath) <> "" Then      '如果存在与员工姓名对应的照片文件
38        Dim pcell As Range
39        Set pcell = ActiveSheet.Range("F2:F6")
40        Dim pic As Shape
41        Set pic = ActiveSheet.Shapes.AddPicture(PicPath, False, _
              True, pcell.Left, pcell.Top, -1, -1)      '以原始大小插入照片
42        pic.LockAspectRatio = True      '锁定照片的宽高比
43        pic.Width = pcell.Width - 2      '设置照片的高度为单元格区域F2:F6
          的高度减少2，照片的宽度会根据宽高比自动计算
44        pic.Left = pcell.Left + (pcell.Width - pic.Width) / 2      '计
          算照片左边缘的位置，让照片在单元格区域F2:F6中水平居中
45        pic.Top = pcell.Top + (pcell.Height - pic.Height) / 2      '计
          算照片上边缘的位置，让照片在单元格区域F2:F6中垂直居中
46    Else      '如果不存在与员工姓名对应的照片文件
47        MsgBox "未找到[" & NameStr & "]的照片，照片未插入！"      '用提示
          框显示提示信息
48    End If
49 End Sub
```

步骤05　输入员工编号。返回工作表"员工档案卡"，在单元格 C2 中输入"000001"，如下图所示，然后按【Enter】键。

步骤06　查看最终效果。系统将自动执行程序，可看到在员工个人档案卡中填了相应的内容，并插入了照片，如下图所示。

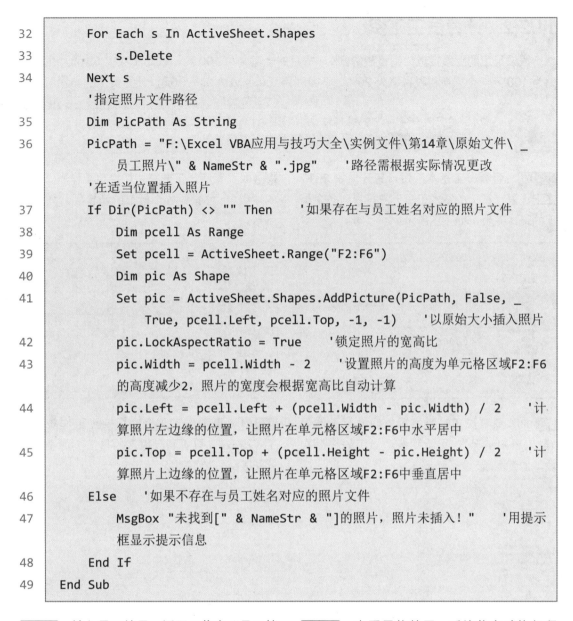

335

14.2.2 计算员工工资

假设员工的业绩提成为销售额的 5%，每月的全勤奖为 100 元，缺勤 1 次扣 50 元，生活补助为 100 元，个人所得税税率为 20%。下面利用 Excel VBA 编写代码，计算员工的实发工资。

◎ 原始文件：实例文件\第14章\原始文件\计算员工工资.xlsx
◎ 最终文件：实例文件\第14章\最终文件\计算员工工资.xlsm

步骤01 查看员工基本工资。打开原始文件，在工作表"员工的基本工资"中可看到各个员工的基本工资，如下图所示。

步骤02 查看员工业绩。切换至工作表"员工的业绩"，可看到各个员工的销售额，如下图所示。

步骤03 查看员工缺勤情况。切换至工作表"员工出勤情况"，可看到各个员工的缺勤次数，如下图所示。

步骤04 查看员工工资。切换至工作表"员工工资表"，可看到已输入的员工工资表的标题和表头，如下图所示。

步骤05 编写代码。打开 VBA 编辑器，在当前工作簿中插入一个模块，并在代码窗口中输入如下所示的代码。

步骤 05 的代码解析
1	Sub 计算员工实发工资() '设置标题的格式
2	With Range("A1:H1") '设置单元格区域A1:H1
3	.Merge '合并单元格

```
4        .Font.Name = "华文楷体"    '设置字体为"华文楷体"
5        .Font.Size = 18      '设置字号为18磅
6        .Font.Bold = True     '加粗字体
7        .HorizontalAlignment = xlCenter     '水平居中对齐
8        .VerticalAlignment = xlCenter      '垂直居中对齐
9     End With
      '设置表头的格式
10    With Range("A2:H2")    '设置单元格区域A2:H2
11        .Font.Name = "华文宋体"      '设置字体为"华文宋体"
12        .Font.Size = 12     '设置字号为12磅
13        .Font.Italic = True      '倾斜字体
14        .HorizontalAlignment = xlCenter      '水平居中对齐
15        .VerticalAlignment = xlCenter      '垂直居中对齐
16        .Columns.AutoFit      '自动调整列宽
17    End With
      '从工作表"员工的基本工资"中复制相应数据
18    Dim JBGZ As Worksheet, YJ As Worksheet, CQ As Worksheet
19    Set JBGZ = Worksheets("员工的基本工资")
20    Set YJ = Worksheets("员工的业绩")
21    Set CQ = Worksheets("员工出勤情况")
22    JBGZ.Range("A3:C25").Copy Range("A3")     '将工作表"员工的基本工
      资"的单元格区域A3:C25中的数据复制到工作表"员工工资表"的单元格A3中
      '计算和填写员工的业绩提成、生活补助、出勤费用、个人所得税和实发工资
23    Dim Rown As Integer
24    Rown = Range("A1").CurrentRegion.Rows.Count      '获取工作表中数据区
      域的行数
25    For i = 3 To Rown    '从数据区域的第3行遍历至最后一行
26        Cells(i, 4) = YJ.Cells(i, 3) * 0.05     '计算业绩提成
27        Cells(i, 5) = 100    '写入生活补助
28        If CQ.Cells(i, 3) = 0 Then    '如果缺勤次数为0
29            Cells(i, 6) = 100     '则出勤费用为100元
30        Else    '如果缺勤次数不为0
31            Cells(i, 6) = -(CQ.Cells(i, 3) * 50)     '则根据缺勤次数计
              算出勤费用
32        End If
33        Cells(i, 7) = (Cells(i, 3) + Cells(i, 4) + Cells(i, 5) - _
              6000) * 0.2    '计算个人所得税
```

```
34          Cells(i, 8) = Cells(i, 3) + Cells(i, 4)+ Cells(i, 5) + _
              Cells(i, 6) - Cells(i, 7)      '计算实发工资
35      Next i
        '设置单元格的格式
36      With Range(Cells(3, 3), Cells(Rown, 8))      '设置C列至H列的格式
37          .NumberFormatLocal = "￥#,##0.00;[红色](￥#,##0.00)"      '设置
            数字的显示格式
38          .Columns.AutoFit      '自动调整列宽
39      End With
40    End Sub
```

步骤06 **插入窗体控件按钮。** 返回工作表"员工工资表"，❶在"开发工具"选项卡下单击"插入"按钮，❷在展开的列表中单击"按钮（窗体控件）"，如下图所示。在工作表中空白处绘制控件按钮。

步骤07 **指定宏。** 绘制完成后会弹出"指定宏"对话框，在该对话框中单击"计算员工实发工资"选项，如下图所示。然后单击"确定"按钮。

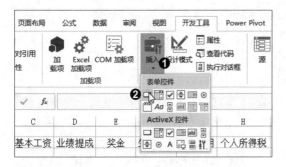

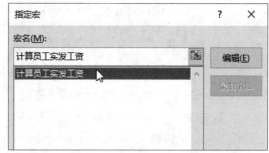

步骤08 **计算员工工资。** 修改按钮文本为"计算员工工资"，然后单击该按钮，如下图所示。即可运行为该按钮指定的宏。

步骤09 **查看计算结果。** 可看到员工工资表的标题和表头的格式发生改变，并在其下方写入了各个员工的工资信息，如下图所示。

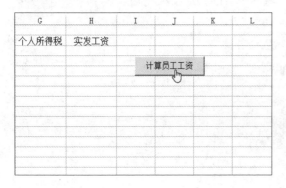

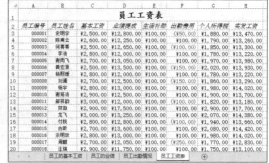

14.2.3　制作员工工资条

为方便每个员工了解自己当月工资的详情，人力资源管理部门通常会根据员工工资表为每个员工制作工资条。下面通过编写简单的 Excel VBA 程序，实现员工工资条的自动化制作。

◎ 原始文件：实例文件\第14章\原始文件\制作员工工资条.xlsm
◎ 最终文件：实例文件\第14章\最终文件\制作员工工资条.xlsm

步骤01　插入模块并重命名。打开原始文件，打开 VBA 编辑器，在当前工作簿中插入一个模块，然后打开"属性"窗口，将模块的"（名称）"属性修改为"自动生成工资条"，如右图所示。

步骤02　编写代码。在"自动生成工资条"模块的代码窗口中输入如下所示的代码。

步骤 02 的代码解析
1　Sub 自动生成工资条() 　　'复制工作表并重命名
2　On Error GoTo msg　　　'当程序出错时，跳转至标签为msg的行
3　Worksheets("员工工资表").Copy Before:=Worksheets(1)　　　'复制工作表"员工工资表"，置于第1个工作表之前
4　Worksheets(1).Name = "员工工资条"　　　'将此时的第1个工作表（即复制得到的工作表）重命名为"员工工资条" 　　'获取工作表"员工工资表"的行数
5　Dim rowNum As Integer
6　rowNum = Worksheets("员工工资表").Range("A1").CurrentRegion. _ 　　　Rows.Count　　　'获取工作表"员工工资表"中数据区域的行数
7　Rows(4).Insert Shift:=xlDown　　　'在第4行上方插入一个空行 　　'复制表头，并增加空行来分隔不同员工的工资条
8　For i = 1 To rowNum - 3
9　　　Rows(3 * i + 2).Insert Shift:=xlDown　　　'在每个员工的工资记录上方插入一个空行
10　　　Range("A2:H2").Copy Cells(3 * i + 2, 1)　　　'在空行中复制表头
11　　　Rows(3 * i + 4).Insert Shift:=xlDown　　　'在每个员工的工资记录下方插入一个空行
12　Next i

```
         '为每个工资条添加边框
13   Dim myRng As Range
14   For i = 0 To rowNum - 3
15       Set myRng = Range(Cells(3 * i + 2, 1), Cells(3 * i + 3, 8))
16       myRng.Borders(xlDiagonalUp).LineStyle = xlNone     '取消斜线
17       With myRng.Borders(xlEdgeTop)     '设置上边框线
18           .LineStyle = xlContinuous     '设置线条类型为实线
19           .Weight = xlMedium     '设置线条粗细为中等
20           .ColorIndex = xlAutomatic     '设置线条颜色为自动
21       End With
22   Next i
23   ActiveWindow.DisplayGridlines = False     '隐藏网格线
24   MsgBox "成功生成员工工资条"     '用提示框显示操作成功的信息
25 msg:     '错误处理代码行
26 End Sub
```

步骤 03 运行代码。按【F5】键运行代码，代码运行完毕后，会弹出如下图所示的提示框，单击"确定"按钮关闭该提示框。

步骤 04 查看生成的工资条。返回工作簿，可看到新增了工作表"员工工资条"，其中有每个员工的工资条，如下图所示。

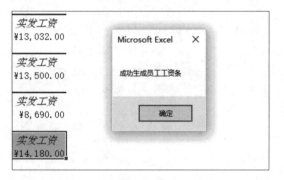

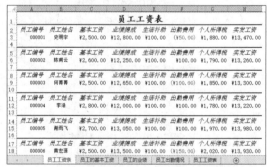

14.3　员工培训成绩管理

本节将通过在 Excel VBA 中调用工作表函数，快速对员工的培训成绩进行求和、求平均分、计算排名等操作。

14.3.1　统计员工培训成绩

下面在 VBA 中调用 Excel 的工作表函数 Sum() 和 Average()，计算各员工的总分和平均分以及各科目的总分和平均分，以了解员工培训的效果。

◎ 原始文件：实例文件\第14章\原始文件\员工培训成绩表.xlsx
◎ 最终文件：实例文件\第14章\最终文件\统计员工培训成绩.xlsm

步骤01　**查看数据**。打开原始文件，可看到工作表"员工培训成绩"中各员工的各科目成绩，并且需要分别按员工和科目统计总分和平均分，如右图所示。

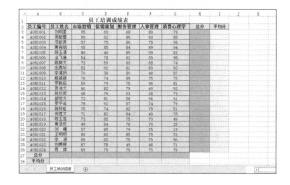

步骤02　**编写代码**。打开 VBA 编辑器，在当前工作簿中插入一个模块，并在代码窗口中输入如下所示的代码。

	步骤 02 的代码解析
1	Sub 统计员工培训成绩()
2	Dim rwn As Integer, cln As Integer
3	rwn = Range("A1").CurrentRegion.Rows.Count　　　'获取当前工作表中数据区域的行数
4	col = Range("A1").CurrentRegion.Columns.Count　　　'获取当前工作表中数据区域的列数 '计算各员工的总分和平均分
5	For i = 3 To rwn - 2 　　'从第3行遍历至倒数第3行
6	Cells(i, 8) = WorksheetFunction.Sum(Range(Cells(i, 3), _ Cells(i, 7)))　　　'计算当前行员工的总分
7	Cells(i, 8).NumberFormat = "#,##0.00"　　'设置数字显示格式
8	Cells(i, 9) = WorksheetFunction.Average(Range(Cells(i, 3), _ Cells(i, 7)))　　　'计算当前行员工的平均分
9	Cells(i, 9).NumberFormat = "#,##0.00"　　　'设置数字显示格式
10	Next i '计算各科的总分和平均分
11	For x = 3 To cln 　　'从第3列遍历至最后一列
12	Cells(rwn - 1, x) = WorksheetFunction.Sum(Range(Cells(3, x), _ Cells(rwn - 2, x)))　　　'计算当前列科目的总分
13	Cells(rwn - 1, x).NumberFormat = "#,##0.00"　　　'设置数字显示格式
14	Cells(rwn, x) = WorksheetFunction.Average(Range(Cells(3, x), _ Cells(rwn - 2, x)))　　　'计算当前列科目的平均分

```
15            Cells(rwn, x).NumberFormat = "#,##0.00"        '设置数字显示格式
16        Next x
17    End Sub
```

步骤03 绘制按钮并指定宏。返回工作表，在空白处绘制一个窗体控件按钮，在弹出的"指定宏"对话框中选择宏"统计员工培训成绩"，如右图所示，然后单击"确定"按钮。

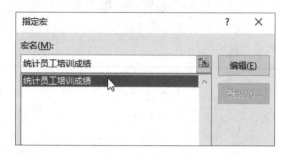

步骤04 单击按钮运行代码。修改按钮文本为"统计员工培训成绩"，然后单击该按钮，如下图所示。

步骤05 查看统计结果。随后可在工作表中看到员工培训成绩的统计结果，如下图所示。

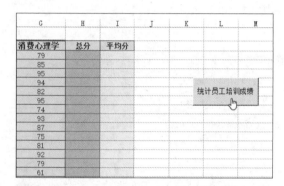

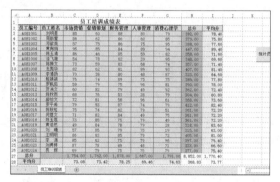

14.3.2 显示员工排名和总成绩

完成员工培训成绩的统计后，为了挑选出优秀的员工和不合格的员工，继续编写 VBA 代码调用工作表函数 Rank() 计算总分的排名，并显示前十名和后五名的员工姓名与总分。

◎ 原始文件：实例文件\第14章\原始文件\统计员工培训成绩.xlsx
◎ 最终文件：实例文件\第14章\最终文件\计算员工培训成绩总分排名.xlsm

步骤01 查看数据。打开原始文件，可看到"员工培训成绩表"中的"名次"列需要填写，如右图所示。

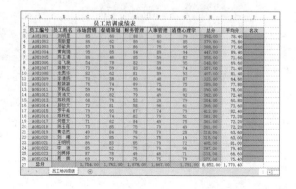

步骤02 编写代码。打开 VBA 编辑器，在当前工作簿中插入一个模块，并在代码窗口中输入如下所示的代码。

<table>
<tr><th colspan="2">步骤 02 的代码解析</th></tr>
<tr><td>1</td><td>Sub 计算成绩排名()</td></tr>
<tr><td></td><td>   Dim rwn As Integer</td></tr>
<tr><td>2</td><td>   Dim Name1(10) As String, Name2(5) As String</td></tr>
<tr><td>3</td><td>   Dim Score1(10) As Single, Score2(5) As Single</td></tr>
<tr><td>4</td><td>   Dim a As Integer, RN As Integer</td></tr>
<tr><td>5</td><td>   Dim MyStr1 As String, MyStr2 As String</td></tr>
<tr><td>6</td><td>   rwn = Range("A1").CurrentRegion.Rows.Count   '获取当前工作表中数据区域的行数</td></tr>
<tr><td>7</td><td>   '计算各个员工总分的排名</td></tr>
<tr><td>8</td><td>   For i = 3 To rwn - 2   '从第3行遍历至倒数第3行</td></tr>
<tr><td>9</td><td>   Cells(i, 10) = WorksheetFunction.Rank(Cells(i, 8), _
            Range(Cells(3, 8), Cells(rwn - 2, 8)))   '对总分进行排名</td></tr>
<tr><td>10</td><td>   Next i</td></tr>
<tr><td></td><td>   '获取前十名</td></tr>
<tr><td>11</td><td>   a = 0</td></tr>
<tr><td>12</td><td>   For j = 0 To 9</td></tr>
<tr><td>13</td><td>   Score1(j) = WorksheetFunction.Large(Range(Cells(3, 8), _
            Cells(rwn - 2, 8)), j + 1)   '获取总分的最大值、次大值……</td></tr>
<tr><td>14</td><td>   For x = 3 To rwn - 2   '从第3行遍历至倒数第3行</td></tr>
<tr><td>15</td><td>   If Cells(x, 8) = Score1(j) Then   '如果当前行的总分是最大值、次大值……</td></tr>
<tr><td>16</td><td>   RN = Cells(x, 8).Row   '则存储当前行的行号</td></tr>
<tr><td>17</td><td>   Name1(a) = Cells(RN, 2)   '用行号获取姓名并存入数组</td></tr>
<tr><td>18</td><td>   a = a + 1</td></tr>
<tr><td>19</td><td>   Exit For</td></tr>
<tr><td>20</td><td>   End If</td></tr>
<tr><td>21</td><td>   Next x</td></tr>
<tr><td>22</td><td>   MyStr1 = MyStr1 & Name1(j) & "   " & Score1(j) & Chr(10)   '连接字符串</td></tr>
<tr><td>23</td><td>   Next j</td></tr>
<tr><td></td><td>   '获取后五名</td></tr>
<tr><td>24</td><td>   a = 0</td></tr>
<tr><td>25</td><td>   For j = 0 To 4</td></tr>
<tr><td>26</td><td>   Score2(j) = WorksheetFunction.Small(Range(Cells(3, 8), _</td></tr>
</table>

```
                    Cells(rwn - 2, 8)), j + 1)      '获取总分的最小值、次小值……
27              For x = 3 To rwn - 2        '从第3行遍历至倒数第3行
28                  If Cells(x, 8) = Score2(j) Then      '如果当前行的总分是最小
                    值、次小值……
29                      RN = Cells(x, 8).Row      '则存储当前行的行号
30                      Name2(a) = Cells(RN, 2)      '用行号获取姓名并存入数组
31                      a = a + 1
32                      Exit For
33                  End If
34              Next x
35              MyStr2 = MyStr2 & Name2(j) & "   " & Score2(j) & Chr(10)      '连
                接字符串
36          Next j
            '显示前十名和后五名的姓名与总分
37          MsgBox "总分前十名：" & Chr(10) & MyStr1
38          MsgBox "总分后五名：" & Chr(10) & MyStr2
39      End Sub
```

步骤 03 指定宏。返回工作表，在空白处绘制一个窗体控件按钮，为其指定宏"计算成绩排名"，如下图所示。

步骤 04 进行成绩排名。修改按钮文本为"成绩排名"，然后单击该按钮，如下图所示。

步骤 05 查看前十名的员工姓名和总分。此时会弹出提示框，显示前十名的员工姓名和总分，单击"确定"按钮，如右图所示。

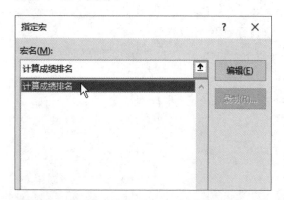

步骤 06 查看后五名的员工姓名和总分。弹出下一个提示框，显示后五名的员工姓名和总分，单击"确定"按钮，如下图所示。

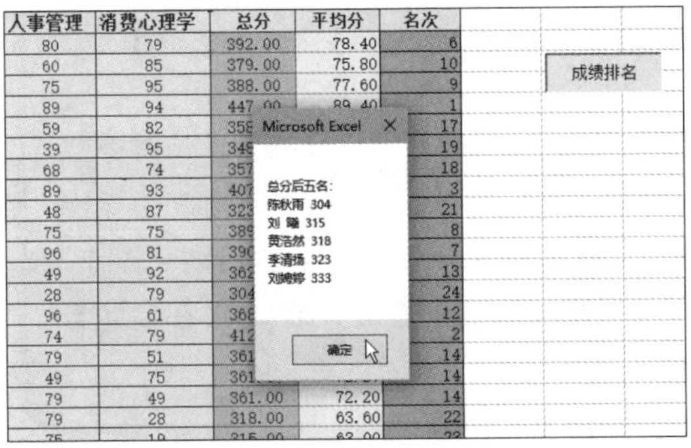

步骤 07 查看各员工培训成绩总分的排名。返回工作表，可看到在"名次"列写入了各员工培训成绩总分的名次，如下图所示。

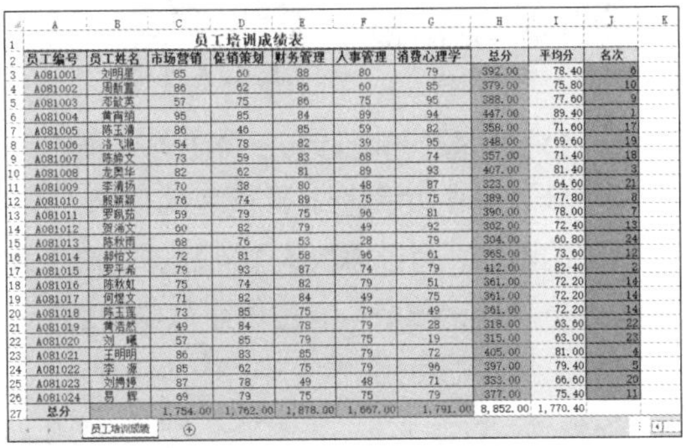

第15章 VBA 在会计与财务中的应用

Excel 是目前会计与财务工作中最常用的应用软件之一，它在会计表格制作与财务数据统计过程中发挥着非常重要的作用。尽管 Excel 功能强大，还是不能避免由人为操作带来的差错，为了解决这个问题并提高工作效率，可以利用 VBA 来实现一些自动化操作。本章将从日记账录入、应收账款与账龄分析、财务报表编制 3 个方面介绍 VBA 在会计与财务工作中的应用。

15.1 日记账的录入

日记账要求每天至少记录一次，工作量较大。本节将使用 Excel VBA 编写代码，实现日记账的自动化录入，从而有效减轻财会人员的工作负担。

◎ 原始文件：实例文件\第15章\原始文件\录入日记账.xlsx
◎ 最终文件：实例文件\第15章\最终文件\录入日记账.xlsm

步骤01 查看工作表"记账"。打开原始文件，可看到工作表"记账"中的现金日记账表格模板，如下图所示。

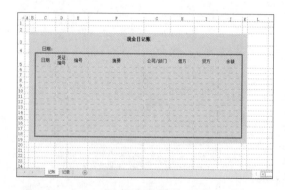

步骤02 查看工作表"记录"。切换至工作表"记录"，可看到已创建了如下图所示的表头。

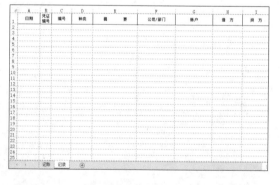

步骤03 插入切换按钮控件。切换至工作表"记账"，❶在"开发工具"选项卡下单击"插入"按钮，❷在展开的列表中单击"切换按钮（ActiveX 控件）"选项，如右图所示。

步骤 04 打开"属性"窗口。在工作表中的适当位置绘制切换按钮，❶绘制完成后右击该按钮，❷在弹出的快捷菜单中单击"属性"命令，如下图所示。

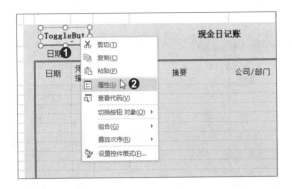

步骤 05 设置切换按钮的属性。❶在弹出的"属性"窗口中设置"（名称）"属性为"srap"，❷设置"Caption"属性为"现金账"，❸再单击"Font"属性右侧的下拉按钮，如下图所示。

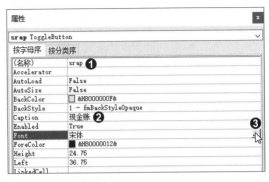

步骤 06 设置字体。弹出"字体"对话框，❶在该对话框中设置"字体"为"楷体"，❷"大小"为"四号"，❸单击"确定"按钮，如下图所示。再关闭"属性"窗口。

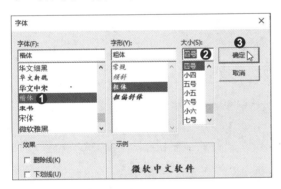

步骤 07 打开代码窗口。此时选定的切换按钮上的文本变为"现金账"，❶右击该按钮，❷在弹出的快捷菜单中单击"查看代码"命令，如下图所示。

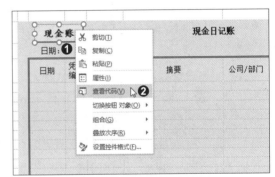

步骤 08 编写代码。在打开的代码窗口中输入如下所示的代码。

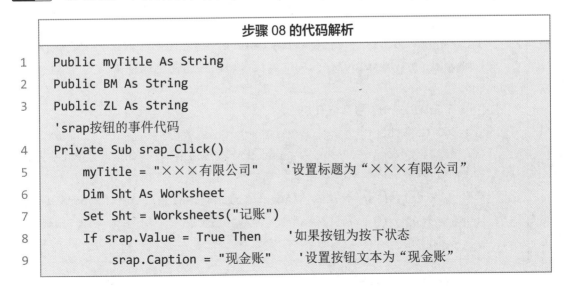

步骤 08 的代码解析

```
1   Public myTitle As String
2   Public BM As String
3   Public ZL As String
    'srap按钮的事件代码
4   Private Sub srap_Click()
5       myTitle = "×××有限公司"        '设置标题为"×××有限公司"
6       Dim Sht As Worksheet
7       Set Sht = Worksheets("记账")
8       If srap.Value = True Then        '如果按钮为按下状态
9           srap.Caption = "现金账"       '设置按钮文本为"现金账"
```

```
10        Sht.Range("C3") = myTitle & "银行日记账"      '在单元格C3中写入
          "×××有限公司银行日记账"
11        Sht.Range("G5") = "账户"     '在单元格G5中写入"账户"
12        Sht.Range("H5") = "借方"     '在单元格H5中写入"借方"
13        Sht.Range("I5") = "贷方"     '在单元格I5中写入"贷方"
14        Sht.Range("D6:D18").NumberFormatLocal = """银""-000"     '设置
          单元格区域D6:D18的数字显示格式为"银-×××"
15        ZL = "银行账"     '将"银行账"赋给变量ZL
16    Else    '如果按钮为弹起状态
17        srap.Caption = "银行账"     '设置按钮文本为"银行账"
18        Sht.Range("C3") = myTitle & "现金日记账"      '在单元格C3中写入
          "×××有限公司现金日记账"
19        Sht.Range("G5") = "部门"     '在单元格G5中写入"部门"
20        Sht.Range("H5") = "收入"     '在单元格H5中写入"收入"
21        Sht.Range("I5") = "支出"     '在单元格I5中写入"支出"
22        Sht.Range("D6:D18").NumberFormatLocal = """现""-000"     '设置
          单元格区域D6:D18的数字显示格式为"现-×××"
23        ZL = "现金账"     '将"现金账"赋给变量ZL
24    End If
      '设置单元格的数字显示格式
25    Sht.Range("E6:E18").NumberFormatLocal = "000"     '设置单元格区域
      E6:E18的数字显示格式为3位数字
26    Sht.Range("C6:C18").NumberFormat = "YYYY-MM-DD"     '设置单元格区域
      C6:C18的数字显示格式为日期
27    Sht.Range("H6:J19").NumberFormat = "¥#,##0.00;¥-#,##0.00"     '设
      置单元格区域H6:J19的数字显示格式为显示两位小数
28    BM = Sht.Range("G5").Value     '将单元格G5的值赋给变量BM
29    Sht.Range("G6:G18").Validation.Delete     '清除G列中的数据有效性设置
30    ActiveWindow.DisplayZeros = False     '隐藏当前工作表中的零值
31 End Sub
   '更改指定单元格时自动设置数据有效性
32 Private Sub Worksheet_Change(ByVal Target As Range)
33    If Target.Column = 7 And Target.Row > 5 Then     '如果目标单元格为G
      列第5行以下的单元格
34        ab = Cells(Target.Row, Target.Column).Value     '获取该单元格的值
35        a = MsgBox("是否将" & ab & "添加到系统中？", vbYesNo)     '用提示
          框询问用户是否将输入的账户添加到系统中
```

```vba
36          If a = 6 Then      '如果用户单击了提示框中的"是"按钮
37              M = BM & "," & ab      '则将该账户添加到系统中
38              Application.EnableEvents = False      '使事件失效
39              With Range("G6:G18").Validation      '为单元格区域G6:G18设置
                数据有效性
40                  .Delete      '若存在数据有效性，则将其删除
41                  .Add Type:=xlValidateList, _
                        AlertStyle:=xlValidAlertInformation, _
                        Operator:=xlBetween, Formula1:=BM      '添加数据有效
                        性"序列"，值为变量BM中提取的关键词
42                  .IgnoreBlank = True      '允许出现空值
43                  .InCellDropdown = True      '显示下拉列表
44                  .IMEMode = xlIMEModeNoControl      '无输入规则控制
45                  .ShowInput = True      '设置数据有效性检查
46                  .ShowError = False      '输入无效数据时不显示错误消息
47              End With
48              Application.EnableEvents = True      '使事件生效
49              Exit Sub
50          End If
51      End If
        '更改单元格时自动计算余额
52      If Target.Column = 8 Or Target.Column = 9 Then      '如果目标单元格在
        H列或I列
53          If Target.Row > 6 And Target.Row < 19 Then      '且目标单元格在
            7～18行之间
54              If Target.Column = 8 Then      '如果目标单元格在H列
55                  col = Target.Column + 2      '则向目标单元格右侧移动2列
56              Else      '如果目标单元格在I列
57                  col = Target.Column + 1      '则向目标单元格右侧移动1列
58              End If
59              Application.EnableEvents = False      '使事件失效
60              Cells(Target.Row, col).Select      '选择目标单元格
61              Selection.FormulaR1C1 = "=R[-1]C+RC[-2]-RC[-1]"      '自动根
                据FormulaR1C1属性指定的公式计算余额
62              Application.EnableEvents = True      '使事件生效
63          Else      '如果目标单元格在7～18行之外
64              Application.EnableEvents = False      '使事件失效
```

```
65          Range("J6") = Range("H6") - Range("I6")     '计算余额
66          Range("H19").FormulaR1C1 = "=SUM(R[-13]C:R[-1]C)"     '计算
            收入总额
67          Range("I19").FormulaR1C1 = "=SUM(R[-13]C:R[-1]C)"     '计算
            支出总额
68          Application.EnableEvents = True     '使事件生效
69        End If
70      End If
71  End Sub
```

步骤 09 切换至"银行日记账"界面。返回工作表"记账",单击"现金账"按钮,如下图所示。即可切换至"银行日记账"界面。

步骤 10 输入数据。根据实际票据输入数据,然后按【Enter】键,会弹出提示框,询问是否将输入的账户添加到系统中,单击"是"按钮,如下图所示。

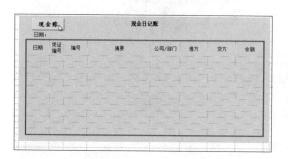

步骤 11 查看数据有效性序列。选中单元格G7,然后单击其右侧的下拉按钮,可在展开的列表中看到添加的账户,如下图所示。

步骤 12 输入数据自动计算余额。继续在工作表中输入借方数据,按【Enter】键后,在 J 列会自动显示余额,如下图所示。

步骤 13 绘制"保存"按钮。在工作表"记账"的适当位置绘制按钮,并更改其"(名称)"属性为"mysave","Caption"属性为"保存","Font"属性为楷体、四号,得到如右图所示的按钮效果。

步骤14　编写代码。继续在"Sheet1"的代码窗口中输入如下所示的代码。

<table>
<tr><td colspan="2" align="center">步骤 14 的代码解析</td></tr>
<tr><td></td><td>'mysave按钮的事件代码</td></tr>
<tr><td>72</td><td>Private Sub mysave_Click()</td></tr>
<tr><td>73</td><td>   Dim Sht As Worksheet, myTab As Worksheet</td></tr>
<tr><td>74</td><td>   Set Sht = Worksheets("记账")</td></tr>
<tr><td>75</td><td>   Set myTab = Worksheets("记录")</td></tr>
<tr><td>76</td><td>   Dim Num As Integer, MyNum As Integer</td></tr>
<tr><td>77</td><td>   Num = Sht.Range("C3").CurrentRegion.Rows.Count + 2   '获取工作表"记账"中单元格C3所在区域的行数并加2</td></tr>
<tr><td>78</td><td>   MyNum = myTab.Range("A1").CurrentRegion.Rows.Count   '获取工作表"记录"中数据区域的行数</td></tr>
<tr><td>79</td><td>   For i = 6 To Num   '将工作表"记账"中的数据写入工作表"记录"的对应单元格</td></tr>
<tr><td>80</td><td>   myTab.Cells(MyNum + 1, 1) = Sht.Cells(i, 3)   '写入日期</td></tr>
<tr><td>81</td><td>   myTab.Cells(MyNum + 1, 2) = Sht.Cells(i, 4)   '写入凭证编号</td></tr>
<tr><td>82</td><td>   myTab.Cells(MyNum + 1, 3) = Sht.Cells(i, 5)   '写入编号</td></tr>
<tr><td>83</td><td>   myTab.Cells(MyNum + 1, 4) = ZL   '写入日记账的种类</td></tr>
<tr><td>84</td><td>   myTab.Cells(MyNum + 1, 5) = Sht.Cells(i, 6)   '写入摘要</td></tr>
<tr><td>85</td><td>   myTab.Cells(MyNum + 1, 8) = Sht.Cells(i, 8)   '写入借方/收入金额</td></tr>
<tr><td>86</td><td>   myTab.Cells(MyNum + 1, 9) = Sht.Cells(i, 9)   '写入贷方/支出金额</td></tr>
<tr><td>87</td><td>   myTab.Cells(MyNum + 1, 10) = Sht.Cells(i, 10)   '写入余额
        '将账户或部门写入工作表"记录"的相应单元格</td></tr>
<tr><td>88</td><td>   If Sht.Range("G5") = "账户" Then   '如果单元格G5的值为"账户"</td></tr>
<tr><td>89</td><td>   myTab.Cells(MyNum + 1, 7) = Sht.Cells(i, 7)   '则将其下方的数据写入工作表"记录"的G列单元格</td></tr>
<tr><td>90</td><td>   myTab.Cells(MyNum + 1, 2).NumberFormatLocal = _
                """银""-000"   '设置凭证编号的数字显示格式为"银-×××"</td></tr>
<tr><td>91</td><td>   Else   '如果单元格G5的值为"部门"</td></tr>
<tr><td>92</td><td>   myTab.Cells(MyNum + 1, 6) = Sht.Cells(i, 7)   '则将其下方的数据写入工作表"记录"的F列单元格</td></tr>
<tr><td>93</td><td>   myTab.Cells(MyNum + 1, 2).NumberFormatLocal = _
                """现""-000"   '设置凭证编号的数字显示格式为"现-×××"</td></tr>
<tr><td>94</td><td>   End If</td></tr>
<tr><td>95</td><td>   myTab.Cells(MyNum + 1, 1).NumberFormat = "YYYY-MM-DD"   '设</td></tr>
</table>

```
               置日期的显示格式为 "YYYY-MM-DD"
96     myTab.Cells(MyNum + 1, 3).NumberFormat = "000"    '设置编号的
               显示格式为3位数字
97     myTab.Range("H:J").NumberFormatLocal = "¥#,##0.00; _
           ¥-#,##0.00"    '设置H:J列的数字显示格式为两位小数
98     MyNum = MyNum + 1
99     Sht.Rows(i).ClearContents    '清除工作表 "记账" 中的数据
100    Next i
101    With myTab.Range("A:L").Font    '设置A:L列的单元格格式
102        .Name = "微软雅黑"    '设置字体为 "微软雅黑"
103        .Size = 10    '设置字号为10磅
104    End With
105    ActiveWindow.DisplayZeros = False    '隐藏当前工作表中的零值
106 End Sub
```

步骤15 保存银行日记账数据。返回工作表 "记账"，在 "银行日记账" 界面中继续输入数据，然后单击 "保存" 按钮，如下图所示。

步骤16 查看保存的银行日记账数据。切换至工作表 "记录"，可看到自动保存的银行日记账数据，如下图所示。

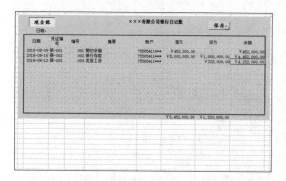

步骤17 保存现金日记账数据。返回工作表 "记账"，单击 "现金账" 按钮，切换至 "现金账" 界面，在表格中输入数据，然后单击 "保存" 按钮，如下图所示。

步骤18 查看保存的现金日记账数据。切换至工作表 "记录"，可看到在前面保存的银行日记账数据下方添加的现金日记账数据，如下图所示。

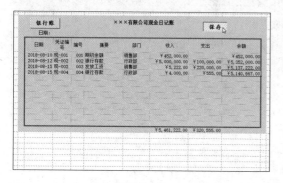

15.2　应收账款和账龄分析

应收账款是企业拥有的经过一定时期才能收回的债权，如果不能及时收回，企业资金无法继续周转，正常的运营活动就会受阻。为了有效防范上述问题并提高工作效率，可以利用 Excel VBA 对应收账款数据进行分析。

15.2.1　企业应收账款分析

下面使用 Excel VBA 创建数据透视表和数据透视图，对企业应收账款数据进行分析。

◎ 原始文件：实例文件\第15章\原始文件\应收账款记录.xlsx
◎ 最终文件：实例文件\第15章\最终文件\企业应收账款分析.xlsm

步骤01　**查看数据**。打开原始文件，可看到工作表"记录"中的应收账款明细数据，如右图所示。

步骤02　**编写代码**。打开 VBA 编辑器，在当前工作簿中插入一个模块，并在其代码窗口中输入如下所示的代码。

	步骤 02 **的代码解析**
1	Sub 应收账款的透视分析() 　　'删除已存在的工作表
2	Application.DisplayAlerts = False
3	For Each s In Worksheets　　'遍历所有工作表
4	If s.Name = "临时" Or s.Name = "应收账款透视分析" Then　　'如果 　　　　工作表名称为"临时"或"应收账款透视分析"
5	s.Delete　　'则删除工作表
6	End If
7	Next s
8	Application.DisplayAlerts = True 　　'将工作表"记录"中的数据提取到工作表"临时"中
9	Dim Temp As Worksheet, RNum As Integer
10	RNum = 2

```
11      Set Temp = Worksheets.Add      '新建工作表
12      With Temp
13          .Name = "临时"      '将新工作表命名为"临时"
14          .Range("A1") = "月份"      '在单元格A1中写入"月份"
15          .Range("B1") = "客户名称"      '在单元格B1中写入"客户名称"
16          .Range("C1") = "应收账款"      '在单元格C1中写入"应收账款"
17          .Range("D1") = "已收账款"      '在单元格D1中写入"已收账款"
18          .Range("E1") = "余额"      '在单元格E1中写入"余额"
19      End With
20      Dim Sht As Worksheet, Num As Integer
21      Set Sht = Worksheets("记录")
22      Num = Sht.Range("A1").CurrentRegion.Rows.Count      '获取工作表"记
        录"中数据区域的行数
23      For i = 2 To Num      '从第2行遍历至最后一行
24          Temp.Cells(RNum, 1) = Sht.Cells(i, 9)      '提取款项收回月份
25          Temp.Cells(RNum, 2) = Sht.Cells(i, 2)      '提取客户名称
26          Temp.Cells(RNum, 3) = Sht.Cells(i, 7) + _
              Sht.Cells(i, 8)      '提取应收账款金额
27          Temp.Cells(RNum, 4) = Sht.Cells(i, 10)      '提取款项收回金额
28          Temp.Cells(RNum, 5) = Sht.Cells(i, 11)      '提取期末未收回金额
29          RNum = RNum + 1
30      Next i
        '创建数据透视表
31      Dim myRange As Range, myTab As Worksheet
32      Set myRange = Temp.Range(Cells(1, 1), Cells(RNum - 1, 5))      '选
        取工作表"临时"中的数据区域
33      Set myTab = Worksheets.Add      '新建工作表
34      myTab.Name = "应收账款透视分析"      '将新工作表命名为"应收账款透视分析"
35      Dim PvtCache As PivotCache
36      Set PvtCache = ActiveWorkbook.PivotCaches.Create( _
            SourceType:=xlDatabase, SourceData:=myRange, _
            Version:=xlPivotTableVersion12)      '用工作表"临时"中的数据区
            域创建数据透视表缓存
37      Dim PvtTbl As PivotTable
38      Set PvtTbl = PvtCache.CreatePivotTable( _
            TableDestination:=myTab.Range("B2"), _
            TableName:="未收回账款额", _
```

```
                    DefaultVersion:=xlPivotTableVersion12)        '创建空白数据透视表
        '在数据透视表中添加字段
39      With PvtTbl.PivotFields("客户名称")      '设置"客户名称"字段
40          .Orientation = xlRowField        '设置为行字段
41          .Position = 1      '设置字段位置
42      End With
43      PvtTbl.AddDataField PvtTbl.PivotFields("余额"), "未收回账款额", _
            xlSum      '添加值字段，并设置名称和汇总函数
44      PvtTbl.AddDataField PvtTbl.PivotFields("余额"), "占总额的百分比", _
            xlSum      '添加值字段，并设置名称和汇总函数
45      With PvtTbl.PivotFields("占总额的百分比")
46          .Caption = "百分比"      '更改值字段标题为"百分比"
47          .Calculation = xlPercentOfTotal      '设置计算方式为百分比
48          .NumberFormat = "0.00%"      '设置显示格式为百分比格式
49      End With
        '设置数据透视表的格式
50      Dim TRange As Range
51      Set TRange = myTab.Range("B2").CurrentRegion      '选择数据透视表区域
52      With TRange.Font
53          .Name = "微软雅黑"      '设置字体为"微软雅黑"
54          .Size = 10      '设置字号为10磅
55      End With
        '创建数据透视图
56      Dim PvtCht As Chart
57      Set PvtCht = myTab.ChartObjects.Add(300, 0, 400, 250).Chart      '插
            入空白图表
58      With PvtCht
59          .SetSourceData Source:=TRange      '设置数据源为数据透视表
60          .ChartType = xl3DPie      '设置图表类型为三维饼图
61          .HasTitle = True      '显示图表标题
62          .ChartTitle.Text = "各公司未收回账款占比分析"      '设置标题文本
63          .ChartStyle = 10      '应用图表样式10
64          .ApplyDataLabels      '激活数据标签
65          .SeriesCollection(1).DataLabels.ShowPercentage = True      '以
            百分比格式显示数据标签
66          .SeriesCollection(1).DataLabels.ShowValue = False      '隐藏数
            据标签值
```

```
67        End With
68        ActiveWorkbook.ShowPivotChartActiveFields = True    '显示数据透视
          图控件
69   End Sub
```

步骤03 **查看最终效果。** 按【F5】键运行代码，然后返回工作簿，可在新建的工作表"应收账款透视分析"中看到创建的数据透视表和数据透视图，如右图所示。

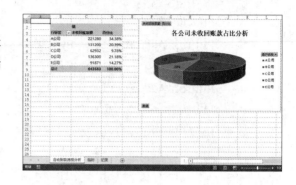

15.2.2　企业应收账款账龄分析

下面使用 Excel VBA 创建数据透视表和数据透视图，对企业应收账款账龄进行分析。

◎ 原始文件：实例文件\第15章\原始文件\应收账款记录.xlsx
◎ 最终文件：实例文件\第15章\最终文件\企业应收账款账龄分析.xlsm

步骤01 **查看数据。** 打开原始文件，可看到工作表"记录"中的应收账款明细数据，如右图所示。

步骤02 **编写代码。** 打开 VBA 编辑器，在当前工作簿中插入一个模块，并在其代码窗口中输入如下所示的代码。

<table>
<tr><td colspan="2" align="center">**步骤 02 的代码解析**</td></tr>
<tr><td>1</td><td>Sub 应收账款账龄分析()
　　'删除已存在的工作表</td></tr>
<tr><td>2</td><td>　　Application.DisplayAlerts = False</td></tr>
<tr><td>3</td><td>　　For Each s In Worksheets</td></tr>
<tr><td>4</td><td>　　　If s.Name = "临时" Or s.Name = "应收账款账龄分析" Then</td></tr>
<tr><td>5</td><td>　　　　s.Delete</td></tr>
</table>

```
6            End If
7        Next s
8        Application.DisplayAlerts = True
         '将工作表"记录"中的数据提取到工作表"临时"中
9        Dim Sht As Worksheet, Temp As Worksheet, myTab As Worksheet
10       Set Sht = Worksheets("记录")
11       Set Temp = Worksheets.Add      '新建工作表
12       With Temp
13           .Name = "临时"      '将新工作表命名为"临时"
14           .Range("A1") = "客户名称"       '在单元格A1中写入"客户名称"
15           .Range("B1") = "未收回金额"        '在单元格B1中写入"未收回金额"
16           .Range("C1") = "到期日期"        '在单元格C1中写入"到期日期"
17           .Range("D1") = "账龄"        '在单元格D1中写入"账龄"
18       End With
19       Dim Num As Integer, RNum As Integer
20       Num = Sht.Range("A1").CurrentRegion.Rows.Count      '获取工作表"记
         录"中数据区域的行数
21       RNum = 2
22       For i = 2 To Num      '从第2行遍历至最后一行
23           If Sht.Cells(i, 11) <> 0 Then      '如果款项收回金额不等于0
24               Temp.Cells(RNum, 1) = Sht.Cells(i, 2)      '则将其对应的客户
                 名称写入工作表"临时"对应的单元格中
25               Temp.Cells(RNum, 2) = Sht.Cells(i, 11)       '将其对应的款项
                 收回金额写入工作表"临时"对应的单元格中
26               Temp.Cells(RNum, 3) = Sht.Cells(i, 13)       '将其对应的到期
                 日期写入工作表"临时"对应的单元格中
                 '计算每笔账款拖欠月份，负值表示未到收款期
27               Temp.Cells(RNum, 4) = (Date - Sht.Cells(i, 13)) / 30      '
                 计算每笔账款的账龄并写入工作表"临时"对应的单元格中
28               Temp.Cells(RNum, 4).NumberFormat = "0.00"       '设置该单元格
                 的数字显示格式为两位小数
29               RNum = RNum + 1
30           End If
31       Next i
         '创建数据透视表
32       Dim myRange As Range
33       Set myRange = Temp.Range(Cells(1, 1), Cells(RNum, 4))       '在工作
```

```
         表"临时"中选取用于创建数据透视表的区域
34       Set myTab = Worksheets.Add      '新建工作表
35       myTab.Name = "应收账款账龄分析"        '将新工作表命名为"应收账款账龄分析"
36       Dim PvtCache As PivotCache
37       Set PvtCache = ActiveWorkbook.PivotCaches.Create(SourceType:= _
             xlDatabase, SourceData:=myRange)      '用工作表"临时"中的数据区
             域创建数据透视表缓存
38       Dim PvtTbl As PivotTable
39       Set PvtTbl = PvtCache.CreatePivotTable(TableDestination:= _
             myTab.Range("A1"), TableName:="各公司未收回账款账龄分析", _
             DefaultVersion:=xlPivotTableVersion12)       '创建空白数据透视表
         '在数据透视表中添加字段
40       With PvtTbl
41           With .PivotFields("客户名称")     '设置"客户名称"字段
42               .Orientation = xlColumnField      '设置为列字段
43               .Position = 1      '设置字段位置
44           End With
45           With .PivotFields("账龄")      '设置"账龄"字段
46               .Orientation = xlRowField       '设置为行字段
47               .Position = 1      '设置字段位置
48           End With
49       End With
50       PvtTbl.AddDataField PvtTbl.PivotFields("未收回金额"), "求和项:未收
         回金额", xlSum      '添加值字段,并设置名称和汇总函数
51       myTab.Range("A4").Group Start:=True, End:=3, By:=0.6      '根据条件
         组合行字段
         '选定创建数据透视图需要的数据
52       Dim x As Integer, y As Integer
53       x = myTab.Range("A1").CurrentRegion.Rows.Count      '获取数据透视表
         的行数
54       y = myTab.Range("A1").CurrentRegion.Columns.Count       '获取数据透视
         表的列数
55       Dim TRange As Range
56       Set TRange = myTab.Range(Cells(2, 1), Cells(x - 1, y - 1))      '选
         取用于创建数据透视图的区域
         '创建数据透视图
57       Dim PvtCht As Chart
```

```
58        Set PvtCht = myTab.ChartObjects.Add(0, 150, 400, 250).Chart        '插
          入空白图表
59        With PvtCht
60            .SetSourceData Source:=TRange      '设置数据源
61            .ChartType = xlColumnClustered        '设置图表类型为簇状柱形图
62            .HasTitle = True        '显示图表标题
63            .ChartTitle.Text = "各公司未收回账款的账龄分布"        '设置标题文本
64            .ApplyDataLabels        '激活数据标签
65        End With
66    End Sub
```

步骤 03　查看最终效果。按【F5】键运行代码，然后返回工作簿，可在新建的工作表"应收账款账龄分析"中看到创建的数据透视表和数据透视图，如右图所示。

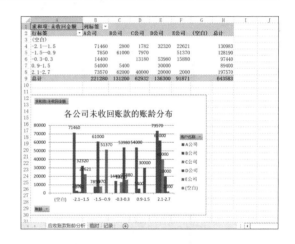

15.3　财务报表的编制

财务报表编制是会计账务处理的最终环节，是对会计工作的定期总结。财务报表主要有资产负债表、利润表、现金流量表。本节将通过 Excel VBA 编写代码，快速而准确地制作这三大报表。

15.3.1　自动生成资产负债表

资产负债表是反映企业某一特定日期（如月末、年末）财务状况的主要会计报表，有助于企业管理者在最短时间内了解企业经营状况，因此，数据录入的完整性和准确性是该表的制作要点。下面以记录的总账数据为基础，利用 Excel VBA 编写程序自动引用总账数据计算资产负债表中的数据。

◎ 原始文件：实例文件\第15章\原始文件\自动生成资产负债表.xlsx
◎ 最终文件：实例文件\第15章\最终文件\自动生成资产负债表.xlsm

步骤01　查看总账。打开原始文件，可在工作表"总账"中看到如下图所示的详细数据。

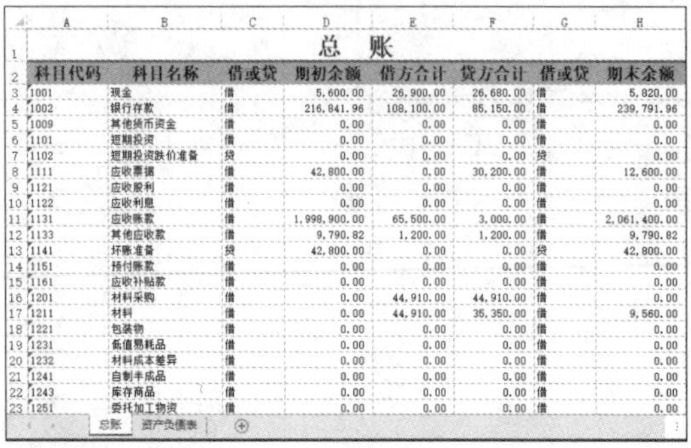

步骤02　查看资产负债表。切换到工作表"资产负债表"，可看到待填写的报表，如下图所示。

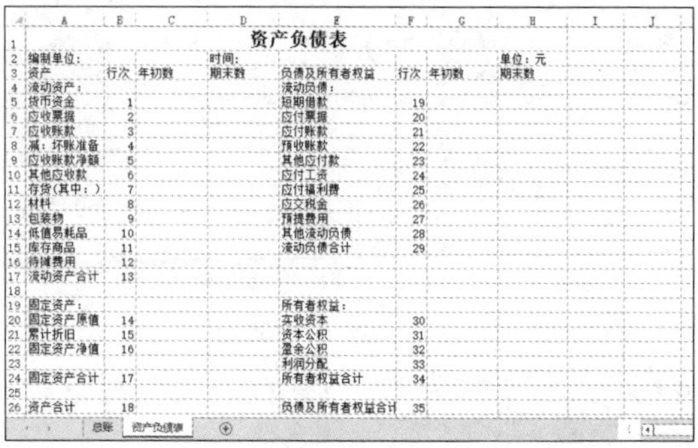

步骤03　编写代码。打开 VBA 编辑器，在当前工作簿中插入一个模块，并在代码窗口中输入如下所示的代码。

步骤03 的代码解析
1　Sub 自动编制资产负债表()
2　　Dim Sht1 As Worksheet, Sht2 As Worksheet
3　　Set Sht1 = Worksheets("总账")
4　　Set Sht2 = Worksheets("资产负债表")
'将数据区域创建为列表
5　　Dim myList As ListObject
6　　Set myList = Sht2.ListObjects.Add(xlSrcRange, Range("A3:H27"), _ 　　, xlYes)　'为单元格区域A3:H27添加列表
7　　myList.Name = "资产负债表"　'为列表命名
8　　myList.TableStyle = "TableStyleMedium9"　'应用预设的表格样式
9　　myList.ShowAutoFilter = False　'不显示筛选按钮
'设置表头格式
10　　With myList.HeaderRowRange.Font　'设置表头字体格式
11　　　.Name = "微软雅黑"　'设置字体为"微软雅黑"
12　　　.Size = 12　'设置字号为12磅
13　　　.Strikethrough = False　'不加删除线
14　　　.Superscript = False　'不设为上标
15　　　.Subscript = False　'不设为下标
16　　　.OutlineFont = False　'不设为空心字
17　　　.Shadow = False　'不加阴影
18　　　.Underline = xlUnderlineStyleNone　'不加下划线
19　　　.ThemeColor = xlThemeColorLight1　'应用预设的主题颜色
20　　　.TintAndShade = 0　'设置颜色深浅为中等

```
21          .ThemeFont = xlThemeFontNone        '不使用主题字体样式
22      End With
        '设置表身格式
23      With myList.DataBodyRange.Font        '设置表身字体格式
24          .Name = "微软雅黑"        '设置字体为"微软雅黑"
25          .Size = 11        '设置字号为11磅
26          .Strikethrough = False        '不加删除线
27          .Superscript = False        '不设为上标
28          .Subscript = False        '不设为下标
29          .OutlineFont = False        '不设为空心字
30          .Shadow = False        '不加阴影
31          .Underline = xlUnderlineStyleNone        '不加下划线
32          .ThemeColor = xlThemeColorLight1        '应用预设的主题颜色
33          .TintAndShade = 0        '设置颜色深浅为中等
34          .ThemeFont = xlThemeFontNone        '不使用主题字体样式
35      End With
        '计算资产的年初数与期末数
36      With WorksheetFunction
37          Sht2.Range("C5") = .SumIf(Sht1.Range("A:A"), "<1010", _
                Sht1.Range("D:D"))        '计算货币资金的年初数
38          Sht2.Range("D5") = .SumIf(Sht1.Range("A:A"), "<1010", _
                Sht1.Range("H:H"))        '计算货币资金的期末数
39          Sht2.Range("C6") = .SumIf(Sht1.Range("A:A"), "=1111", _
                Sht1.Range("D:D"))        '计算应收票据的年初数
40          Sht2.Range("D6") = .SumIf(Sht1.Range("A:A"), "=1111", _
                Sht1.Range("H:H"))        '计算应收票据的期末数
41          Sht2.Range("C7") = .SumIf(Sht1.Range("A:A"), "=1131", _
                Sht1.Range("D:D"))        '计算应收账款的年初数
42          Sht2.Range("D7") = .SumIf(Sht1.Range("A:A"), "=1131", _
                Sht1.Range("H:H"))        '计算应收账款的期末数
43          Sht2.Range("C8") = .SumIf(Sht1.Range("A:A"), "=1141", _
                Sht1.Range("D:D"))        '计算坏账准备的年初数
44          Sht2.Range("D8") = .SumIf(Sht1.Range("A:A"), "=1141", _
                Sht1.Range("H:H"))        '计算坏账准备的期末数
45          Sht2.Range("C9") = Sht2.Range("C6") - Sht2.Range("C7")        '计
            算应收账款的年初数
46          Sht2.Range("D9") = Sht2.Range("D6") - Sht2.Range("D7")        '计
```

```
      算应收账款的期末数
47    Sht2.Range("C10") = .SumIf(Sht1.Range("A:A"), "=1133", _
        Sht1.Range("D:D"))    '计算其他应收款的年初数
48    Sht2.Range("D10") = .SumIf(Sht1.Range("A:A"), "=1133", _
        Sht1.Range("H:H"))    '计算其他应收款的期末数
49    Sht2.Range("C11") = .Sum(Sht2.Range("C12:C15"))    '计算存货
      的年初数
50    Sht2.Range("D11") = .Sum(Sht2.Range("D12:D15"))    '计算存货
      的期末数
51    Sht2.Range("C12") = .SumIf(Sht1.Range("A:A"), "=1211", _
        Sht1.Range("D:D"))    '计算材料的年初数
52    Sht2.Range("D12") = .SumIf(Sht1.Range("A:A"), "=1211", _
        Sht1.Range("H:H"))    '计算材料的期末数
53    Sht2.Range("C13") = .SumIf(Sht1.Range("A:A"), "=1221", _
        Sht1.Range("D:D"))    '计算包装物的年初数
54    Sht2.Range("D13") = .SumIf(Sht1.Range("A:A"), "=1221", _
        Sht1.Range("H:H"))    '计算包装物的期末数
55    Sht2.Range("C14") = .SumIf(Sht1.Range("A:A"), "=1231", _
        Sht1.Range("D:D"))    '计算低值易耗品的年初数
56    Sht2.Range("D14") = .SumIf(Sht1.Range("A:A"), "=1231", _
        Sht1.Range("H:H"))    '计算低值易耗品的期末数
57    Sht2.Range("C15") = .SumIf(Sht1.Range("A:A"), "=1243", _
        Sht1.Range("D:D"))    '计算库存商品的年初数
58    Sht2.Range("D15") = .SumIf(Sht1.Range("A:A"), "=1243", _
        Sht1.Range("H:H"))    '计算库存商品的期末数
59    Sht2.Range("C16") = .SumIf(Sht1.Range("A:A"), "=1301", _
        Sht1.Range("D:D"))    '计算待摊费用的年初数
60    Sht2.Range("D16") = .SumIf(Sht1.Range("A:A"), "=1301", _
        Sht1.Range("H:H"))    '计算待摊费用的期末数
61    Sht2.Range("C17") = .Sum(Sht2.Range("C5"), Sht2.Range("C6"), _
        Sht2.Range("C9"), Sht2.Range("C10"), Sht2.Range("C11"), _
        Sht2.Range("C16"))    '计算流动资产合计的年初数
62    Sht2.Range("D17") = .Sum(Sht2.Range("D5"), Sht2.Range("D6"), _
        Sht2.Range("D9"), Sht2.Range("D10"), Sht2.Range("D11"), _
        Sht2.Range("D16"))    '计算流动资产合计的期末数
63    Sht2.Range("C20") = .SumIf(Sht1.Range("A:A"), "=1501", _
        Sht1.Range("D:D"))    '计算固定资产原值的年初数
```

```
64    Sht2.Range("D20") = .SumIf(Sht1.Range("A:A"), "=1501", _
          Sht1.Range("H:H"))      '计算固定资产原值的期末数
65    Sht2.Range("C21") = .SumIf(Sht1.Range("A:A"), "=1502", _
          Sht1.Range("D:D"))      '计算累计折旧的年初数
66    Sht2.Range("D21") = .SumIf(Sht1.Range("A:A"), "=1502", _
          Sht1.Range("H:H"))      '计算累计折旧的期末数
67    Sht2.Range("C22") = Sht2.Range("C20") - _
          Sht2.Range("C21")     '计算固定资产净值的年初数
68    Sht2.Range("D22") = Sht2.Range("D20") - _
          Sht2.Range("D21")      '计算固定资产净值的期末数
69    Sht2.Range("C24") = Sht2.Range("C22")      '计算固定资产合计的年
      初数
70    Sht2.Range("D24") = Sht2.Range("D22")      '计算固定资产合计的期
      末数
      '计算负债及所有者权益的年初数与期末数
71    Sht2.Range("G5") = .SumIf(Sht1.Range("A:A"), "=2101", _
          Sht1.Range("D:D"))     '计算短期借款的年初数
72    Sht2.Range("H5") = .SumIf(Sht1.Range("A:A"), "=2101", _
          Sht1.Range("H:H"))     '计算短期借款的期末数
73    Sht2.Range("G6") = .SumIf(Sht1.Range("A:A"), "=2111", _
          Sht1.Range("D:D"))     '计算应付票据的年初数
74    Sht2.Range("H6") = .SumIf(Sht1.Range("A:A"), "=2111", _
          Sht1.Range("H:H"))     '计算应付票据的期末数
75    Sht2.Range("G7") = .SumIf(Sht1.Range("A:A"), "=2121", _
          Sht1.Range("D:D"))     '计算应付账款的年初数
76    Sht2.Range("H7") = .SumIf(Sht1.Range("A:A"), "=2121", _
          Sht1.Range("H:H"))     '计算应付账款的期末数
77    Sht2.Range("G8") = .SumIf(Sht1.Range("A:A"), "=2131", _
          Sht1.Range("D:D"))     '计算预收账款的年初数
78    Sht2.Range("H8") = .SumIf(Sht1.Range("A:A"), "=2131", _
          Sht1.Range("H:H"))     '计算预收账款的期末数
79    Sht2.Range("G9") = .SumIf(Sht1.Range("A:A"), "=2181", _
          Sht1.Range("D:D"))      '计算其他应付款的年初数
80    Sht2.Range("H9") = .SumIf(Sht1.Range("A:A"), "=2181", _
          Sht1.Range("H:H"))      '计算其他应付款的期末数
81    Sht2.Range("G10") = .SumIf(Sht1.Range("A:A"), "=2151", _
          Sht1.Range("D:D"))     '计算应付工资的年初数
```

Excel VBA 应用与技巧大全

```
82      Sht2.Range("H10") = .SumIf(Sht1.Range("A:A"), "=2151", _
            Sht1.Range("H:H"))     '计算应付工资的期末数
83      Sht2.Range("G11") = .SumIf(Sht1.Range("A:A"), "=2153", _
            Sht1.Range("D:D"))     '计算应付福利费的年初数
84      Sht2.Range("H11") = .SumIf(Sht1.Range("A:A"), "=2153", _
            Sht1.Range("H:H"))     '计算应付福利费的期末数
85      Sht2.Range("G12") = .SumIf(Sht1.Range("A:A"), "=2171", _
            Sht1.Range("D:D"))     '计算应交税金的年初数
86      Sht2.Range("H12") = .SumIf(Sht1.Range("A:A"), "=2171", _
            Sht1.Range("H:H"))     '计算应交税金的期末数
87      Sht2.Range("G13") = .SumIf(Sht1.Range("A:A"), "=2191", _
            Sht1.Range("D:D"))     '计算预提费用的年初数
88      Sht2.Range("H13") = .SumIf(Sht1.Range("A:A"), "=2191", _
            Sht1.Range("H:H"))     '计算预提费用的期末数
89      Sht2.Range("G15") = .Sum(Sht2.Range("G5:G14"))     '计算流动负
        债合计的年初数
90      Sht2.Range("H15") = .Sum(Sht2.Range("H5:H14"))     '计算流动负
        债合计的期末数
91      Sht2.Range("G20") = .SumIf(Sht1.Range("A:A"), "=3101", _
            Sht1.Range("D:D"))     '计算实收资本的年初数
92      Sht2.Range("H20") = .SumIf(Sht1.Range("A:A"), "=3101", _
            Sht1.Range("H:H"))     '计算实收资本的期末数
93      Sht2.Range("G21") = .SumIf(Sht1.Range("A:A"), "=3111", _
            Sht1.Range("D:D"))     '计算资本公积的年初数
94      Sht2.Range("H21") = .SumIf(Sht1.Range("A:A"), "=3111", _
            Sht1.Range("H:H"))     '计算资本公积的期末数
95      Sht2.Range("G22") = .SumIf(Sht1.Range("A:A"), "=3121", _
            Sht1.Range("D:D"))     '计算盈余公积的年初数
96      Sht2.Range("H22") = .SumIf(Sht1.Range("A:A"), "=3121", _
            Sht1.Range("H:H"))     '计算盈余公积的期末数
97      Sht2.Range("G23") = .SumIf(Sht1.Range("A:A"), "=3141", _
            Sht1.Range("D:D"))     '计算利润分配的年初数
98      Sht2.Range("H23") = .SumIf(Sht1.Range("A:A"), "=3141", _
            Sht1.Range("H:H"))     '计算利润分配的期末数
99      Sht2.Range("G24") = .Sum(Sht1.Range("F20:F23"))     '计算所有
        者权益合计的年初数
100     Sht2.Range("H24") = .Sum(Sht1.Range("G20:G23"))     '计算所有
```

```
101        Sht2.Range("C26") = Sht2.Range("C17") + _
              Sht2.Range("C24")      '计算资产合计的年初数
102        Sht2.Range("D26") = Sht2.Range("D17") + _
              Sht2.Range("D24")      '计算资产合计的期末数
103        Sht2.Range("G26") = Sht2.Range("G15") + _
              Sht2.Range("G25")      '计算负债及所有者权益合计的年初数
104        Sht2.Range("H26") = Sht2.Range("H15") + _
              Sht2.Range("H25")      '计算负债及所有者权益合计的期末数
105      End With
106      Sht2.Columns.AutoFit      '自动调整列宽
107    End Sub
```

（者权益合计的期末数）

步骤04 执行宏。返回工作表"资产负债表"，按快捷键【Alt+F8】，❶在弹出的"宏"对话框中选择宏"自动编制资产负债表"，❷单击"执行"按钮，如右图所示。

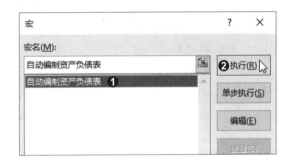

步骤05 显示制作的资产负债表。执行宏后，自动在工作表"资产负债表"中计算和填写数据并设置格式，如下图所示。

步骤06 输入公司和时间。分别在单元格 B2 和 E2 中输入公司名称和时间，并设置其单元格格式，如下图所示。

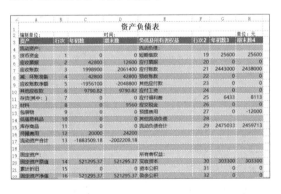

15.3.2　自动生成利润表

利润表是反映企业在一定时期内的经营成果及其分配情况的会计报表，可帮助企业管理者分析企业的获利能力。下面利用 Excel VBA 编写程序，自动引用和计算数据，编制利润表。

◎ 原始文件：实例文件\第15章\原始文件\自动生成利润表.xlsx
◎ 最终文件：实例文件\第15章\最终文件\自动生成利润表.xlsm

步骤01 查看利润表。打开原始文件，可看到工作表"利润表"中待填写的报表，如右图所示。

步骤02 编写代码。打开 VBA 编辑器，在当前工作簿中插入一个模块，并在代码窗口中输入如下所示的代码。

步骤 02 的代码解析

```
1    Sub 自动生成利润表()
         '创建自定义表格格式
2        Dim TblSty As TableStyle
3        Set TblSty = ActiveWorkbook.TableStyles.Add("利润表格式")    '添加
         名为"利润表格式"的表格样式
4        With TblSty    '设置该表格样式
5            .ShowAsAvailablePivotTableStyle = False    '不可用于数据透视表
6            .ShowAsAvailableTableStyle = True    '可用于列表
7            With .TableStyleElements(xlHeaderRow).Interior    '设置标题行
             背景颜色
8                .Color = RGB(102, 204, 255)    '设置颜色为蓝色
9                .TintAndShade = 0    '设置颜色深浅为中等
10           End With
11           With .TableStyleElements(xlColumnStripe1).Interior    '设置第
             1列条纹样式
12               .Color = RGB(51, 204, 51)    '设置颜色为绿色
13               .TintAndShade = 0    '设置颜色深浅为中等
14           End With
15           With .TableStyleElements(xlColumnStripe2).Interior    '设置第
             2列条纹样式
16               .Color = RGB(255, 192, 0)    '设置颜色为橙色
17               .TintAndShade = 0    '设置颜色深浅为中等
18           End With
```

```
19      With .TableStyleElements(xlRowStripe1).Interior        '设置第1行
           条纹样式
20            .Color = RGB(255, 255, 204)        '设置颜色为黄色
21            .TintAndShade = 0        '设置颜色深浅为中等
22        End With
23    End With
      '创建利润表列表
24    Dim Sht1 As Worksheet, Sht2 As Worksheet
25    Set Sht1 = Worksheets("总账")
26    Set Sht2 = Worksheets("利润表")
27    Dim myList As ListObject
28    Set myList = Sht2.ListObjects.Add(xlSrcRange, Range("A4:F21"), , _
           xlYes, , "利润表格式")        '为单元格区域A4:F21添加列表并应用自定
           义表格格式
29    myList.Name = "利润表"        '为列表命名
30    myList.ShowAutoFilter = False        '不显示筛选按钮
      '设置表头格式
31    With myList.HeaderRowRange.Font        '设置表头的字体格式
32        .Name = "微软雅黑"        '设置字体为"微软雅黑"
33        .Size = 12        '设置字号为12磅
34        .Strikethrough = False        '不加删除线
35        .Superscript = False        '不设为上标
36        .Subscript = False        '不设为下标
37        .OutlineFont = False        '不设为空心字
38        .Shadow = False        '不加阴影
39        .Underline = xlUnderlineStyleNone        '不加下划线
40        .ThemeColor = xlThemeColorLight1        '应用预设的主题颜色
41        .TintAndShade = 0        '设置颜色深浅为中等
42        .ThemeFont = xlThemeFontNone        '不使用主题字体样式
43    End With
      '设置表身格式
44    With myList.DataBodyRange.Font        '设置表身的字体格式
45        .Name = "微软雅黑"        '设置字体为"微软雅黑"
46        .Size = 11        '设置字号为11磅
47        .Strikethrough = False        '不加删除线
48        .Superscript = False        '不设为上标
49        .Subscript = False        '不设为下标
```

```
50          .OutlineFont = False      '不设为空心字
51          .Shadow = False     '不加阴影
52          .Underline = xlUnderlineStyleNone    '不加下划线
53          .ThemeColor = xlThemeColorLight1     '应用预设的主题颜色
54          .TintAndShade = 0      '设置颜色深浅为中等
55          .ThemeFont = xlThemeFontNone    '不使用主题字体样式
56      End With
        '显示表格格式选项
57      myList.ShowTableStyleFirstColumn = True    '显示第1列
58      myList.ShowTableStyleColumnStripes = True    '显示镶边列
59      myList.ShowTableStyleLastColumn = False    '不显示最后1列
60      myList.ShowTableStyleRowStripes = True    '显示镶边行
        '计算本月数
61      With WorksheetFunction
62          Sht2.Range("D5") = .SumIf(Sht1.Range("A:A"), _
                Sht2.Range("B5"), Sht1.Range("F:F"))    '计算主营业务收入
                本月数
63          Sht2.Range("D6") = .SumIf(Sht1.Range("A:A"), _
                Sht2.Range("B6"), Sht1.Range("E:E"))    '计算主营业务成本
                本月数
64          Sht2.Range("D7") = .SumIf(Sht1.Range("A:A"), _
                Sht2.Range("B7"), Sht1.Range("E:E"))    '计算主营业务税金
                及附加本月数
65          Sht2.Range("D8") = Sht2.Range("D5") - Sht2.Range("D6") - _
                Sht2.Range("D7")    '计算主营业务利润本月数
66          Sht2.Range("D9") = .SumIf(Sht1.Range("A:A"), _
                Sht2.Range("B9"), Sht1.Range("F:F"))    '计算其他业务收入
                本月数
67          Sht2.Range("D10") = .SumIf(Sht1.Range("A:A"), _
                Sht2.Range("B10"), Sht1.Range("E:E"))    '计算其他业务支出
                本月数
68          Sht2.Range("D11") = .SumIf(Sht1.Range("A:A"), _
                Sht2.Range("B11"), Sht1.Range("E:E"))    '计算营业费用本月数
69          Sht2.Range("D12") = .SumIf(Sht1.Range("A:A"), _
                Sht2.Range("B12"), Sht1.Range("E:E"))    '计算管理费用本月数
70          Sht2.Range("D13") = .SumIf(Sht1.Range("A:A"), _
                Sht2.Range("B13"), Sht1.Range("E:E"))    '计算财务费用本月数
```

```
71      Sht2.Range("D14") = Sht2.Range("D8") + Sht2.Range("D9") - _
            Sht2.Range("D10") - Sht2.Range("D11") - _
            Sht2.Range("D12") - Sht2.Range("D13")    '计算营业利润本月数
72      Sht2.Range("D15") = .SumIf(Sht1.Range("A:A"), _
            Sht2.Range("B15"), Sht1.Range("F:F"))    '计算投资收益本月数
73      Sht2.Range("D16") = .SumIf(Sht1.Range("A:A"), _
            Sht2.Range("B16"), Sht1.Range("F:F"))    '计算补贴收入本月数
74      Sht2.Range("D17") = .SumIf(Sht1.Range("A:A"), _
            Sht2.Range("B17"), Sht1.Range("F:F"))    '计算营业外收入本
            月数
75      Sht2.Range("D18") = .SumIf(Sht1.Range("A:A"), _
            Sht2.Range("B18"), Sht1.Range("E:E"))    '计算营业外支出本
            月数
76      Sht2.Range("D19") = Sht2.Range("D14") + Sht2.Range("D15") + _
            Sht2.Range("D16") + Sht2.Range("D17") - _
            Sht2.Range("D18")    '计算利润总额本月数
77      Sht2.Range("D20") = .SumIf(Sht1.Range("A:A"), _
            Sht2.Range("B20"), Sht1.Range("E:E"))    '计算所得税本月数
78      Sht2.Range("D21") = Sht2.Range("D19") - _
            Sht2.Range("D20")    '计算净利润本月数
79  End With
    '计算上月累计数中的利润额
80  Sht2.Range("E8") = Sht2.Range("E5") - Sht2.Range("E6") - _
        Sht2.Range("E7")    '计算主营业务利润上月累计数
81  Sht2.Range("E14") = Sht2.Range("E8") + Sht2.Range("E9") - _
        Sht2.Range("E10") - Sht2.Range("E11") - Sht2.Range("E12") - _
        Sht2.Range("E13")    '计算营业利润上月累计数
82  Sht2.Range("E19") = Sht2.Range("E14") + Sht2.Range("E15") + _
        Sht2.Range("E16") + Sht2.Range("E17") - _
        Sht2.Range("E18")    '计算利润总额上月累计数
83  Sht2.Range("E21") = Sht2.Range("E19") - Sht2.Range("E20")    '计
    算净利润上月累计数
    '计算本年累计数
84  Sht2.Range("F5").Formula = "=" & Sht1.Range("D5").Address(False, _
        False) & "+" & Sht1.Range("E5").Address(False, False)    '计
        算主营业务收入本年累计数
85  Sht2.Range("F5").AutoFill Destination:=Range("F5:F7"), _
```

```
                    Type:=xlFillDefault        '自动计算单元格区域F5:F7相应的本年累计数
86          Sht2.Range("F9").Formula = "=" & Sht1.Range("D9").Address(False, _
                False) & "+" & Sht1.Range("E9").Address(False, False)      '计
                算其他业务收入本年累计数
87          Sht2.Range("F9").AutoFill Destination:=Range("F9:F13"), Type:= _
                xlFillDefault       '自动计算单元格区域F9:F13相应的本年累计数
88          Sht2.Range("F15").Formula = "=" & Sht1.Range("D15"). _
                Address(False, False) & "+" & Sht1.Range("E15"). _
                Address(False, False)      '计算投资收益本年累计数
89          Sht2.Range("F15").AutoFill Destination:=Range("F15:F18"), Type:= _
                xlFillDefault       '自动计算单元格区域F15:F18相应的本年累计数
90          Sht2.Range("F20").Formula = "=" & Sht1.Range("D20"). _
                Address(False, False) & "+" & Sht1.Range("E20"). _
                Address(False, False)      '计算所得税本年累计数
91          Sht2.Range("F8") = Sht2.Range("F5") - Sht2.Range("F6") - _
                Sht2.Range("F7")      '计算主营业务利润本年累计数
92          Sht2.Range("F14") = Sht2.Range("F8") + Sht2.Range("F9") - _
                Sht2.Range("F10") - Sht2.Range("F11") - Sht2.Range("F12") - _
                Sht2.Range("F13")       '计算营业利润本年累计数
93          Sht2.Range("F19") = Sht2.Range("F14") + Sht2.Range("F15") + _
                Sht2.Range("F16") + Sht2.Range("F17") - _
                Sht2.Range("F18")       '计算利润总额本年累计数
94          Sht2.Range("F21") = Sht2.Range("F19") - Sht2.Range("F20")       '计
                算净利润本年累计数
95          Sht2.Range("A:A").Columns.Hidden = False        '不隐藏A列
96          Sht2.Range("D5:F21").NumberFormat = "¥#,##0.00; -#,##0.00"       '设
                置单元格区域D5:F21的数字显示格式
97      End Sub
```

步骤03 查看运行效果。按【F5】键运行代码，返回工作表"利润表"，分别在单元格 B2 和 D2 中输入公司名称和时间，得到如右图所示的报表。

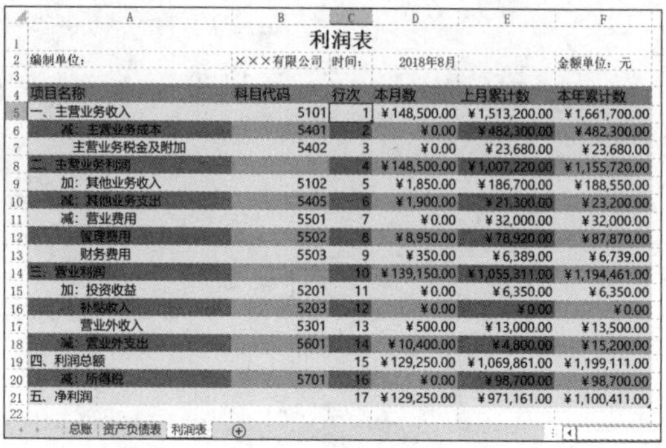

15.3.3　自动生成现金流量表

现金流量表反映了一定时期内的现金流入和流出情况，可帮助企业管理者分析企业的偿债能力，并预测企业未来获取现金的能力。下面利用 Excel VBA 编写程序，自动引用和计算数据，编制现金流量表。

◎　原始文件：实例文件\第15章\原始文件\自动生成现金流量表.xlsx
◎　最终文件：实例文件\第15章\最终文件\自动生成现金流量表.xlsm

步骤 01 　**查看现金流量表。**打开原始文件，可看到工作表"现金流量表"中待填写的报表，如右图所示。

步骤 02 　**编写代码。**打开 VBA 编辑器，在当前工作簿中插入一个模块，并在其代码窗口中输入如下所示的代码。

步骤 02 的代码解析
1　Sub 自动编制现金流量表()
2　　　Dim Sht As Worksheet
3　　　Set Sht = Worksheets("现金流量表") 　　　'复制已有的自定义表格格式并更改选项
4　　　Dim TblSty As TableStyle
5　　　Set TblSty = ActiveWorkbook.TableStyles("利润表格式"). _ 　　　　　Duplicate("现金流量表格式")　　'复制自定义表格格式"利润表格式"，命名为"现金流量表格式"
6　　With TblSty　　'设置该表格格式
7　　　　.ShowAsAvailablePivotTableStyle = False　　'不可用于数据透视表
8　　　　.ShowAsAvailableTableStyle = True　　'可用于列表 　　　　'更改第1列的格式
9　　　　With .TableStyleElements(xlFirstColumn)　　'设置第1列
10　　　　　.Font.FontStyle = "加粗"　　'加粗字体
11　　　　　.Interior.Color = RGB(102, 204, 255)　　'设置填充颜色为蓝色
12　　　　　.Interior.TintAndShade = 0　　'设置颜色深浅为中等
13　　　　End With
14　　End With

```
      '应用表格样式
15    Dim myList As ListObject
16    Set myList = Sht.ListObjects.Add(xlSrcRange, Range("A3:E36"), , _
          xlYes, , "现金流量表格式")      '为单元格区域A3:E36添加列表并应用
          自定义表格格式
17    myList.Name = "现金流量表"      '为列表命名
18    myList.ShowTableStyleFirstColumn = True      '显示第1列
19    myList.ShowAutoFilter = False      '不显示筛选按钮
      '设置表头格式
20    With myList.HeaderRowRange.Font      '设置表头字体格式
21        .Name = "微软雅黑"      '设置字体为"微软雅黑"
22        .Size = 12      '设置字号为12磅
23        .Strikethrough = False      '不加删除线
24        .Superscript = False      '不设为上标
25        .Subscript = False      '不设为下标
26        .OutlineFont = False      '不设为空心字
27        .Shadow = False      '不加阴影
28        .Underline = xlUnderlineStyleNone      '不加下划线
29        .ThemeColor = xlThemeColorLight1      '应用预设的主题颜色
30        .TintAndShade = 0      '设置颜色深浅为中等
31        .ThemeFont = xlThemeFontNone      '不使用主题字体样式
32    End With
      '设置表身格式
33    With myList.DataBodyRange.Font      '设置表身字体格式
34        .Name = "微软雅黑"      '设置字体为"微软雅黑"
35        .Size = 11      '设置字号为11磅
36        .Strikethrough = False      '不加删除线
37        .Superscript = False      '不设为上标
38        .Subscript = False      '不设为下标
39        .OutlineFont = False      '不设为空心字
40        .Shadow = False      '不加阴影
41        .Underline = xlUnderlineStyleNone      '不加下划线
42        .ThemeColor = xlThemeColorLight1      '应用预设的主题颜色
43        .TintAndShade = 0      '设置颜色深浅为中等
44        .ThemeFont = xlThemeFontNone      '不使用主题字体样式
45    End With
      '设置表格边框格式
```

```
46      With myList.Range
47          .Borders(xlDiagonalDown).LineStyle = xlNone      '无右下斜线
48          .Borders(xlDiagonalUp).LineStyle = xlNone      '无左下斜线
49          With .Borders(xlEdgeLeft)      '设置左边框线
50              .LineStyle = xlContinuous      '设置线型为实线
51              .ColorIndex = 0      '设置线条颜色为无色
52              .TintAndShade = 0      '设置颜色深浅为中等
53              .Weight = xlThin      '设置线条粗细为细
54          End With
55          With .Borders(xlEdgeTop)      '设置上边框线
56              .LineStyle = xlContinuous      '设置线型为实线
57              .ColorIndex = 0      '设置线条颜色为无色
58              .TintAndShade = 0      '设置颜色深浅为中等
59              .Weight = xlThin      '设置线条粗细为细
60          End With
61          With .Borders(xlEdgeBottom)      '设置下边框线
62              .LineStyle = xlContinuous      '设置线型为实线
63              .ColorIndex = 0      '设置线条颜色为无色
64              .TintAndShade = 0      '设置颜色深浅为中等
65              .Weight = xlThin      '设置线条粗细为细
66          End With
67          With .Borders(xlEdgeRight)      '设置右边框线
68              .LineStyle = xlContinuous      '设置线型为实线
69              .ColorIndex = 0      '设置线条颜色为无色
70              .TintAndShade = 0      '设置颜色深浅为中等
71              .Weight = xlThin      '设置线条粗细为细
72          End With
73          With .Borders(xlInsideVertical)      '设置内部垂直边框线
74              .LineStyle = xlContinuous      '设置线型为实线
75              .ColorIndex = 0      '设置线条颜色为无色
76              .TintAndShade = 0      '设置颜色深浅为中等
77              .Weight = xlThin      '设置线条粗细为细
78          End With
79          With .Borders(xlInsideHorizontal)      '设置内部水平边框线
80              .LineStyle = xlContinuous      '设置线型为实线
81              .ColorIndex = 0      '设置线条颜色为无色
82              .TintAndShade = 0      '设置颜色深浅为中等
```

```
83                    .Weight = xlThin        '设置线条粗细为细
84              End With
85        End With
          '计算现金流入与流出额
86        Sht.Range("E2").FormulaR1C1 = "=TEXT(Now(),""e年"")"        '在单元格
          E2中写入当前年份
87        Dim Col As Integer
88        Col = Sht.Range("A3").CurrentRegion.Columns.Count        '获取工作表
          "现金流量表"中从单元格A3开始的数据区域的列数
89        For i = 2 To Col        '从第2列遍历至最后一列
90            With WorksheetFunction
91                Sht.Cells(8, i) = .Sum(Sht.Range(Cells(5, i), _
                      Cells(7, i)))        '计算经营活动产生的各季度现金流入小计
92                Sht.Cells(13, i) = .Sum(Sht.Range(Cells(9, i), _
                      Cells(12, i)))        '计算经营活动产生的各季度现金流出小计
93                Sht.Cells(14, i) = Sht.Cells(8, i) - _
                      Sht.Cells(13, i)        '计算经营活动产生的各季度现金流量净额
94                Sht.Cells(20, i) = .Sum(Sht.Range(Cells(16, i), _
                      Cells(19, i)))        '计算投资活动产生的各季度现金流入小计
95                Sht.Cells(24, i) = .Sum(Sht.Range(Cells(21, i), _
                      Cells(23, i)))        '计算投资活动产生的各季度现金流出小计
96                Sht.Cells(25, i) = Sht.Cells(20, i) - _
                      Sht.Cells(24, i)        '计算投资活动产生的各季度现金流量净额
97                Sht.Cells(30, i) = .Sum(Sht.Range(Cells(27, i), _
                      Cells(29, i)))        '计算筹资活动产生的各季度现金流入小计
98                Sht.Cells(34, i) = .Sum(Sht.Range(Cells(31, i), _
                      Cells(33, i)))        '计算筹资活动产生的各季度现金流出小计
99                Sht.Cells(35, i) = Sht.Cells(30, i) - _
                      Sht.Cells(34, i)        '计算筹资活动产生的各季度现金流量净额
100               Sht.Cells(36, i) = Sht.Cells(14, i) + Sht.Cells(25, i) + _
                      Sht.Cells(35, i)        '计算各季度现金及现金等价物增加净额
101           End With
102       Next i
103       Sht.Range(Cells(5, 2), Cells(36, Col)).NumberFormat = _
              "¥#,##0.00;¥-#,##0.00"        '设置单元格区域的数字显示格式
104   End Sub
```

步骤 03　查看最终效果。按【F5】键运行代码，
返回工作表"现金流量表"，可看到如右图所
示的报表。

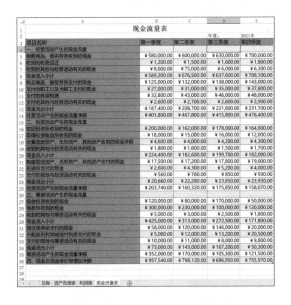

项目名称	第一季度	第二季度	第三季度	第四季度
现金流量表			年度：	2021年
一、经营活动产生的现金流量				
销售商品、提供劳务收到的现金	¥580,000.00	¥600,000.00	¥630,000.00	¥700,000.00
收到的税费返还	¥1,200.00	¥1,500.00	¥1,600.00	¥1,800.00
收到的其他与经营活动有关的现金	¥8,000.00	¥75,000.00	¥6,000.00	¥6,300.00
现金流入小计	¥589,200.00	¥676,500.00	¥637,600.00	¥708,100.00
购买商品、接受劳务支付的现金	¥125,000.00	¥132,000.00	¥138,000.00	¥143,000.00
支付给职工以及为职工支付的现金	¥27,000.00	¥31,000.00	¥35,000.00	¥37,800.00
支付的各项税费	¥32,800.00	¥43,000.00	¥46,000.00	¥48,000.00
支付的其他与经营活动有关的现金	¥2,600.00	¥2,700.00	¥2,800.00	¥2,900.00
现金流出小计	¥187,400.00	¥208,700.00	¥221,800.00	¥231,700.00
经营活动产生的现金流量净额	¥401,800.00	¥467,800.00	¥415,800.00	¥476,400.00
二、投资活动产生的现金流量				
收回投资所收到的现金	¥200,000.00	¥162,000.00	¥178,000.00	¥164,000.00
取得投资收益所收到的现金	¥18,000.00	¥15,000.00	¥16,000.00	¥12,000.00
处置固定资产、无形资产、其他资产收回的现金净额	¥4,600.00	¥4,000.00	¥4,200.00	¥4,300.00
收到的其他与投资活动有关的现金	¥1,800.00	¥1,600.00	¥1,500.00	¥1,700.00
现金流入小计	¥224,400.00	¥182,600.00	¥199,700.00	¥182,000.00
购建固定资产、无形资产、其他资产支付的现金	¥17,500.00	¥17,200.00	¥17,800.00	¥19,000.00
投资所支付的现金	¥2,600.00	¥4,300.00	¥5,200.00	¥4,000.00
支付的其他与投资活动有关的现金	¥560.00	¥780.00	¥850.00	¥930.00
现金流出小计	¥20,660.00	¥22,280.00	¥23,850.00	¥23,930.00
投资活动产生的现金流量净额	¥203,740.00	¥160,320.00	¥175,850.00	¥158,070.00
三、筹资活动产生的现金流量				
吸收投资所收到的现金	¥120,000.00	¥80,000.00	¥170,000.00	¥50,000.00
借款所收到的现金	¥300,000.00	¥230,000.00	¥100,000.00	¥120,000.00
收到的其他与筹资活动有关的现金	¥5,000.00	¥3,000.00	¥2,500.00	¥1,800.00
现金流入小计	¥425,000.00	¥313,000.00	¥272,500.00	¥171,800.00
偿还债务所支付的现金	¥58,000.00	¥120,000.00	¥146,000.00	¥20,500.00
分配股利利润或偿付利息支付的现金	¥5,000.00	¥12,000.00	¥13,200.00	¥20,500.00
支付的其他与筹资活动有关的现金	¥10,000.00	¥11,000.00	¥8,000.00	¥9,800.00
现金流出小计	¥73,000.00	¥143,000.00	¥167,200.00	¥50,300.00
筹资活动产生的现金流量净额	¥352,000.00	¥170,000.00	¥105,300.00	¥121,500.00
四、现金及现金等价物增加净额	¥957,540.00	¥798,120.00	¥696,950.00	¥755,970.00

总账　资产负债表　利润表　现金流量表

推荐阅读

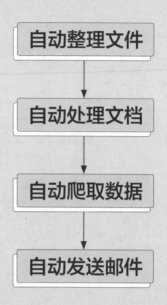

自动整理文件

↓

自动处理文档

↓

自动爬取数据

↓

自动发送邮件

拥有本书

让你从烦琐的重复性工作中抽身而出，从而去拥抱更大的世界！

1 专为办公人士编写的 Python 办公自动化案例型图书，代码简单，由浅入深，一看就懂，一学就会。

2 不具备编程基础也能在几分钟内完成手工需要几个小时才能完成的工作。

3 内容覆盖广泛：自动整理资料，自动处理 Word、Excel、PPT 和 PDF 文档，自动采集网络数据，自动发送电子邮件。

4 精选 38 个源自办公一线的典型案例，让你能学以致用，极大地提升办公技能。

5 配套提供代码文件，稍加修改后就能应用到实际工作中，让你的工作事半功倍。